Guntram Strecha
Skalierbare akustische Synthese für
konkatenative Sprachsynthesesysteme

TUDpress

Studientexte zur Sprachkommunikation
Hg. von Rüdiger Hoffmann
ISSN 0940-6832
Bd. 77

Guntram Strecha

Skalierbare akustische Synthese für konkatenative Sprachsynthesesysteme

TUDpress

2015

Die vorliegende Arbeit wurde unter dem Titel „Skalierbare akustische Synthese für konkatenative Sprachsynthesesysteme" am 03.12.2014 als Dissertation an der Fakultät Elektrotechnik und Informationstechnik der Technischen Universität Dresden verteidigt.

Promotionskommission:

Vorsitzender: Herr Jun.-Prof. Dr.-Ing. Peter Birkholz (TU Dresden)

1. Gutachter: Herr Prof. Dr.-Ing. habil. Rüdiger Hoffmann (TU Dresden)
2. Gutachter: Herr Prof. Dr.-Ing. Tim Fingscheidt (TU Braunschweig)
3. Gutachter: Herr Prof. Dr. phil. nat. Harald Höge (Universität der
                  Bundeswehr München)

Tag der Einreichung: 31. Mai 2014
Tag der Verteidigung: 03. Dezember 2014

Bibliografische Information der Deutschen Nationalbibliothek
Die Deutsche Nationalbibliothek verzeichnet diese Publikation in der
Deutschen Nationalbibliografie; detaillierte bibliografische Daten sind
im Internet über http://dnb.d-nb.de abrufbar.

Bibliographic information published by the Deutsche Nationalbibliothek
The Deutsche Nationalbibliothek lists this publication in the Deutsche
Nationalbibliografie; detailed bibliographic data are available in the
Internet at http://dnb.d-nb.de.

ISBN 978-3-944331-98-0

© 2015 TUDpress
Verlag der Wissenschaften GmbH
Bergstr. 70 | D-01069 Dresden
Tel.: +49 351 47969720 | Fax: +49 351 47960819
http://www.tudpress.de

Danksagung

Die Anfertigung der vorliegenden Arbeit wurde durch viele Kollegen des Institutes für Akustik und Sprachkommunikation der Technischen Universität Dresden unterstützt.

Mein besonderer Dank gilt hierbei Prof. Dr.-Ing. habil. Rüdiger Hoffmann für das Vertrauen und den Freiraum, den er mir zur Bearbeitung des Themas ließ und, auch in schwierigeren Zeiten, geschaffen hat.

Bedanken möchte ich mich ebenso bei PD Dr.-Ing. Ulrich Kordon für das fachliche aber auch für das nichtfachliche Engagement.

Die Arbeit wurde getragen von den Gesprächen und Diskussionen „unterm Weihnachtsbaum" und beim Kaffee danach. Vielen Dank an Matthias, Matthias, Stephan und alle Kollegen, die ebenfalls beim Mittagessen zugegen waren.

Herzlich möchte ich meinen Eltern und meinem Bruder Christoph danken, ohne die diese Arbeit nicht entstanden wäre, sowie meinem Cousin und Kollegen Frank für seine Hilfe.

Schließlich, aber nicht zuletzt, danke ich meiner lieben Anke und meinen Kindern Anton, Nina und Marie für alles.

Inhaltsverzeichnis

Abbildungsverzeichnis

Tabellenverzeichnis

Formelzeichen und Abkürzungen

Abkürzungen

ADPCM	Adaptive Differential Pulse Code Modulation
AM	Autokorrelationsmethode
AMR	Adaptive Multi-Rate
ARMA	Auto Regressive Moving Average
ASCII	American Standard Code for Information Interchange
C-LSF	Cepstrum-Line Spectral Frequencies
CD	Cepstral Distance, Cepstraler Abstand
CELP	Code-Excited Linear Prediction
DCT	Diskrete Cosinus Transformation
DFT	Diskrete Fourier Transformation
DSP	Digitaler Signalprozessor
FFT	Fast Fourier Transformation
FIR	Finite Impulse Response
FIR-Filter	Finite Impulse Response filter, Filter mit endlicher Impulsantwort
G-Cepstrum	Generalized Cepstrum
GC-LSF	Generalized Cepstrum-Line Spectral Frequencies
HMM	Hidden Markow Modell
IIR	Infinite Impulse Response
ISF	Immitance Spectrum Frequencies
ISO	Internationale Organisation für Normung
ISP	Immitance Spectrum Pairs
ITU	International Telecommunication Union
KM	Kovarianzmethode
LBG	Linde-Buzo-Gray (Algorithmus)
LM	Latticemethode
LPC	Linear Predictive Coding
LSF	Line Spectrum Frequencies
LSP	Line Spectrum Pairs

LTI	Linear Time-Invariant, linear(es) zeitinvariant(es) (System)
M-Cepstrum	Mel-Cepstrum
M-FB	Mel-Filterbank
M-LPC	Mel-Linear Predictive Coding
M-LSF	Mel-Line Spectrum Frequencies
MBE	Multi-Band Excitation, Multiband Anregung
MC-LSF	Mel-Cesptrum-Line Spectral Frequencies
MFCC	Mel-Frequency Cepstrum Coefficient
MGC	Mel-Generalized Cepstrum
MGC-LSF	Mel-Generalized Cepstrum-Line Spectral Frequencies
MLSA	Mel-Log-Spektrum-Approximation (Filter)
MLT	Modulated Lapped Transform
MOS	Mean Opinion Score
NB	Narrowband
OLA	Overlap and Add
PAM	Partition Around Medoids
PCA	Priciple Component Analysis
PCM	Pulse Code Modulation
PDA	Personal Digital Assistant, persönlicher digitaler Assistent
PESQ	Perceptual Evaluation of Speech Quality
PLP	Perceptual Linear Predictive (Analysis)
PSOLA	Pitch Synchronous Overlap and Add
PSQM	Perceptual Speech Quality Measure
RAM	random access memory, Speicher mit wahlfreiem Zugriff
RMSE	Root Mean Square Error
SNR	Signal-to-Noise Ratio, Störabstand
SQ	Skalar Quantisierung
TTS	Text-To-Speech, textgesteuerte Sprachsynthese
UELS	Unbiased Estimator of Log-Spectrum
VQ	Vektor Quantisierung
VTN	Vokaltraktnormierung
WB	Wideband
WLP	Warped Linear Prediction

Formelzeichen

a_k	k-ter LPC-Koeffizient
A	z-Transformierte der LPC-Koeffizienten
$\tilde{a}_k$	k-ter Mel-LPC-Koeffizient
$\tilde{A}$	z-Transformierte der Mel-LPC-Koeffizienten
c_k	k-ter Cepstrumkoeffizient eines minimalphasigen Systems
$\tilde{c}_k$	k-ter Mel-Cepstrumkoeffizient eines minimalphasigen Systems
$c_{\gamma,k}$	k-ter Generalized-Cepstrumkoeffizient
$c'_{\gamma,k}$	k-ter normierter Generalized-Cepstrumkoeffizient
$\tilde{c}_{\gamma,k}$	k-ter Mel-Generalized-Cepstrumkoeffizient

$\tilde{c}'_{\gamma,k}$	k-ter normierter Mel-Generalized-Cepstrumkoeffizient
δ	Impulsfunktion
d_{IS}	ITAKURA-SAITO-Distanz
e	EULERsche Zahl
e	Prädiktionsfehlersignal
E	z-Transformierte von e
ϵ	Prädiktionsfehler
ϵ_0	Minimierter Prädiktionsfehler
f_0	Sprechergrundfrequenz
f_{A}	Abtastrate
f_n	Diskrete Frequenz
H	Übertragungsfunktion
$\tilde{H}$	Frequenztransformierte Übertragungsfunktion
H_γ	Übertragungsfunktion des Generalized Cepstrums
$\tilde{H}_\gamma$	Übertragungsfunktion des Mel-Generlized Cepstrums
λ	Verzerrungsfaktor der Frequenztransformation (warping factor)
Ω	Normierte Kreisfrequenz
Ω_n	Normierte diskrete Kreisfrequenz
ω_k	k-ter LSF-Koeffizient
$\tilde{\omega}_k$	k-ter Mel-LSF-Koeffizient
$\omega_{\gamma,k}$	k-ter Generalized Cepstrums-LSF-Koeffizient
$\tilde{\omega}_{\gamma,k}$	k-ter Mel-Generalized Cepstrums-LSF-Koeffizient
π	Kreiszahl
ϕ_λ	Abbildungsfunktion der Bilineartransformation
ψ_x	Autokorrelationsfunktion des Signals x
ψ_e	Autokorrelationsfunktion des Fehlersignals e
$P, \tilde{P}$	Antisymmetrisches komplexes Polynom
$p, \tilde{p}$	Koeffizienten von P bzw. $\tilde{P}$
$Q, \tilde{Q}$	Symmetrisches komplexes Polynom
$q, \tilde{q}$	Koeffizienten von Q bzw. $\tilde{Q}$
T_0	Periodendauer
x	Zeitsignalabschnitt
X	z-Transformierte von x
$\tilde{x}$	Frequenztransformierter Zeitsignalabschnitt
$\tilde{X}$	z-Transformierte von $\tilde{x}$
$\hat{x}$	Komplexes Cepstrum
$\hat{x}_g$	Reelles Cepstrum
$\hat{x}_u$	Imaginäres Cepstrum
z	Punkt in der komplexen Ebene
$\tilde{z}$	Punkt in der verzerrten (warped) komplexen Ebene
z_{m}	mittlere Tonheit

Kapitel 1

Einleitung

Die Anfänge der Sprachsynthese reichen bis in die zweite Hälfte des 18. Jahrhunderts zurück. Seit der von Christian Gottlieb Kratzenstein entwickelten Apparatur zur Erzeugung von Vokalen mittels an Orgelpfeifen angebrachten Resonanzröhren und der von Wolfgang von Kempelen entwickelten „sprechenden Maschine", ist die weitere Entwicklung auf diesem Gebiet eng mit dem elektrotechnischen Fortschritt verbunden. Aufgrund der zu dieser Zeit noch sehr begrenzten Möglichkeiten der Speicherung von Sprachsignalen wurden in der Folge Formantsynthetisatoren, basierend auf elektronischen Bauteilen, wie z. B. Röhren und Transistoren oder später auch integrierten Schaltkreisen, entwickelt.

Erst mit der Erfindung von magnetischen Bandspeichern konnte der erste Synthetisator nach dem konkatenativen Prinzip entwickelt werden. Der Durchbruch für die konkatenative Synthese wurde Anfang der 1990er Jahre erreicht, begünstigt durch die Entwicklung der Mikrorechentechnik, speziell durch die enormen Speicherkapazitäten und die wachsende Rechenleistung. War das Hauptproblem bislang die Verständlichkeit, so ist derzeit die Forschung auf die Verbesserung der Natürlichkeit der Sprachsynthese konzentriert. Von den neuen technischen Möglichkeiten profitieren gleichermaßen die parametrischen Synthetisatoren. Aktuelle parametrische Systeme [164, 163] erreichen im Bezug auf Synthesequalität vergleichbare Ergebnisse wie konkatenative Systeme [63].

Mit der Entwicklung hochqualitativer Sprachsynthesesysteme wächst die Zahl der Anwendungsmöglichkeiten kontinuierlich. Neben der ursprünglichen Nutzung für Behinderte gewinnen Sprachsynthesen im Alltag an Bedeutung. Aktuell lassen sich zwei Tendenzen, die mit der Anwendung der Synthese und der spezifischen Plattform verbunden sind, feststellen. Zum Einen sind das korpusbasierte Sprachsynthesen, bei denen die Ressourcen (Speicher und Rechenleistung) quasi uneingeschränkt zur Verfügung stehen. Die zweite Gruppe bilden Systeme, die für Plattformen mit sehr eingeschränkten Ressourcen konzipiert sind [60, 18, 12, 35]. Die Ergebnisse der Forschungen, beschrieben in der vorliegenden Arbeit, sind ein Beitrag zur Weiterentwicklung dieser eingebetteten Synthesesysteme[1].

---

[1] Bezeichnung nach dem im Englischen häufig verwendeten Begriff „embedded systems".

1.1 Konkatenative Sprachsynthese

Zur Charakterisierung der verschiedenen textgesteuerten Sprachsynthesen (Text-To-Speech, TTS) werden in der Literatur verschiedene Bezeichnungen verwendet. Nach [154, 23] stehen den konkatenativen Sprachsynthesen die regelbasierten Systeme, welche die artikulatorischen und stochastischen Synthesen einschließen, gegenüber. Diese Bezeichnungen beziehen sich hauptsächlich auf das Akustik-Modul, während die Begriffe nichtparametrisch, halbparametrisch bzw. parametrisch die akustische Synthese beschreiben. Die vorliegende Arbeit befasst sich ausschließlich mit konkatenativen TTS-Systemen.

In Abbildung 1.1 ist der verallgemeinerte Aufbau eines TTS-Systems dargestellt. Der Eingabetext wird von der Symbolverarbeitung in einen Strom phonetischer und

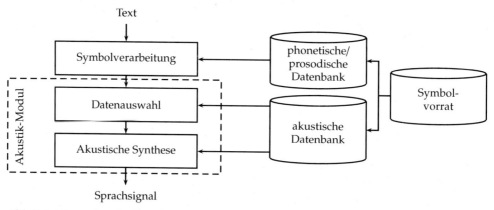

Abb. 1.1 Allgemeiner Aufbau einer textgesteuerten Sprachsynthese.

prosodischer Symbole umgesetzt. Sie verwendet eine sprachabhängige Datenbank, welche z. B. Lexika oder Regelwerke zur Graphem-Phonem-Konversion und zur Prosodiegenerierung enthält. Das Akustik-Modul wandelt die symbolische Beschreibung der Zieläußerung in einen Strom von Signalwerten, welche über eine akustische Ausgabeeinheit auditiv wahrgenommen werden können. Die Datenauswahl als Teil des Akustik-Moduls wählt anhand des Symbolstroms der Zieläußerung die Sprachsignalparameter aus einer sprach- und sprecherabhängigen Datenbank aus, mittels derer die akustische Synthese das Sprachsignal generiert. Die Datenbank des Akustik-Moduls besteht z. B. aus Sprachsignalsegmenten in kodierter oder unkodierter Form (konkatenative Synthese) oder akustisch-phonetischem Wissen (Werte für Formanten und Antiformanten, artikulatorische Zielstellungen für eine artikulatorische Synthese) oder Wahrscheinlichkeitsverteilungen (stochastische Synthese).

Da der Begriff *konkatenative Synthese* häufig synonym mit dem Begriff *nichtparametrische Synthese* oder *Zeitbereichssynthese* [154] verwendet wird, soll im Folgenden eine erweiterte Definition gelten: Als konkatenative Synthesesysteme werden Systeme bezeichnet, deren akustische Datenbank Modellparameter eines Sprachsignalsegments enthält, im Gegensatz zu Parametern eines phonetischen Modells des Segments. Das bedeutet, dass zur Erzeugung eines Modells im konkatenativen Fall *eine* konkrete Realisierung (z. B. die Zeitfunktion eines Diphones) betrachtet wird, anstatt einer

Vielzahl von Realisierungen (verschiedene Zeitfunktionen eines Diphones), anhand derer die gemeinsamen phonetischen Eigenschaften modelliert werden.

1.2 Anforderungen und Zielstellung

Die Anwendung von textgesteuerter Sprachsynthese stößt auf zunehmendes Interesse bei den Herstellern verschiedener Produkte. Typische Anwendungen sind mobile Geräte, Haushaltsgeräte, Spielzeug oder Geräte zur Unterstützung behinderter Menschen. Besonders geeignet ist die Sprachsynthese für den Einsatz in Geräten, die in einer Umgebung genutzt werden, in der kein anderer Kommunikationsweg mit dem Nutzer zur Verfügung steht. Beispiele dafür sind Mobiltelefone und Navigationssysteme im Auto oder persönliche digitale Assistenten (PDA) bei der Nutzung als Erfassungssystem in Werkstätten.

Tab. 1.1 Kosten von digitalen Signalprozessoren (DSP) in Abhängigkeit der Speichergröße. Die Angabe für 0 kByte entspricht den Kosten der Schaltkreislogik. Quelle: [112]

RAM/kByte	Preis/€
1024	5,00
512	3,19
292	1,93
144	1,49
120	1,27
0	0,83

Den genannten Anwendungen ist gemeinsam, dass sie auf kleinen Geräten mit geringen Ressourcen für Rechenleistung und Speicher eingesetzt werden. Darüber hinaus sind die Kosten der erforderlichen Rechentechnik ein entscheidendes Kriterium der Hersteller für oder gegen die Nutzung von Synthesesystemen. Die Abhängigkeit der Herstellungskosten eines digitalen Signalprozessors (DSP) vom darauf implementierten Speicher zeigt Tabelle 1.1 exemplarisch für einen speziellen DSP [112]. Den wichtigsten Kostenfaktor bildet der auf dem Chip befindliche Speicher. Um eine Implementierung auf einem DSP zu ermöglichen, müssen folgende Anforderungen von einem Sprachsynthesesystem erfüllt werden:

- Der Speicherbedarf der Sprachsynthese muss den Einschränkungen des spezifischen DSP gerecht werden. Das System sollte ohne zusätzlichen Programmieraufwand flexibel an unterschiedliche Vorgaben bezüglich der Speicherkapazität adaptierbar sein.

- Unter Beachtung der geringeren Rechenleistung eines DSP muss die Echtzeitfähigkeit des Synthesesystems gewährleistet sein.

- Die Abbildung des aus verschiedenen Modulen bestehenden TTS-Systems auf die Struktur des DSP (Controller, Codec, externer und interner Speicher) muss so gestaltet werden, dass die Datenströme, die der Kommunikation zwischen den Komponenten dienen, minimiert werden.

- Eventuelle Einschränkungen bezüglich der Zahlendarstellung auf dem DSP (Festkomma-Arithmetik, Bitbreite der Datentypen) und des blockweisen Aufbaus des Speichers, mit der damit verbundenen eingeschränkten Adressierbarkeit einer Speicherzelle, sind programmtechnisch umzusetzen.

Neben den genannten Anforderungen, resultierend aus den Einschränkungen der Zielplattform, ist die Qualität der Sprachsynthese die zweite Säule, die das System benötigt, um bei einer praktischen Anwendung zu bestehen. Der Einfluss der durch eine Kodierung reduzierten akustischen Datenbank und des effektivierten Programmcodes auf den Qualitätsabfall, ist zu minimieren.

Ziel der Dissertation ist es, eine multilinguale skalierbare akustische Synthese zu entwickeln, welche die oben genannten Eigenschaften besitzt. Die Skalierbarkeit soll erreicht werden durch die Möglichkeit, das System auf unterschiedliche Speicherbeschränkungen zu adaptieren, bei gleichzeitig minimiertem Qualitätsabfall im Bezug auf die Qualität eines Basissystems. Als Basissystem wird eine Diphonsynthese verwendet, welche bereits einen guten Kompromiss zwischen Speicherbedarf und Synthesequalität darstellt, jedoch zu groß für eine Implementierung auf den beschränkten Zielplattformen ist. In Tabelle 1.2 sind die Basisinventare verschiedener Sprecher unterschiedlicher Sprache und der Speicherplatzbedarf aufgelistet. Multilingualität bedeutet, dass das System verschiedene Sprachen synthetisieren

Tab. 1.2 Inventare verschiedener Sprecher mit der mittleren Sprechergrundfrequenz (f_0) und dem jeweiligen Speicherbedarf für verschiedene Abtastraten (f_A). Die Abkürzungen für die Sprachen der Sprecher entsprechen den Sprachcodes nach ISO 693-1.

Name	Stimme		Sprache	f_0/Hz	Bausteinanzahl	Größe/MB bei f_A/kHz		
						32	16	8
I01	amare	(m)	AM	151	976	–	5,0	2,5
I02	amy	(w)	US	179	1595	15,0	7,4	3,8
I03	angelique	(w)	FR	226	1014	7,4	3,7	1,9
I04	sassc	(m)	AR	93	1119	8,2	4,2	2,1
I05	cinzia	(w)	IT	185	1072	8,4	4,2	2,2
I06	gema	(w)	ES	188	685	4,9	2,2	1,2
I07	joerg	(m)	DE	100	1212	–	5,2	2,2
I08	kate	(w)	GB	199	1784	17,0	8,2	4,2
I09	leonne	(w)	NL	172	1573	15,0	7,2	3,2
I10	simone	(w)	DE	195	1176	8,9	4,2	2,2
I11	simone	(w)	DE+GB	196	1619	13,0	6,2	3,2
I12	siobhan	(w)	US	190	1466	14,0	6,2	3,2
I13	wang	(m)	CN	160	3049	57,0	29,2	15,2
I14	wu	(w)	CN	211	1644	32,0	17,2	8,2

kann. Dazu ist es notwendig, sprachabhängige Bestandteile (die Datenbanken) des Systems von den sprachunabhängigen (dem Programmcode) zu trennen. Das Umschalten der Sprache kann dann durch alleiniges Auswechseln der Datenbank erfolgen. Vorteilhaft sind so genannte polyglotte Systeme, bei denen zwei oder mehr Sprachen synthetisiert werden können, ohne Wechsel der Datenbank. Das Inventar I11 aus Tabelle 1.2 ist ein Beispiel für ein polyglottes Inventar. Zusätzlich zu den deutschen Diphonen aus Inventar I10 sind dort englische Diphone, welche im Deutschen keine Entsprechung haben, zugefügt.

Einen weiteren Vorteil erhält man bei der Nutzung einer Stimmenkonvertierung. Sie bietet die Möglichkeit, durch Manipulation spektraler und prosodischer Parameter die Stimmcharakteristik eines Sprechers zu ändern und damit verschiedene (auch geschlechtsübergreifende) Stimmen aus einer Quellstimme zu erzeugen.

Kapitel 2

Grundlagen

2.1 Analyse- und Syntheseverfahren

2.1.1 Übersicht

In diesem Kapitel sind die Grundlagen der Analyseverfahren, welche im Kapitel 3 Anwendung finden, beschrieben. Ohne den Anspruch auf Vollständigkeit sind darüber hinaus auf den folgenden Seiten weitere gebräuchliche Merkmale erläutert und in der Aufzählung im Anhang A aufgelistet. Da dem Autor keine umfangreiche Darstellung bekannt ist, soll dieses Kapitel als eine Art Nachschlagewerk für diese Merkmale, deren Berechnung und Transformation dienen.

Neben den Merkmalen, die direkt aus dem Sprachsignal berechnet werden können, gibt es Merkmale, welche nur durch Transformation aus anderen Merkmalen gewonnen werden. Eine Übersicht über die Beziehungen zwischen den Merkmalen ist tabellarisch in Tab. 2.1 dargestellt. Die in den Zeilen der Tabelle aufgeführten Merkmale lassen sich aus den in den Spalten genannten Merkmalen durch die angegebenen Transformationen berechnen. Im unteren Tabellendreieck sind die Hintransformationen, oberhalb der Diagonale die Rücktransformationen angegeben[1]. Die Nummerierung der Transformationen in der Tabelle entspricht der Aufzählung im Anhang A.

Jedes der Grundmerkmale (LPC, LSF, Cepstrum, Cepstrum-LSF, G-Cepstrum, GC-LSF) besitzt eine mel-skalierte Variante. Die Mel-Skalierung der Merkmale ist motiviert durch eine psychoakustische Eigenschaft des menschlichen Gehörs, des nichtlinearen Zusammenhangs zwischen Frequenz und Tonhöhenempfindung. Dieser Zusammenhang wurde experimentell bestimmt und spiegelt sich in der Mel-Skala

---

[1] Die generelle Einteilung in Hin- und Rücktransformation impliziert eine hierarchische Abhängigkeit der Merkmale, die nicht in jedem Fall gegeben ist. Zum Beispiel lässt sich das MG-Cepstrum durch Hintransformation aus dem Mel-Cepstrum berechnen und wieder rücktransformieren. Gleiches gilt für die Berechnung des Mel-Cepstrums aus dem MG-Cepstrum.

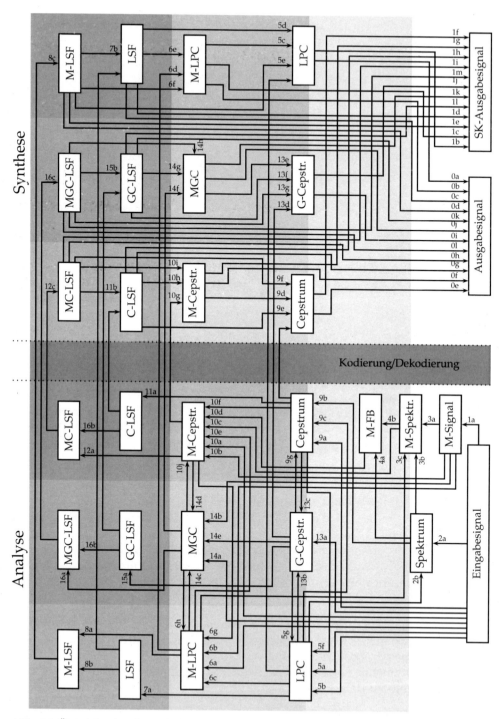

Abb. 2.1 Übersicht über die Zusammenhänge der in dieser Arbeit erläuterten Analyse-, Transformations- und Syntheseverfahren. Das SK-Ausgabesignal ist ein mel-transformiertes Signal, das man zur Stimmenkonvertierung (SK) braucht.

Tab. 2.1 Übersicht über die in diesem Kapitel dargestellten Transformationen. Die in den Zeilen aufgeführten Merkmale lassen sich durch die angegebene Transformation aus den in den Spalten angegebenen Merkmalen berechnen. Unterhalb der Diagonale sind die Hintransformationen und oberhalb die Rücktransformationen angegeben.

	Signal	M-Signal	Spektrum	M-Spektr.	M-FB	LPC	M-LPC	LSF	M-LSF	Cepstrum	M-Cepstr.	C-LSF	MC-LSF	G-Cepstr.	MGC	GC-LSF	MGC-LSF
0 Signal	–	·	·	·	·	a	b	c	d	e	f	g	h	i	j	k	l
1 M-Signal	a	–	·	·	·	b	c	d	e	f	g	h	i	j	k	l	m
2 Spektrum	a	a	–	·	·	b	·	·	·	·	·	·	·	·	·	·	·
3 M-Spektr.	·	a	b	–	·	·	c	·	·	·	·	·	·	·	·	·	·
4 M-FB	·	·	a	b	–	·	·	·	·	·	·	·	·	·	·	·	·
5 LPC	ab	·	·	·	·	–	c	d	e	f	·	·	·	g	·	·	·
6 M-LPC	a	b	·	·	·	c	–	d	e	f	g	·	·	·	h	·	·
7 LSF	·	·	·	·	·	a	·	–	b	·	·	·	·	·	·	·	·
8 M-LSF	·	·	·	·	·	a	b	c	–	·	·	·	·	·	·	·	·
9 Cepstrum	a	·	b	·	·	c	·	·	·	–	d	e	f	g	·	·	·
10 M-Cepstr.	a	b	·	c	d	·	e	·	·	f	–	g	h	i	j	·	·
11 C-LSF	·	·	·	·	·	·	·	·	·	a	·	–	b	·	·	·	·
12 MC-LSF	·	·	·	·	·	·	·	·	·	a	b	c	–	·	·	·	·
13 G-Cepstr.	a	·	·	·	·	b	·	·	·	c	·	·	·	–	d	e	f
14 MGC	a	b	·	·	·	·	c	·	·	·	d	·	·	e	–	f	g
15 GC-LSF	·	·	·	·	·	·	·	·	·	·	·	·	·	a	·	–	b
16 MGC-LSF	·	·	·	·	·	·	·	·	·	·	·	·	·	a	b	c	–

wider [119]. Bei der Ableitung der mel-skalierten Merkmale wird häufig eine Approximation der Mel-Skala durch eine ein-parametrische Funktion verwendet, die eine nichtlineare Transformation der Frequenzachse im Spektralbereich beschreibt:

$$X(z) = \tilde{X}(\tilde{z}(z)), \quad \tilde{z}^{-1}(z) = \frac{z^{-1}-\lambda}{1-\lambda z^{-1}}. \tag{2.1}$$

Das frequenztransformierte Spektrum $\tilde{X}(z)$ wird dabei durch Substitution von z mit $\tilde{z}$ aus dem originalen Spektrum berechnet. Der Parameter λ ist der Verzerrungsfaktor (englisch: *warping factor*) und bestimmt die Verzerrung der Frequenzachse. In Abhängigkeit von der Abtastrate ist die Approximation der Mel-Skala für nur einen bestimmten Wert von λ optimal. In Abbildung 2.2 sind die Mel- und die Bark-Skala mit der bilinearen Approximation dieser Abbildungsfunktionen für verschiedene Abtastraten vergleichend dargestellt. Neben der Mel-Skalierung findet diese Transformation Anwendung bei der Spracherkennung zur Vokaltraktnormierung (VTN) [85, 91] und bei der Sprachsynthese zur Stimmenkonvertierung [25, 135].

Eine grafische Übersicht der verschiedenen Merkmaltransformationen ist in Abbildung 2.1 dargestellt. Im Hinblick auf die in dieser Arbeit beschriebene Kodierung von Inventaren und der Sprachsynthese unter Verwendung dieser Inventare, ist der Weg von der Signalanalyse über die Kodierung der Merkmale bis zur Signalsynthese aus den dekodierten Merkmalen Inhalt des abgebildeten Schemas. Im linken Teil des Schemas sind die Beziehungen der Merkmale zur Analyse des Zeitsignals, im rechten Teil die möglichen Wege zur Synthese des Zeitsignals aus den verschiedenen Merkmalen abgebildet.

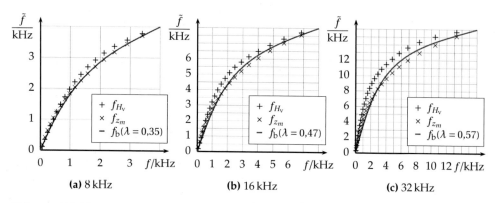

Abb. 2.2 Abbildungsfunktionen der Frequenztransformation der approximierten Mel- und Bark-Skala (f_{H_v} und f_{z_m}: vgl. Gleichungen (B.2) und (B.4)) zur Bestimmung des Verzerrungsfaktors λ der bilinearen Frequenztransformation $f_b(\lambda)$ für verschiedene Abtastraten. Die zugehörigen Wertetabellen befinden sich in Tab. B.1 und B.2.

In den folgenden Abschnitten werden die Merkmale, deren Berechnungsmethoden und Transformationsbeziehungen untereinander sowie die Algorithmen zu den jeweiligen Resyntheseverfahren beschrieben. Die in den Abschnitten dargestellten Modellspektren der Merkmale basieren auf der Analyse des in Abbildung 2.3a dargestellten Sprachsignalabschnittes. Das zugehörige Betragsspektrum ist in Abbildung 2.3b dargestellt.

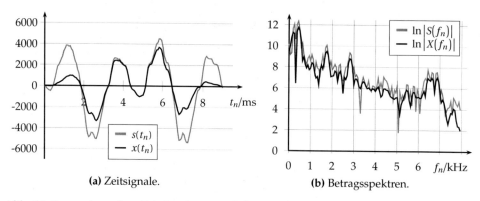

Abb. 2.3 Segment aus dem Zeitsignal $s(t_n)$ und das mit einem HAMMING-Fenster gewichtete Segment $x(t_n)$ sowie deren logarithmierte Betragsspektren $|S(f_n)|$ bzw. $|X(f_n)|$.

2.1.2 Mel-Transformation im Zeitbereich

Die Mel-Transformation eines Zeitsignals kommt in der Praxis selten zur Anwendung. Dennoch sollen in diesem Abschnitt Filterstrukturen zur Transformation dargestellt werden, da diese auch für die Mel-Transformation anderer in dieser Arbeit beschriebener Analyse- und Syntheseverfahren von Bedeutung sind.

Das Ziel der Mel-Transformation im Zeitbereich[2] ist die Transformation eines Zeit-signals x in ein neues Zeitsignal $\tilde{x}$, dessen Spektrum $\tilde{X}$, ausgewertet auf der Mel-skalierten Frequenzachse, gleich dem Spektrum des originalen Signals ist. Umge-dreht ausgedrückt: das Spektrum des originalen Signals, ausgewertet auf der Mel-skalierten Frequenzachse, ist gleich dem transformierten Zeitsignal. Im z-Bereich bedeutet das jeweils:

$$\tilde{X}(\tilde{z}) = \sum_{m=0}^{\infty} \tilde{x}(m)\,\tilde{z}^{-m} = \sum_{n=0}^{N-1} x(n)\,z^{-n} = X(z) \qquad \text{bzw.:} \tag{2.2a}$$

$$X(\tilde{z}) = \sum_{n=0}^{N-1} x(n)\,\tilde{z}^{-n} = \sum_{m=0}^{\infty} \tilde{x}(m)\,z^{-m} = \tilde{X}(z), \tag{2.2b}$$

wobei Gleichung (2.2a) zur Rücktransformation (= Synthese) und (2.2b) zur Hin-transformation (= Analyse) korrespondiert.

Gleichung (2.2b) stellt eine Beziehung zwischen dem originalen Eingangssignal und dem transformierten Ausgangssignal her, aus der sich verschiedene Filterstrukturen und dazugehörige Berechnungsmethoden ableiten lassen.

Methode 1: Die erste Methode ist die direkte Umsetzung von Gleichung (2.2b) in eine Filterstruktur mit der Übertragungsfunktion:

$$H(\tilde{z}) = \tilde{X}(z) = \sum_{n=0}^{N-1} x(n)\tilde{z}^{-n}. \tag{2.3}$$

Die Verzögerungsglieder eines FIR-Filters z^{-1} werden ersetzt mit dem Allpass-Filter $\tilde{z}^{-1}$ und mit der Impulsfunktion $\delta(m)$ angeregt (s. Abbildung 2.4a bzw. 2.4d). Zur Berechnung des Ausgangssignals zum Zeitpunkt m werden die Ausgänge der N Verzögerungsglieder $\tilde{z}^{-1}$ mit dem Eingangssignal gewichtet und aufsummiert. Die Gleichungen (2.4) beschreiben die Arbeitsweise des Netzwerkes aus Abbildung 2.4d.

$$g^{(m)}(0) = \delta(m) \tag{2.4a}$$

$$g^{(m)}(n) = g^{(m-1)}(n-1) + \lambda\left(g^{(m-1)}(n) - g^{(m)}(n-1)\right) \ \Big|\ n = 1,\dots,N-1 \tag{2.4b}$$

$$\tilde{x}(m) = \sum_{n=0}^{N-1} x(n)\,g^{(m)}(n) \tag{2.4c}$$

Der Nachteil dieser Methode liegt in der nicht invertierbaren Filterstruktur, da das Filter aus Abbildung 2.4d mehrere verzögerungsfreie Wege vom Eingang zum Aus-gang besitzt. Dieser Umstand wird auch deutlich, wenn man die Gleichung (2.1) der Definition von $\tilde{z}$ folgendermaßen umformt:

$$\tilde{z}^{-1} = \frac{z^{-1}-\lambda}{1-\lambda z^{-1}} = \frac{(1-\lambda^2)\,z^{-1}}{1-\lambda z^{-1}} - \lambda = \hat{z}^{-1} - \lambda \ \Bigg|\ \hat{z}^{-1} = \frac{(1-\lambda^2)\,z^{-1}}{1-\lambda z^{-1}}. \tag{2.5}$$

---

[2] Transformation 1a in Tabelle 2.1 und Abbildung 2.1

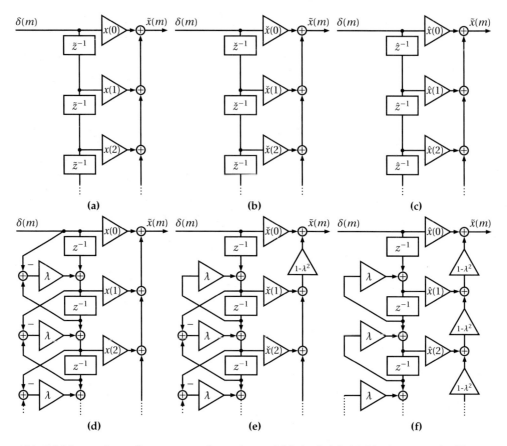

Abb. 2.4 Netzwerke zur Frequenztransformation nach Methode 1-3: (a)-(c) mit $\tilde{z}$-, $\check{z}$- und $\hat{z}$-Elementen als Verzögerungsglieder, (d)-(f) detaillierte Realisation von (a)-(c).

Häufig ist es notwendig, eine realisierbare IIR-Filterstruktur für die Frequenztransformation zu haben. Die folgenden Methoden beschreiben invertierbare FIR-Filter zur Mel-Transformation wiederum am Beispiel der Transformation eines Zeitsignals.

Methode 2: Bei dieser Methode [118] wird das erste Verzögerungsglied, anstatt mit $\tilde{z}^{-1}$, mit $\hat{z}^{-1}$ ersetzt. Damit eliminiert man den verzögerungsfreien Weg, der das erste Verzögerungsglied überbrückt.

$$H(\tilde{z}) = x(0) + \sum_{n=1}^{N-1} x(n) \left(\hat{z}^{-1} - \lambda\right) \tilde{z}^{-n+1} = \check{x}(0) + \sum_{n=1}^{N-1} \check{x}(n)\, \hat{z}^{-1} \tilde{z}^{-n+1} \tag{2.6}$$

Das hat zur Folge, dass alle Filterkoeffizienten mit folgender Rekursion neu berechnet werden müssen:

$$\check{x}(N-1) = x(N-1) \tag{2.7a}$$

$$\check{x}(n) = x(n) - \lambda \check{x}(n+1) \quad | \quad n = N-2,\ldots,1,0. \tag{2.7b}$$

Das dazugehörige Filter zur Realisierung der Übertragungsfunktion $H(\tilde{z})$ hat die in den Abbildungen 2.4b bzw. 2.4e dargestellte Filterstruktur. Die M Werte des transformierten Ausgangssignals $\tilde{x}(m)$ lassen sich mit den Gleichungen (2.8) berechnen:

$$g^{(m)}(0) = \delta(m) \tag{2.8a}$$

$$g^{(m)}(1) = g^{(m-1)}(0) + \lambda g^{(m-1)}(1) \tag{2.8b}$$

$$g^{(m)}(n) = g^{(m-1)}(n-1) + \lambda\left(g^{(m-1)}(n) - g^{(m)}(n-1)\right) \quad | \; n = 2,\ldots,N-1 \tag{2.8c}$$

$$\tilde{x}(m) = x(0)\,g^{(m)}(0) + \left(1-\lambda^2\right)\sum_{n=1}^{N-1} x(n)\,g^{(m)}(n). \tag{2.8d}$$

Methode 3: Nach der Vorgehensweise von Methode 2 lassen sich weitere Über-brückungen der Verzögerungsglieder beseitigen. Eliminiert man alle vorwärts gerichteten Überbrückungen erhält man das Filter nach [133], welches in Abbildung 2.4c bzw. 2.4f dargestellt ist. Die Übertragungsfunktion des Filters ergibt sich demnach zu:

$$H(\tilde{z}) = \sum_{n=0}^{N-1} x(n)\left(\hat{z}^{-1}-\lambda\right)^{-n} = \sum_{n=0}^{N-1} \hat{x}(n)\,\hat{z}^{-n}. \tag{2.9}$$

Die neuen Filterkoeffizienten $\hat{x}(n) = \hat{x}^{(N-2)}(n)$ ergeben sich mit der Rekursion der Gleichungen (2.10). Beginnend mit dem ersten Verzögerungsglied und der Rekursion nach (2.7) werden sukzessive alle weiteren Verzögerungsglieder ersetzt und die durch die Ersetzung betroffenen, nachfolgenden Filterkoeffizienten nach dem gleichen Prinzip neu berechnet.

$$\hat{x}(N-1) = x(N-1) \tag{2.10a}$$

$$\hat{x}^{(0)}(n) = x(n) - \lambda\hat{x}^{(0)}(n+1) \qquad |n = N-2,\ldots,1,0 \tag{2.10b}$$

$$\hat{x}^{(k)}(n) = \hat{x}^{(k-1)}(n) - \lambda\hat{x}^{(k)}(n+1) \qquad \begin{aligned}&n = N-2,\ldots,k+1,k \\ &k = 1,\ldots,N-2\end{aligned} \tag{2.10c}$$

Bei Anregung des Filters nach Abbildung 2.4f mit der Impulsfunktion $\delta(m)$ erhält man nach M Zeitschritten die M Werte des transformierten Ausgabesignals $\tilde{x}(m)$. Die Arbeitsweise des Filters ist mit den Gleichungen (2.11) beschrieben.

$$g^{(m)}(0) = \delta(m) \tag{2.11a}$$

$$g^{(m)}(n) = g^{(m-1)}(n-1) + \lambda g^{(m-1)}(n) \quad | \; n = 1,\ldots,N-1 \tag{2.11b}$$

$$\tilde{x}(m) = \hat{x}(0)\,g^{(m)}(0) + \sum_{n=1}^{N-1} \left(1-\lambda^2\right)^n \hat{x}(n)\,g^{(m)}(n) \tag{2.11c}$$

Methode 4: Die Filter der oben beschriebenen Methoden sind entweder nicht invertierbar (Methode 1) oder deren Verzögerungsglieder haben nicht ausnahmslos Allpass-Charakter (Methode 2 und 3 mit den Verzögerungen $\hat{z}$). Bei Methode 4, welche z. B. in [62] beschrieben ist, besteht das Filter ausschließlich aus Verzögerungen mit Allpass-Charakter:

$$H(\tilde{z}) = \tilde{x}(0) + \sum_{n=1}^{N-1} \tilde{x}(n)\,z^{-1}\tilde{z}^{-n+1}. \tag{2.12}$$

Das Filter nach Gleichung (2.12) ist in Abbildung 2.5a dargestellt. Die detaillierte Realisierung dieses Filters zeigt Abbildung 2.5b. Nach [62] berechnet man die Filterkoeffizienten $\bar{x}(n)$ anhand der Rekursion, welche mit den Gleichungen (2.13) beschrieben sind.

$$\bar{x}(N) = \lambda x(N-1) \tag{2.13a}$$

$$\bar{x}(n) = \lambda \check{x}(n-1) + \check{x}(n) \quad | \ n = N-1,\dots,3,2 \tag{2.13b}$$

$$\bar{x}(1) = \check{x}(1) \, ; \ \bar{x}(0) = 1 - \lambda \check{x}(1) \tag{2.13c}$$

Dabei ist zu beachten, dass die in der Rekursion verwendeten Koeffizienten $\check{x}$ mit den Gleichungen (2.7) berechnet werden. Das transformierte Signal $\tilde{x}(m)$ erhält man aus der Impulsantwort des Filters nach Abbildung 2.5b, welches mit den Gleichungen (2.14) beschrieben ist.

$$g^{(m)}(0) = \delta(m) \tag{2.14a}$$

$$g^{(m)}(1) = g^{(m-1)}(0) \tag{2.14b}$$

$$g^{(m)}(n) = g^{(m-1)}(n-1) + \lambda \left(g^{(m-1)}(n) - g^{(m)}(n-1) \right) \quad | \ n = 2,\dots,N-1 \tag{2.14c}$$

$$\tilde{x}(m) = \sum_{n=0}^{N-1} \bar{x}(n) \, g^{(m)}(n) \tag{2.14d}$$

Methode 5: Den Transformationen der Methoden 1-4 ist gemeinsam, dass das transformierte Signal die Impulsantwort eines Filters ist, dessen Filterkoeffizienten das untransformierte Signal sind. Bei Methode 5 wird das transformierte Signal aus dem untransformierten Signal mittels der Rekursion (2.15) berechnet [100].

$$\tilde{x}^{(n)}(0) = x(N-n) + \lambda \tilde{x}^{(n-1)}(0) \tag{2.15a}$$

$$\tilde{x}^{(n)}(1) = \left(1-\lambda^2\right) \tilde{x}^{(n-1)}(0) + \lambda \tilde{x}^{(n-1)}(1) \tag{2.15b}$$

$$\tilde{x}^{(n)}(m) = \tilde{x}^{(n-1)}(m-1) + \lambda \left(\tilde{x}^{(n-1)}(m) - \tilde{x}^{(n)}(m-1) \right) \quad | \quad m = 2,3\dots,M-1 \tag{2.15c}$$

$$\tilde{x}(m) = \tilde{x}^{(N)}(m) \tag{2.15d}$$

Im Gegensatz zu den anderen Methoden ist diese Transformation nicht als Filter darstellbar. Sie ist eng verwandt mit Methode 2, was durch Umformen der Gleichungen (2.15) deutlich wird:

$$\tilde{x}^{(n)}(0) = \check{x}(N-n) \tag{2.16a}$$

$$\tilde{x}^{(n)}(1) = \left(1-\lambda^2\right) \tilde{x}^{(n-1)}(0) + \lambda \tilde{x}^{(n-1)}(1) \tag{2.16b}$$

$$\tilde{x}^{(n)}(m) = \tilde{x}^{(n-1)}(m-1) + \lambda \left(\tilde{x}^{(n-1)}(m) - \tilde{x}^{(n)}(m-1) \right) \quad | \quad m = 2,3\dots,M-1 \tag{2.16c}$$

$$\tilde{x}(m) = \tilde{x}^{(N)}(m). \tag{2.16d}$$

Dabei muss das Eingangssignal $\check{x}(n)$ vorher mit (2.7) aus $x(n)$ berechnet werden. Das Prinzip dieser Berechnung veranschaulicht die Netzwerkstruktur aus Abbildung 2.6. Als Eingang dient das zeitinvertierte Signal $\check{x}$. Nach N Schritten wird das transformierte Signal an den Verzögerungsgliedern abgegriffen.

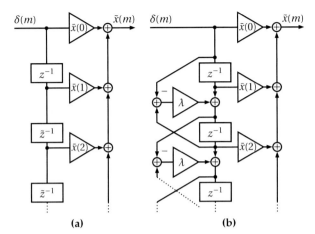

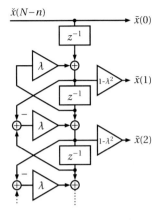

Abb. 2.5 Netzwerk zur Frequenztransformation nach Methode 4: (a) mit z- und $\tilde{z}$-Elementen als Verzögerungsglieder, (b) detaillierte Realisation von (a).

Abb. 2.6 Netzwerk zur Frequenztransformation nach Methode 5, Gln. (2.16).

Die oben beschriebenen Methoden sind äquivalent, d. h. bei gleichen Eingabesignalen sind die mit diesen Methoden berechneten Ausgabesignale identisch. Die numerische Stabilität der Methode 3 ist geringer als die der anderen Methoden, was an der Berechnung der Filterkoeffizienten durch die Gleichungen (2.10) liegt. Deshalb ist die Methode nur für kurze Eingangssignale, also für kleine Werte von N, anwendbar.

2.1.3 Mel-Transformation im Spektralbereich

Das Spektrum beschreibt einen Zeitsignalabschnitt im Frequenzbereich. Da die Mel-Skalierung die Abbildung des Spektrums auf eine transformierte Frequenzachse beschreibt, ist die Skalierung im Spektralbereich der direkte Weg der Manipulation. Im Folgenden werden vier Methoden der Mel-Transformation im Spektralbereich beschrieben.

Methode 1: Diese Methode bezieht sich auf das komplexe DFT-Spektrum eines Signalabschnittes[3]. Anhand einer vorgegebenen Abbildungsfunktion $\tilde{\Omega}_n = \phi_\lambda(\Omega_n)$ werden jeweils alle Spektrallinien $X(f_n)$, die der Frequenz f_n zugeordnet sind, verschoben zur Frequenz $\tilde{f}_n$. Die Hüllkurve des entstehenden transformierten Spektrums wird anschließend äquidistant abgetastet. Abbildung 2.8 verdeutlicht den Vorgang. Verwendet man zur Approximation der Mel-Skala Gleichung (2.1), so ist die Abbildungsfunktion ϕ_λ deren Phasenfrequenzgang:

$$\tilde{\Omega}_n = \phi_\lambda(\Omega_n) = \Omega_n + 2\arctan\frac{\lambda\sin(\Omega_n)}{1-\lambda\cos(\Omega_n)} \quad \bigg| \quad \Omega_n = \frac{2\pi f_n}{f_A} = \frac{2\pi n}{N}, \quad (2.17)$$

wobei Ω_n bzw. $\tilde{\Omega}_n$ die normierte Kreisfrequenz an der Stützstelle n, f_A die Abtastrate und λ der Transformationsfaktor ist. In Abbildung 2.9 ist das Mel-Spektrum des mit dieser Methode analysierten Signalsegments aus Abbildung 2.3a dargestellt.

---

[3] Transformation 3b in Tabelle 2.1 und Abbildung 2.1

Methode 2: Bei dieser Methode der Berechnung des mel-transformierten Spektrums nutzt man den Zusammenhang zwischen dem quadratischen Betragsspektrum $|X(e^{j\Omega})|^2$ eines Signalabschnittes $x(n)$ mit dessen Autokorrelation $\psi_x(k)$, der durch das WIENER-CHINČIN-Theorem gegeben ist.

$$\left|X(e^{j\Omega})\right|^2 = \sum_{k=-(N-1)}^{N-1} \psi_x(k) e^{-j\Omega k} = \psi_x(0) + 2\sum_{k=1}^{N-1} \psi_x(k) \cos \Omega k \quad \left| \quad \psi_x(k) = \sum_{n=0}^{N-1} x(n)\,x(n-k) \right. \tag{2.18}$$

Transformiert man die Autokorrelationsfunktion anhand der bilinearen Abbildungsfunktion (2.1) so erhält man das transformierte quadratische Betragsspektrum durch die FOURIER-Transformation

$$\left|\tilde{X}(e^{j\Omega})\right|^2 = \sum_{k=-(M-1)}^{M-1} \tilde{\psi}_x(k) e^{-j\Omega k} = \tilde{\psi}_x(0) + 2\sum_{k=1}^{M-1} \tilde{\psi}_x(k) \cos \Omega k = \sum_{k=0}^{M-1} \tilde{\psi}'_x \cos \Omega k. \tag{2.19}$$

Die transformierte Autokorrelationsfunktion erhält man entweder aus der Berechnung der Autokorrelation des nach einer der Methoden aus Abschnitt 2.1.2 transformierten Signals $\tilde{x}(m)$

$$\tilde{\psi}_x(k) = \sum_{m=0}^{M-1} \tilde{x}(m)\,\tilde{x}(m-k) \tag{2.20}$$

oder man transformiert $\psi_x(k)$ selbst [133] mit:

$$\tilde{\psi}'_x(k) = \psi_x(0) + 2\sum_{m=1}^{M-1} \psi_x(m) g^{(k)}(m), \tag{2.21}$$

wobei $g^{(k)}$ die k-fach mit sich selbst gefaltete Impulsantwort des bilinearen Allpasses $\tilde{z}^{-1}(z)$ ist [47]. In Abbildung 2.9 ist das Mel-Spektrum des mit dieser Methode analysierten Signalsegments aus Abbildung 2.3a dargestellt.

Methode 3: Eine besonders in der Spracherkennung verbreitete Methode ist die Berechnung von mel-skalierten spektralen Merkmalen mittels einer Melfilterbank[19]. Die Merkmale bestimmen sich dabei aus den Energien des Sprachsignals innerhalb einzelner Frequenzbänder. Die Wahl der Mittenfrequenzen der Bandpassfilter wird durch die Mel-Skalierung bestimmt[4,5]. Die praktische Berechnung erfolgt im Frequenzbereich. Dazu wird der gefensterte Signalabschnitt einer diskreten FOURIER-Transformation unterzogen, um das Betragsspektrum zu berechnen und anschließend mit den Übertragungsfunktionen der Bandpassfilter multipliziert und aufsummiert.

$$X(\Omega_i) = \sum_{n=0}^{N-1} x(n)\,e^{-jn\Omega_i} \qquad \qquad \left| \quad 0 \le i < N \right. \tag{2.22a}$$

$$\ln\left|\tilde{X}(\Omega_k)\right| = \ln \sum_{i=0}^{I-1} G_k(\Omega_i)\,|X(\Omega_i)| \qquad \left| \quad 0 \le k < K \right. \tag{2.22b}$$

---

[4] Transformation 4a in Tabelle 2.1 und Abbildung 2.1
[5] Transformation 4b in Tabelle 2.1 und Abbildung 2.1

Im Allgemeinen werden als Übertragungsfunktionen G_k um die Mittenfrequenzen $\tilde{f}_k$ verschobene und auf ihre Fläche normierte Dreiecksfunktionen verwendet. Die Mittenfrequenzen werden entsprechend der Mel-Skala gewählt. Um die sinnvolle Berechnung der vom Mel-Spektrum abgeleiteten Merkmale mittels der in dieser Arbeit beschriebenen Transformationen zu gewährleisten, sollten die Mittenfrequenzen anhand der bilinearen Approximation der Mel-Skala (Gl. (2.17)) bestimmt werden. Abbildung 2.7a zeigt die Übertragungsfunktionen einer acht-kanaligen bilinear approximierten Melfilterbank. In Abbildung 2.9 sind die mit dieser Methode berechneten Merkmale anhand der Analyse des Signalsegments aus Abbildung 2.3a dargestellt.

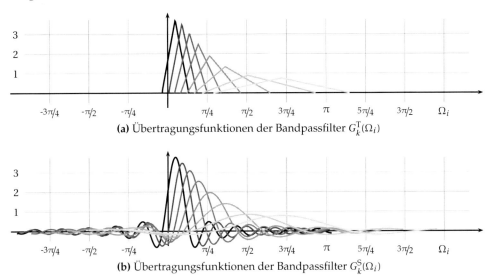

(a) Übertragungsfunktionen der Bandpassfilter $G_k^{\mathrm{T}}(\Omega_i)$

(b) Übertragungsfunktionen der Bandpassfilter $G_k^{\mathrm{S}}(\Omega_i)$

Abb. 2.7 Übertragungsfunktionen der Melfilterbänke nach **(a)**: Methode 3 und **(b)**: Methode 4 mit acht Kanälen und bilinear approximierten Mittenfrequenzen.

Methode 4: Bei der in [158] beschriebenen Variante der Melfilterbank werden die Koeffizienten bei gleichzeitiger cepstraler Glättung des Spektrums berechnet. Als Übertragungsfunktionen $G_k^{\mathrm{S}}(\Omega_i)$ der Filter werden Spaltfunktionen verwendet, die ebenfalls um die Mittenfrequenzen $\tilde{f}_k$ verschoben und auf ihre Fläche normiert sind. Die Berechnung erfolgt dann am logarithmierten Spektrum:

$$G_k^{\mathrm{S}}(\Omega_i) = \frac{1}{g_k^{\mathrm{S}}} \frac{\sin\dfrac{\Omega_i - \tilde{\Omega}_k}{2\Delta\Omega_k}}{\dfrac{\Omega_i - \tilde{\Omega}_k}{2\Delta\Omega_k}} = \frac{1}{g_k^{\mathrm{S}}} \operatorname{si}\frac{\Omega_i - \tilde{\Omega}_k}{2\Delta\Omega_k} \qquad\qquad g_k^{\mathrm{S}} = \sum_{i=0}^{I-1} \operatorname{si}\frac{\Omega_i}{2\Delta\Omega_k} \qquad (2.23\mathrm{a})$$

$$\ln\left|\tilde{X}(\Omega_k)\right| = \sum_{i=0}^{N-1} G_k^{\mathrm{S}}(\Omega_i)\ln\left|X(\Omega_i)\right| \qquad\qquad 0 \leq k < K. \qquad (2.23\mathrm{b})$$

Da Gleichung (2.23b) die Faltung des logarithmischen Betragsspektrums mit der Spaltfunktion darstellt, entspricht das einer Lifterung des Cepstrums mit der Grenzquefrenz $1/\Delta f_k$ bzw. der Multiplikation des Cepstrums mit einer Rechteckfunktion der Breite $1/2\Delta\Omega_k$. Abbildung 2.9 zeigt die mit dieser Methode berechneten Merkmale anhand der Analyse des Signalsegments aus Abbildung 2.3a.

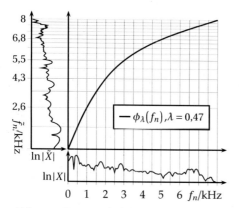

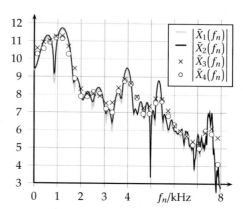

Abb. 2.8 Prinzip der Mel-Skalierung der Frequenzachse zur Mel-Transformation des Spektrums $X(f_n)$ zum Mel-Spektrum $\tilde{X}(f_n)$ unter Verwendung der Abbildungsfunktion $\phi_{\lambda=0,47}(\Omega_n)$ nach Gleichung (2.17).

Abb. 2.9 Mel-Betragsspektrum $|\tilde{X}_{1\text{-}4}(f_n)|$ berechnet mit den Methoden 1-4 durch Analyse des Sprachsignalsegments aus Abbildung 2.3a. Für die Methoden 3 und 4 wurde eine 30-Kanal-Filterbank verwendet.

2.1.4 Linear Predictive Coding

Die lineare Prädiktion basiert auf dem Ansatz, dass der Abtastwert x zum Zeitpunkt n aus den K vorangegangenen Abtastwerten $x(n-k)$ durch gewichtetes Summieren geschätzt werden kann:

$$\bar{x}(n) = \sum_{k=1}^{K} a_k x(n-k). \tag{2.24}$$

Das Prädiktionsfehlersignal $e(n)$ und die Übertragungsfunktion $H(z)$ des dazugehörigen LTI-Systems im z-Bereich sind:

$$\epsilon_0 e(n) = x(n) - \bar{x}(n) = x(n) - \sum_{k=1}^{K} a_k x(n-k) \tag{2.25}$$

$$H(z) = \frac{X(z)}{E(z)} = \frac{\epsilon_0}{A(z)} = \frac{\epsilon_0}{1 - \sum\limits_{k=1}^{K} a_k z^{-k}}. \tag{2.26}$$

Analyse

Die Herleitung der Berechnung der Prädiktorkoeffizienten aus dem Zeitsignal ist hinreichend in der Literatur beschrieben (z. B. [78, 34, 154]). Ausgangspunkt der

Herleitung ist die Minimierung eines Fehlermaßes. Sowohl die Minimierung der Summe des quadrierten Prädiktionsfehlersignals

$$\epsilon^2 = \epsilon_0^2 \sum_{n=0}^{N-1} e^2(n) = \sum_{n=0}^{N-1} [x(n) - \bar{x}(n)]^2 = \sum_{n=0}^{N-1} \left[x(n) - \sum_{k=1}^{K} a_k x(n-k) \right]^2, \tag{2.27}$$

als auch die Minimierung der ITAKURA-SAITO-Distanz

$$d_{\text{IS}} = \frac{1}{2\pi} \int_{-\pi}^{\pi} \left[\left| \frac{X(e^{j\Omega})}{H(e^{j\Omega})} \right|^2 - \ln \left| \frac{X(e^{j\Omega})}{H(e^{j\Omega})} \right|^2 - 1 \right] d\Omega$$

$$= \frac{\epsilon^2}{\epsilon_0^2} + \ln \epsilon_0^2 - \frac{1}{2\pi} \int_{-\pi}^{\pi} \ln |X(e^{j\Omega})|^2 d\Omega - 1 \qquad \left| \quad \epsilon^2 = \frac{1}{2\pi} \int_{-\pi}^{\pi} |A(e^{j\Omega}) X(e^{j\Omega})|^2 d\Omega, \tag{2.28} \right.$$

führen durch partielles Ableiten nach a_k, Null setzen und der Substitution $j = n-k$:

$$0 = \frac{\partial d_{\text{IS}}}{\partial a_k} = \frac{\partial \epsilon^2}{\partial a_k} = \frac{\partial}{\partial a_k} \left(\frac{1}{2\pi} \int_{-\pi}^{\pi} |X(e^{j\Omega})|^2 A(e^{j\Omega}) A^*(e^{j\Omega}) d\Omega \right)$$

$$= \frac{-1}{2\pi} \int_{-\pi}^{\pi} |X(e^{j\Omega})|^2 \left(e^{j\Omega k} A(e^{j\Omega}) + e^{-j\Omega k} A^*(e^{j\Omega}) \right) d\Omega$$

$$= \frac{-1}{2\pi} \int_{-\pi}^{\pi} |X(e^{j\Omega})|^2 \left(e^{j\Omega k} + e^{-j\Omega k} - \sum_{i=1}^{K} a_i \left(e^{j\Omega(k-i)} + e^{-j\Omega(k-i)} \right) \right) d\Omega \tag{2.29}$$

$$= \frac{-1}{\pi} \int_{-\pi}^{\pi} |X(e^{j\Omega})|^2 \cos(\Omega k) d\Omega + \sum_{i=1}^{K} a_i \left\{ \frac{1}{\pi} \int_{-\pi}^{\pi} |X(e^{j\Omega})|^2 \cos(\Omega(k-i)) d\Omega \right\}$$

$$= -2 \sum_{j} x(j+k) x(j) + 2 \sum_{i=1}^{K} a_i \sum_{j} x(j+k-i) x(j)$$

auf ein lineares Gleichungssystem mit K Zeilen [27]:

$$\sum_{i=1}^{K} a_i \sum_{n} x(n-i) x(n-k) = \sum_{n} x(n) x(n-k) \tag{2.30a}$$

$$\sum_{i=1}^{K} a_i \psi_x(k,i) = \psi_x(k,0) \qquad \left| \quad \psi_x(k,i) = \sum_{n} x(n-i) x(n-k). \tag{2.30b} \right.$$

Prinzipiell gibt es drei Methoden zur Berechnung der Prädiktorkoeffizienten, die auf der Lösung von (2.30) beruhen. Das sind die Kovarianzmethode (KM), die Autokorrelationsmethode (AM) und die Latticemethode (LM). Die KM und die AM unterscheiden sich hinsichtlich der Wahl der Summationsgrenzen der Summe über n in der Gleichung (2.30), während die LM von der AM abgeleitet ist.

Kovarianzmethode: Bei der KM werden die Summationsgrenzen entsprechen der Länge N des betrachteten Zeitsignalintervalls $x(n) = x(0), x(1) \dots, x(N-1)$ gewählt.

$$\psi_x(k,i) = \sum_{n=0}^{N-1} x(n-i) x(n-k) = \sum_{n=-i}^{N-i-1} x(n) x(n+i-k) \tag{2.31}$$

Das hat zur Folge, dass in die Berechnung der $K \times K$ Matrix $\boldsymbol{\psi}_x$ und des K-dimensionalen Vektors $\vec{\psi}_x$ der Matrixform von Gleichung (2.30):

$$\boldsymbol{\psi}_x \vec{a} = \vec{\psi}_x \quad\Bigg| \quad \boldsymbol{\psi}_x = \begin{bmatrix} \psi_x(1,1) & \psi_x(1,2) & \cdots & \psi_x(1,K) \\ \psi_x(2,1) & \psi_x(2,2) & \cdots & \psi_x(2,K) \\ \vdots & \vdots & \vdots & \vdots \\ \psi_x(K,1) & \psi_x(K,2) & \cdots & \psi_x(K,K) \end{bmatrix}, \; \vec{a} = \begin{bmatrix} a_1 \\ a_2 \\ \vdots \\ a_K \end{bmatrix}, \; \vec{\psi}_x = \begin{bmatrix} \psi_x(1,0) \\ \psi_x(2,0) \\ \vdots \\ \psi_x(K,0) \end{bmatrix} \quad (2.32)$$

auch Abtastwerte außerhalb des betrachteten Intervalls einfließen. In Gleichung (2.32) wird $\boldsymbol{\psi}_x$ zur Kovarianzmatrix des Signalabschnittes x. Zur Lösung des Gleichungssystems, d. h. zur Invertierung von $\boldsymbol{\psi}_x$ können effiziente Algorithmen, wie die CHOLESKY Dekomposition, verwendet werden.

Autokorrelationsmethode: Ein weitaus effizienterer Algorithmus zur Lösung von (2.30) steht mit der LEVINSON-DURBIN-Rekursion zur Verfügung[6]. Der Algorithmus lässt sich anwenden, falls die Matrix $\boldsymbol{\psi}_x$ eine TOEPLITZ-Matrix ist, d. h dass die Haupt- und Nebendiagonalelemente dieser Matrix gleich sind. Das wird erreicht, indem man die Summationsgrenzen in Gleichung (2.30) entsprechend der Verschiebung des Signals wählt, so dass alle Produkte in die Summation einfließen. Zusätzlich zu der Anpassung der Summationsgrenzen müssen außerdem Signalwerte vor und nach dem betrachteten Signalabschnitt durch Multiplikation mit einer geeigneten Fensterfunktion zu Null gesetzt werden. Üblicherweise verwendet man dazu eine Fensterfunktion, welche die Abtastwerte an den Rändern des Intervalls bedämpft (z. B. HAMMING-Fenster). Das verringert die Gefahr großer Prädiktionsfehler an diesen Rändern. Damit hat $\psi_x(k,i)$ die Form einer Autokorrelationsfunktion und bedarf nur noch eines Argumentes:

$$\psi_x(k,i) = \sum_{n=0}^{N+K-1} x(n-i)\,x(n-k) = \sum_{n=|i-k|}^{N-1} x(n)\,x(n-|i-k|) = \sum_{n=j}^{N-1} x(n)\,x\big(n-j\big) = \psi_x(j) \quad (2.33)$$

Das zu lösende Gleichungssystem in Matrixform lautet:

$$\boldsymbol{\psi}_x \vec{a} = \vec{\psi}_x \quad\Bigg| \quad \boldsymbol{\psi}_x = \begin{bmatrix} \psi_x(0) & \psi_x(1) & \cdots & \psi_x(K-1) \\ \psi_x(1) & \psi_x(0) & \cdots & \psi_x(K-2) \\ \vdots & \vdots & \vdots & \vdots \\ \psi_x(K-1) & \psi_x(K-2) & \cdots & \psi_x(0) \end{bmatrix}, \; \vec{a} = \begin{bmatrix} a_1 \\ a_2 \\ \vdots \\ a_K \end{bmatrix}, \; \vec{\psi}_x = \begin{bmatrix} \psi_x(1) \\ \psi_x(2) \\ \vdots \\ \psi_x(K) \end{bmatrix}. \quad (2.34)$$

Latticemethode: Ist es bei der AM notwendig, in einem ersten Schritt die Werte der Autokorrelation zu berechnen und im zweiten Schritt das Gleichungssystem (evtl. iterativ) zu lösen, so werden bei der Latticemethode diese beiden Schritte kombiniert. Grundlage der Methode ist die Lattice-Struktur nach Abbildung 2.10 mit den PARCOR-Koeffizienten k_i und den Vorwärts- und Rückwärtsprädiktionsfehlern $e_{f,i}(n)$ $e_{b,i}(n)$. Die LM basiert auf der gleichzeitigen iterativen Minimierung dieses Rückwärts- und Vorwärts-Prädiktionsfehlers. Der Vorteil dieses Ansatzes ist, dass bei dem daraus ableitbaren Algorithmus die Berechnung der Autokorrelation

---

[6] Transformation 5a in Tabelle 2.1 und Abbildung 2.1

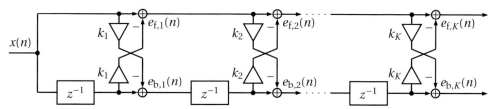

Abb. 2.10 LPC-Prädiktionsfehlerfilter in Lattice-Struktur.

verschwindet. Damit bleiben die Abtastwerte außerhalb des betrachteten Intervalls unberücksichtigt, d. h. im Gegensatz zur AM ist keine Fensterung des Signals notwendig. Ein weiterer wichtiger Vorteil ist die garantierte Stabilität des Synthesefilters, der aus den mit der LM berechneten Prädiktorkoeffizienten gebildet wird. Eine weit verbreitete Implementierung der LM ist der Algorithmus von BURG [13][7].

Eine adaptive Berechnungsmethode für die LPC-Koeffizienten findet man in [94].

Resynthese

Stellt man Gleichung (2.26) geeignet um, erhält man das Synthesefilter[8] im z-Bereich:

$$X(z) = \frac{\epsilon_0}{A(z)} E(z) \quad \bigg| \quad A(z) = 1 - \sum_{k=1}^{K} a_k z^{-k} = \sum_{k=0}^{K} a_k z^{-k} \,. \tag{2.35}$$

Die Übertragungsfunktion $1/A(z)$ bildet ein Allpol-Modell, d. h. nur die Formanten (= Maxima im Spektralbereich) werden modelliert. Neben der Grundfrequenzinformation enthält das Anregungssignal $e(n)$, abhängig von der Analyseordnung K, auch die durch $A(z)$ nicht modellierten spektralen Informationen (Antiformanten und Formanten). Die LPC-Analyse/Synthese bildet die Basis für einige weit verbreitete Sprachkodierer [2, 1, 153].

2.1.5 Mel-Linear Predictive Coding

In der Literatur finden man verschiedene Verfahren zur Berechnung von LP-basierten Merkmalen, die auf psychophysikalischen Konzepten des menschlichen Hörens beruhen. In [54] beschreiben die Autoren die Berechnung von Formantfrequenzen mit transformierten Prädiktorkoeffizienten, die aus dem mel-skalierten und unter Verwendung der Kurven gleicher Lautstärke gewichteten Spektrum gewonnen werden. In [30] wird die Perceptual Linear Prediction (PLP) Analyse beschrieben, die ebenfalls die Frequenztransformation und die Amplitudenwichtung sowie weitere psychoakustische Konzepte zur Berechnung der Parameter verwendet. Die Warped Linear Prediction (WLP) Parameter [84], auch Mel-Linear Predictive Coding (M-LPC)

---

[7] Transformation 5b in Tabelle 2.1 und Abbildung 2.1
[8] Transformation 0a in Tabelle 2.1 und Abbildung 2.1

Parameter genannt, basieren auf den Veröffentlichungen [99, 100, 133, 118] und wurden bereits bei der Kodierung von Audio- und Sprachsignalen verwendet [98, 162]. Im Gegensatz zu den PLP-Parametern unterscheiden sich die M-LPC-Koeffizienten ausschließlich durch die transformierte Frequenzachse von den Prädiktorkoeffizienten aus Abschnitt 2.1.4.

Analyse

Die Methoden der Berechnung der mel-skalierten Prädiktorkoeffizienten aus einem Sprachsignalsegment leiten sich aus der Minimierung der ITAKURA-SAITO-Distanz ab:

$$d_{IS} = \frac{1}{2\pi} \int_{-\pi}^{\pi} \left[\left| \frac{X(e^{j\Omega})}{\tilde{H}(e^{j\tilde{\Omega}})} \right|^2 - \ln \left| \frac{X(e^{j\Omega})}{\tilde{H}(e^{j\tilde{\Omega}})} \right|^2 - 1 \right] d\Omega. \tag{2.36}$$

Nach dem Ersetzen der Übertragungsfunktion $\tilde{H}(\tilde{z})$ mit:

$$\tilde{H}(\tilde{z}) = \frac{\tilde{\epsilon}_0}{\tilde{A}(\tilde{z})} = \frac{\tilde{\epsilon}_0}{1 - \sum\limits_{k=1}^{K} \tilde{a}_k \tilde{z}^{-k}}. \tag{2.37}$$

führt das Ableiten nach den Prädiktorkoeffizienten $\tilde{a}_k$ und Null setzen auf das mit (2.30) vergleichbare lineare Gleichungssystem:

$$\sum_{i=1}^{K} \tilde{a}_i \sum_n \tilde{x}(n-i)\, \tilde{x}(n-k) = \sum_n \tilde{x}(n)\, \tilde{x}(n-k) \tag{2.38a}$$

$$\sum_{i=1}^{K} \tilde{a}_i \tilde{\psi}_x(k,i) = \tilde{\psi}_x(k,0) \qquad \Big| \qquad \tilde{\psi}_x(k,i) = \sum_n \tilde{x}(n-i)\, \tilde{x}(n-k)\,. \tag{2.38b}$$

Zur Lösung des Gleichungssystems sind die zwei folgenden Methoden nutzbar.

Methode 1: Wie aus Gleichung (2.38a) ersichtlich wird, besteht eine Möglichkeit darin, einen der Algorithmen zur Transformation eines Zeitsignalabschnittes aus Abschnitt 2.1.2 mit einem der Algorithmen zur Berechnung der Prädiktorkoeffizienten aus Abschnitt 2.1.4 zu kombinieren[9].

Methode 2: Die Gleichung zur Berechnung der transformierten Autokorrelationsfunktion $\tilde{\psi}_x$ aus (2.38b) ist uns bereits aus Abschnitt 2.1.3, Gleichung (2.21), bekannt. Durch Anwendung der Frequenztransformation auf die Autokorrelationsfunktion ψ_x des Gleichungssystems zur Berechnung der Prädiktorkoeffizienten (2.30), kann man die Mel-Skalierung in die Kovarianz-, Autokorrelations- bzw. Latticemethode integrieren. In [109] ist diese Vorgehensweise für den Algorithmus von BURG und in [46] für die LEVINSON-DURBIN-Rekursion beschrieben[10].

---

[9] Transformation 6b in Tabelle 2.1 und Abbildung 2.1

[10] Transformation 6a in Tabelle 2.1 und Abbildung 2.1

Transformation

Mel-LPC- von LPC-Koeffizienten: In ähnlicher Weise wie bei der Mel-Skalierung im Zeitbereich (Abschn. 2.1.2) kann man die M-LPC-Koeffizienten direkt aus den LPC-Koeffizienten berechnen[11]. Schreibt man Gleichung (2.2b) für die Übertragungsfunktion (2.37) auf, erhält man:

$$\frac{\epsilon_0}{A(\tilde{z})} = \frac{\epsilon_0}{1-\sum\limits_{k=1}^{K} a_k \tilde{z}^{-k}} = \frac{\tilde{\epsilon}_0}{1-\sum\limits_{m=1}^{\infty} \tilde{a}_m z^{-m}} \approx \frac{\tilde{\epsilon}_0}{1-\sum\limits_{m=1}^{M} \tilde{a}_m z^{-m}} = \frac{\tilde{\epsilon}_0}{\tilde{A}(z)}. \tag{2.39}$$

Dass man die Methoden 1-4 der Transformation eines Zeitsignals aus Abschnitt 2.1.2 auch zur Transformation der Prädiktorkoeffizienten verwenden kann, wird deutlich, wenn man die jeweilige Übertragungsfunktion dieser Filter (Gleichung (2.3), (2.6), (2.9) oder (2.12)) mit $\tilde{H}^{-1}(z)$ substituiert. Demnach muss man in den entsprechenden Rekursionen dieser Methoden das Zeitsignal $x(n)$ mit den Prädiktorkoeffizienten a_k ersetzen. Es ist zu beachten, dass nach der Transformation der Koeffizient $\tilde{a}_0$ im Allgemeinen verschieden von 1 ist. Diese Tatsache ist gleichbedeutend mit einer zusätzlichen Verstärkung mit dem Faktor ϵ_λ [48]. Es gilt: $\tilde{\epsilon}_0 = \epsilon_0 / \tilde{\epsilon}_\lambda$.

Eine weitaus gebräuchlichere Variante der Transformation der Prädiktorkoeffizienten ist in [100, 99] beschrieben. Der dort hergeleitete Algorithmus zur Transformation der Prädiktorkoeffizienten ist gleich dem der Methode 5 der Transformation im Zeitbereich (s. Seite 12). Danach lassen sich die Prädiktorkoeffizienten durch die folgende Rekursion auf die Mel-Skala transformieren:

$$\begin{aligned}
\tilde{\alpha}_0^{(k)} &= a_{-k} + \lambda \tilde{\alpha}_0^{(k-1)} \\
\tilde{\alpha}_1^{(k)} &= (1-\lambda^2)\tilde{\alpha}_0^{(k-1)} + \lambda \tilde{\alpha}_1^{(k-1)} \\
\tilde{\alpha}_m^{(k)} &= \tilde{\alpha}_{m-1}^{(k-1)} + \lambda \left(\tilde{\alpha}_m^{(k-1)} - \tilde{\alpha}_{m-1}^{(k)} \right)
\end{aligned} \quad \left|\quad \begin{aligned} & k = -K,\ldots,0 \\ & m = 2,\ldots,M. \end{aligned} \right. \tag{2.40a}$$

Nach K Schritten erhält man:

$$\tilde{a}_m = \begin{cases} 1 & m = 0 \\ \dfrac{\tilde{\alpha}_m^{(0)}}{\tilde{\alpha}_0^{(0)}} & 1 \le m \le M. \end{cases} \tag{2.40b}$$

Der Faktor $\tilde{\epsilon}_0$ ergibt sich aus ϵ_0 mit:

$$\tilde{\epsilon}_0 = \frac{\epsilon_0}{\tilde{\epsilon}_\lambda} \quad \left|\quad \tilde{\epsilon}_\lambda = \tilde{\alpha}_0^{(0)} = 1 + \sum_{m=1}^{M} \tilde{a}_m (-\lambda)^m. \right. \tag{2.40c}$$

Dass der Korrekturterm $\tilde{\epsilon}_\lambda$ in Relation zu den Prädiktorkoeffizienten steht, wird anhand der Gleichung (2.5) deutlich.

Mel-LPC- von Mel-LPC-Koeffizienten: Eine Umtransformation, d. h. eine Änderung der Frequenzachsenverzerrung ist ebenso möglich[12]. Wählt man einen Zielwert

---

[11] Transformation 6c in Tabelle 2.1 und Abbildung 2.1
[12] Transformation 6d in Tabelle 2.1 und Abbildung 2.1

λ_Z für die zu berechnenden Parameter, so erhält man, durch Koeffizientenvergleich aus:

$$\frac{\lambda_Z + \tilde{z}^{-1}}{1 + \lambda_Z \tilde{z}^{-1}} = \frac{\lambda_Z + \frac{-\lambda_T + z^{-1}}{1 - \lambda_T z^{-1}}}{1 + \lambda_Z \frac{-\lambda_T + z^{-1}}{1 - \lambda_T z^{-1}}} = \frac{-\frac{\lambda_T - \lambda_Z}{1 - \lambda_T \lambda_Z} + z^{-1}}{1 - \frac{\lambda_T - \lambda_Z}{1 - \lambda_T \lambda_Z} z^{-1}} = \frac{-\lambda + z^{-1}}{1 - \lambda z^{-1}} \left| \lambda = \frac{\lambda_T - \lambda_Z}{1 - \lambda_T \lambda_Z} \right., \qquad (2.41)$$

den zur Berechnung der neuen, umtransformierten Mel-LPC-Koeffizienten und in den Gleichungen (2.40) einzusetzenden Transformationsfaktor λ. Wie man leicht sieht, entspricht die Wahl des Zielwertes $\lambda_Z = 0$, wie z. B. bei der Rücktransformation der Mel-LPC- zu den LPC-Koeffizienten gewünscht, dem negativen Faktor $\lambda = -\lambda_T$ der Hintransformation. Ist der Zielwert gleich dem Wert des Faktors der Hintransformation ($\lambda_Z = \lambda_T$), so ergibt sich ein Transformationsfaktor $\lambda = 0$, d. h. eine Umtransformation findet nicht statt.

In Abbildung 2.11 sind die Mel-LPC-Modellspektren des Sprachsignalsegments aus Abbildung 2.3a, berechnet mit den Methoden 1-3, dargestellt. Erkennbar ist der Vorteil der Mel-LPC-Koeffizienten, die nach Methode 1 und 2 berechnet werden. Die Formantstruktur des Sprachsignals wird bei gleicher Anzahl an Mel-LPC-Koeffizienten besser abgebildet im Vergleich zur Modellierung mit den LPC-Koeffizienten [48]. Da die Mel-LPC-Koeffizienten nach Methode 3 aus den LPC-Koeffizienten berechnet werden, entsprechen sich deren Modellspektren bei hinreichend hoher Ordnung M des Mel-LPC-Prädiktors. Die Modellspektren[13] H bzw. $\tilde{H}$ werden durch punktweises Invertieren der Betragsspektren der Impulsantworten von A bzw. $\tilde{A}$ berechnet:

$$\left| H(\tilde{\Omega}_n) \right| = \frac{\epsilon_0}{\left| A(\tilde{\Omega}_n) \right|} \qquad \left| \qquad A(\tilde{\Omega}_n) = \frac{1}{N} \sum_{k=0}^{K} a_k \mathrm{e}^{-\mathrm{j}k\tilde{\Omega}_n}, \qquad (2.42a) \right.$$

$$\left| \tilde{H}(\Omega_n) \right| = \frac{\tilde{\epsilon}_0}{\left| \tilde{A}(\Omega_n) \right|} = \frac{\epsilon_0/\tilde{\epsilon}_\lambda}{\left| \tilde{A}(\Omega_n) \right|} \qquad \left| \qquad \tilde{A}(\Omega_n) = \frac{1}{N} \sum_{m=0}^{M} \tilde{a}_m \mathrm{e}^{-\mathrm{j}m\Omega_n}. \qquad (2.42b) \right.$$

Rücktransformation

Die Berechnung der LPC-Koeffizienten aus den Mel-LPC-Koeffizienten[14] ist gleich der Transformation der Mel-LPC-Koeffizienten nach Methode 3, Gleichung (2.40), mit dem negativen Wert des Transformationsfaktors λ, der zur Hintransformation verwendet wurde.

Resynthese

Die Synthese[15] erfolgt analog zu Gleichung (2.35) der LPC-Synthese. Das Mel-LPC-Synthesefilter im z-Bereich lautet:

$$X(z) = \frac{\epsilon_0}{\tilde{A}(\tilde{z})} E(z) \qquad \left| \qquad \tilde{A}(\tilde{z}) = 1 - \sum_{k=1}^{K} \tilde{a}_k \tilde{z}^{-k} = \sum_{k=0}^{K} \tilde{a}_k \tilde{z}^{-k}. \qquad (2.43) \right.$$

[13] Transformation 3c in Tabelle 2.1 und Abbildung 2.1
[14] Transformation 5c in Tabelle 2.1 und Abbildung 2.1
[15] Transformation 0b in Tabelle 2.1 und Abbildung 2.1

Dieses Synthesefilter ist nicht realisierbar, da es eine verzögerungsfreie Rückkopplung auf den Eingang enthält (vgl. Abbildung 2.12). Um diese zu umgehen, modi-

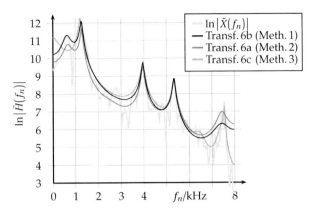

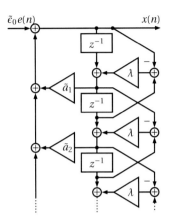

Abb. 2.11 Mel-LPC-Modellspektren berechnet mit den Methoden 1-3 (jeweils Burg mit Prädiktorordnung 16 und $\lambda = 0{,}47$) im Vergleich zum Betragsspektrum $|X(\tilde{f}_n)|$.

Abb. 2.12 Nichtrealisierbares IIR-Synthesefilter nach Gl. (2.43).

fiziert man das Synthesefilter in geeigneter Weise [118, 62, 44]. Eine mögliche Netzwerkstruktur des IIR-Synthesefilters ist in Abb. 2.13b dargestellt. Diese entspricht

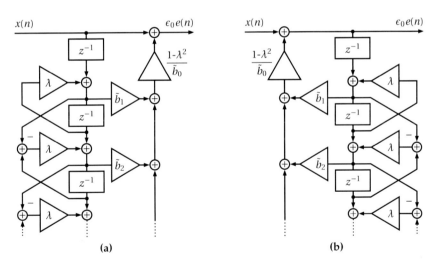

Abb. 2.13 Netzwerkstrukturen: **(a)** Prädiktionsfehlerfilter und **(b)** Mel-LPC-Synthesefilter

der Vorgehensweise von Methode 2 der Frequenztransformationen im Zeitbereich (Gln. (2.6), Seite 10). Die Filterkoeffizienten $\tilde{b}_k$ ergeben sich analog zu Gleichung (2.7), wenn man für x die Koeffizienten $\tilde{a}_k$ einsetzt:

$$\tilde{b}_K = \tilde{a}_K \tag{2.44a}$$

$$\tilde{b}_k = \tilde{a}_k - \lambda\tilde{b}_{k+1} \quad | \quad k = K-1,\dots,1,0. \tag{2.44b}$$

Das Eingangssignal ist das Prädiktionsfehlersignal, das durch das FIR-Filter aus Abbildung 2.13a oder nach Gleichung (2.25) gewonnen werden kann. Setzt man $\lambda = 0$, kollabieren die Netzwerkstrukturen zum LPC-Prädiktionsfehlerfilter (Gleichung (2.25)) bzw. zum LPC-Synthesefilter (Gleichung (2.35)) und das synthetisierte Signal ist mel-transformiert[16]. Gleiches gilt bei der Verwendung der LPC-Koeffizienten im M-LPC-Synthesefilter[17].

2.1.6 Line Spectrum Frequencies

Die Line Spectrum Frequencies (LSF) werden aufgrund ihrer Eigenschaften häufig zur Sprachsignalkodierung verwendet [114, 2, 1]. Sie repräsentieren die LPC-Koeffizienten und werden aus diesen berechnet [55].

Transformation

Voraussetzung für die Transformation der LPC-Koeffizienten in die LSF[18] ist die Stabilität des LPC-Synthesefilters, d. h. die (komplexen) Nullstellen der Übertragungsfunktion $A(z)$ müssen innerhalb des Einheitskreises der komplexen Ebene liegen. Zur Berechnung der LSF bildet man zwei Übertragungsfunktionen, eine mit antisymmetrischen und eine mit symmetrischen Koeffizienten. Für gerade[19] Ordnungen K erhält man:

$$
\begin{aligned}
P(z) = A(z) &- z^{-(K+1)} A(z^{-1}) \\
&= 1 + (a_1 - a_K)\, z^{-1} + \cdots + (a_K - a_1)\, z^{-K} - z^{-(K+1)} \\
&= 1 + \quad p_1 \quad z^{-1} + \cdots - \quad p_1 \quad z^{-K} - z^{-(K+1)}
\end{aligned}
\tag{2.45a}
$$

$$
\begin{aligned}
Q(z) = A(z) &+ z^{-(K+1)} A(z^{-1}) \\
&= 1 + (a_1 + a_K)\, z^{-1} + \cdots + (a_K + a_1)\, z^{-K} + z^{-(K+1)} \\
&= 1 + \quad q_1 \quad z^{-1} + \cdots + \quad q_1 \quad z^{-K} + z^{-(K+1)}.
\end{aligned}
\tag{2.45b}
$$

Die Ordnung von $P(z)$ bzw. $Q(z)$ ist $K+1$. Durch Abspalten der Nullstellen bei $+1$ bzw. -1 reduziert sich die Ordnung um 1, man erhält:

$$
\begin{aligned}
P'(z) = \frac{P(z)}{1 - z^{-1}} &= p'_0 + p'_1 z^{-1} + \cdots + p'_1 z^{-K+1} + p'_0 z^{-K} \\
Q'(z) = \frac{Q(z)}{1 + z^{-1}} &= q'_0 + q'_1 z^{-1} + \cdots + q'_1 z^{-K+1} + q'_0 z^{-K}
\end{aligned}
\qquad
\begin{aligned}
& p'_0 = q'_0 = 1 \\
& p'_k = p_k + p'_{k-1} \\
& q'_k = q_k - q'_{k-1} \\
& 0 < k \le K/2\,.
\end{aligned}
\tag{2.46}
$$

---

[16] Transformation 1c in Tabelle 2.1 und Abbildung 2.1

[17] Transformation 1b in Tabelle 2.1 und Abbildung 2.1

[18] Transformation 7a in Tabelle 2.1 und Abbildung 2.1

[19] Aus Gründen der Übersichtlichkeit wird hier nur auf die Berechnung der LSF gerader Ordnung eingegangen. Die Berechnung mit ungerader Ordnung gestaltet sich ähnlich und ist z. B. in [61] nachzulesen und im Anhang C beschrieben.

Die LSF sind definiert als die Winkel derjenigen komplexen Nullstellen von $P'(z)$ und $Q'(z)$, deren Imaginärteil positiv ist, d. h. deren Winkel zwischen 0 und π liegen. Einige Methoden zur Berechnung sind in [78, 61] beschrieben, von denen die Reelle-Nullstellen-Methode effiziente Berechnungsalgorithmen ermöglicht. Die Polynome $P'(z)$ und $Q'(z)$ haben jeweils $K/2$ konjugiert komplexe Nullstellen auf dem Einheitskreis und lassen sich daher folgendermaßen umschreiben:

$$
\begin{aligned}
P'(z) &= \prod_{\substack{k=1, \\ k\in\mathbb{U}}}^{K-1} \left(1-\underline{r}_k z^{-1}\right)\left(1-\underline{r}_k^* z^{-1}\right) = \prod_{\substack{k=1, \\ k\in\mathbb{U}}}^{K-1} \left(1-2r_k z^{-1}+z^{-2}\right) \\
Q'(z) &= \prod_{\substack{k=0, \\ k\in\mathbb{G}}}^{K-2} \left(1-\underline{r}_k z^{-1}\right)\left(1-\underline{r}_k^* z^{-1}\right) = \prod_{\substack{k=0, \\ k\in\mathbb{G}}}^{K-2} \left(1-2r_k z^{-1}+z^{-2}\right)
\end{aligned}
\qquad
\begin{aligned}
&\mathbb{U} = \{1,3,\dots\} \\
&\mathbb{G} = \{0,2,\dots\} \\
&|\underline{r}_k| = 1 \\
&r_k = \mathrm{Re}(\underline{r}_k) = \cos\omega_k.
\end{aligned}
\tag{2.47}
$$

Die reellen Nullstellen r_k werden als Line Spectrum Pairs (LSP) bezeichnet und $\omega_k = \arccos r_k$ als LSP-Frequenzen oder Line Spectrum Frequencies (LSF). Die Polynome $P(z)$ und $Q(z)$ bestimmen die Eigenschaften der LSF:

- Alle Nullstellen von $P(z)$ und $Q(z)$ liegen auf dem Einheitskreis.

- Die Nullstellen von $P(z)$ und $Q(z)$ wechseln sich gegenseitig entlang des Einheitskreises ab.

- Für die LSF gilt: $0 < \omega_{k-1} < \omega_k < \omega_{k+1} < \pi$. Die Einhaltung dieser Bedingung garantiert die Stabilität des LPC-Synthesefilters.

Die letzte Eigenschaft ist für die Sprachkodierung vorteilhaft. Der eingeschränkte Dynamikbereich der LSF, die hohe Korrelation der LSF innerhalb eines Analyseintervalls sowie zwischen den LSF aufeinander folgender Analyseintervalle und die leichte Garantierbarkeit der Stabilität ermöglichen die Anwendung effektiver Quantisierungs- und Kompressionsalgorithmen [78]. Die LSF sind eng verbunden mit den Formantfrequenzen, die Lage und der Abstand jeweils zweier LSF bestimmen die Frequenz und die Bandbreite eines Formants. Abbildung 2.14 zeigt am Beispiel aus Abbildung

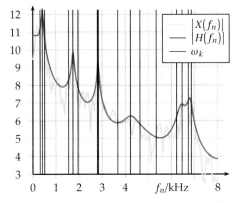

Abb. 2.14 LSF-Parameter (ω_k, $K = 16$) berechnet aus den LPC-Koeffizienten (mit Modellspektrum $|H(f_n)|$) des Beispiels aus Abb. 2.3a

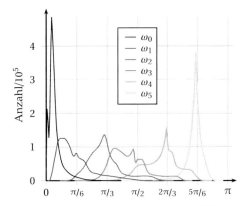

Abb. 2.15 Histogramme über die LSF-Parameter ω_k (Ordnung $K = 6$), berechnet aus 10:50 h Sprache einer einzelnen Sprecherin.

2.3a die Lage der LSF. In Abbildung 2.15 sind die Histogramme der LSF, berechnet aus 10:50 Stunden Sprache einer Sprecherin, dargestellt.

Zur Berechnung der Nullstellen existieren eine Vielzahl von Methoden. Effiziente Algorithmen zur Berechnung der Nullstellen der Polynome $P'(z)$ und $Q'(z)$ sind in [116, 117, 120] und [5] beschrieben. Diese Algorithmen beruhen auf der iterativen Berechnung der Nullstellen mit dem NEWTON-RAPHSON-Verfahren. Ausgehend von einem initialen Satz von Nullstellen $\underline{z}^{(0)}$, der entweder geeignet gewählt wird oder sich aus Nullstellen des vorangegangenen Analysefensters bestimmt, wird eine verbesserte Näherung mit jeder NEWTON-Iteration berechnet. Während in [120] und [5] die Nullstellen des Polynoms direkt iteriert werden, bestimmt sich das zu lösende Gleichungssystem in [116] und [117] aus der Differenz der Koeffizienten $\vec{p}'$ des Polynoms P' zu den Koeffizienten des Polynoms, das durch die initialen Nullstellen $\underline{z}^{(0)}$ bestimmt ist. Der Nachteil der ersten Variante ist, dass bei ungünstiger Wahl von $\underline{z}^{(0)}$ nicht garantiert ist, dass zwei oder mehr iterierte Nullstellen in ein und derselben Nullstelle von P' enden. Damit sind am Ende der Iteration zwar alle $z_k^{(i)}$ Nullstellen von P', aber die Koeffizienten der zugehörigen Polynome verschieden. Da die Differenz der Koeffizienten das Fehlerkriterium $\vec{\epsilon}$ der zweiten Variante ist, garantiert diese das Finden *aller* Nullstellen von P'. Für die zweite Variante erhält man in jedem Schritt mit:

$$\underline{z}^{(i+1)} = \underline{z}^{(i)} + \alpha \mathbf{J}^{-1}\left(\vec{\epsilon}^{(i)}\right)\vec{\epsilon}^{(i)} \qquad \begin{matrix} 0 < \alpha \le 1 \\ 0 \le i < I \end{matrix} \tag{2.48a}$$

$$\mathbf{J}\left(\vec{\epsilon}^{(i)}\right) = \begin{bmatrix} \dfrac{\partial \epsilon_1}{\partial \underline{z}_0} & \cdots & \dfrac{\partial \epsilon_1}{\partial \underline{z}_{K-1}} \\ \vdots & \vdots & \vdots \\ \dfrac{\partial \epsilon_K}{\partial \underline{z}_0} & \cdots & \dfrac{\partial \epsilon_K}{\partial \underline{z}_{K-1}} \end{bmatrix}_{\vec{\epsilon} = \vec{\epsilon}^{(i)}} \qquad \vec{\epsilon}^{(i)} = \begin{bmatrix} \epsilon_1^{(i)} \\ \vdots \\ \epsilon_K^{(i)} \end{bmatrix} = \vec{p}' - \vec{p}'^{(i)} \tag{2.48b}$$

eine neue Näherung der Lösung. Die Schrittweite α sollte in jedem Schritt in der Weise neu bestimmt werden, dass einerseits der Fehler $\vec{\epsilon}$ verringert und andererseits die Konvergenzgeschwindigkeit nicht zu klein wird. Eine anschauliche Darstellung des Verfahrens gibt Abb. 2.16.

An dieser Stelle sei auf die Veröffentlichungen [16, 137] hingewiesen, in denen adaptive Filter zur direkten Berechnung der LSP aus dem Sprachsignal beschrieben sind. Eine Methode zur Berechnung der LSF aus dem Spektrum ist in [157] untersucht.

Die in [10] beschriebenen und z. B. in [1] zur Anwendung kommenden Immitance Spectral Pairs (ISP) bzw. Immitance Spectral Frequencies (ISF) sind eine Modifikation der LSP bzw. LSF, bei der $P(z)$ und $Q(z)$ mit den Gleichungen (2.49) berechnet werden.

$$P(z) = A(z) - z^{-K} A\left(z^{-1}\right) \tag{2.49a}$$
$$Q(z) = A(z) + z^{-K} A\left(z^{-1}\right) \tag{2.49b}$$

Die weitere Berechnung folgt der Vorgehensweise der Berechnung der LSP/LSF. Es entstehen $K-1$ ISP/ISF-Parameter und ein Verstärkungsfaktor (gain).

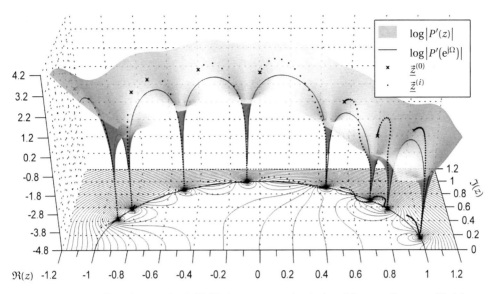

Abb. 2.16 Iterative Berechnung der LSF (Ordnung $K = 16$) mit dem NEWTON-RAPHSON-Verfahren. Aus Anschauungsgründen sind nur die 8 der 16 konjugiert komplexen Nullstellen von $P'(z)$, die einen positiven Imaginärteil haben, dargestellt. Ebenso ist nur der interessierende Teil des Polynoms abgebildet und der Startvektor $\vec{z}^{(0)}$ wurde außerhalb des Einheitskreises gewählt. Um den Verlauf der Nullstellen verfolgen zu können, wurde die Schrittweite α stark herabgesetzt. Zu beachten ist, dass nicht die Fehlerfunktion dargestellt ist, der Weg der Nullstellen dementsprechend nicht entlang des maximalen Abstiegs der dargestellten Fläche führt.

Rücktransformation

Die LPC-Koeffizienten erhält man aus den LSF[20] durch einfaches Ausmultiplizieren der Gleichungen (2.47), Zufügen der Nullstellen bei ± 1 und Addieren der entstehenden Polynome.

$$A(z) = \frac{P(z) + Q(z)}{2} = \frac{P'(z)\left(1 - z^{-1}\right) + Q'(z)\left(1 + z^{-1}\right)}{2} \tag{2.50}$$

Ein zu dieser Vorgehensweise äquivalentes Filter ist in Abbildung 2.17 dargestellt. Das Filter wird mit der Impulsfunktion $\delta(k)$ der Länge K angeregt, der Ausgang sind die K LPC-Koeffizienten. Die Filterkoeffizienten sind $-2r_k = -2\cos\omega_k$.

Resynthese

Mit Gleichung (2.35) und (2.50) lässt sich ein Synthesefilter[21] konstruieren [78]. Die einfache Invertierung des Filters aus Abb. 2.17 ist aufgrund der verzögerungsfreien Rückkopplung nicht realisierbar. Erweitert man dagegen Gleichung (2.35):

$$X(z) = \frac{\epsilon_0 E(z)}{1 + A(z) - 1} = \frac{\epsilon_0 E(z)}{1 + \dfrac{1}{2}\left(\dfrac{P(z) - 1}{z^{-1}} + \dfrac{Q(z) - 1}{z^{-1}}\right)z^{-1}} \tag{2.51}$$

---

[20] Transformation 5d in Tabelle 2.1 und Abbildung 2.1
[21] Transformation 0c in Tabelle 2.1 und Abbildung 2.1

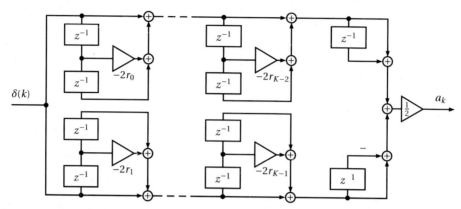

Abb. 2.17 FIR-Filter zur Berechnung der LPC-Koeffizienten aus den LSF-Parametern. Das Filter kann ebenso zur Berechnung des Prädiktionsfehlers verwendet werden, falls man als Eingangssignal das analysierte Signalintervall $x(n)$ verwendet. Der Ausgang ist dann der Prädiktionsfehler $\epsilon_0 e(n)$.

und nutzt die Äquivalenz

$$\prod_{k=0}^{K-1}(x_k+y_k) = (x_{K-1}+y_{K-1})\prod_{k=0}^{K-2}(x_k+y_k) = x_{K-1}\prod_{i=0}^{K-2}(x_k+y_k) + y_{K-1}\prod_{k=0}^{K-2}(x_k+y_k)$$

$$= x_{K-1}x_{K-2}\prod_{k=0}^{K-3}(x_k+y_k) + x_{K-1}y_{K-2}\prod_{k=0}^{K-3}(x_k+y_k) + y_{K-1}\prod_{k=0}^{K-2}(x_k+y_k) = \ldots \quad (2.52)$$

$$= \prod_{k=0}^{K-1}x_k + \sum_{k=0}^{K-1}y_k\prod_{j=k+1}^{K-1}x_j\prod_{j=0}^{k-1}(x_j+y_j),$$

so erhält man mit $x_k = 1$ und $y_k = -2r_k z^{-1}+z^{-2}$ die Gleichungen 2.53.

$$\frac{P(z)-1}{z^{-1}} = \frac{P'(z)-1}{z^{-1}} - P'(z) = \sum_{\substack{k=1,\\k\in\mathbb{U}}}^{K-1}(-2r_k+z^{-1})\prod_{\substack{j=1,\\j\in\mathbb{U}}}^{k-2}R_j(z) - \prod_{\substack{k=1,\\k\in\mathbb{U}}}^{K-1}R_k(z) \quad (2.53a)$$

$$\frac{Q(z)-1}{z^{-1}} = \frac{Q'(z)-1}{z^{-1}} + Q'(z) = \sum_{\substack{k=0,\\k\in\mathbb{G}}}^{K-2}(-2r_k+z^{-1})\prod_{\substack{j=0,\\j\in\mathbb{G}}}^{k-2}R_j(z) + \prod_{\substack{k=0,\\k\in\mathbb{G}}}^{K-2}R_k(z) \quad (2.53b)$$

mit: $R_k(z) = 1-2r_k z^{-1}+z^{-2}$, $\mathbb{U} = \{1,3,\ldots\}$ und $\mathbb{G} = \{0,2,\ldots\}$. \quad (2.53c)

Gleichungen (2.53) beschreiben ein realisierbares Filter. Dieses Filter besitzt die Struktur eines IIR-Filters erster Ordnung (Abb. 2.18), wobei das Verzögerungsglied mit dem Filter $A(z)-1$ (s. Abb. 2.19) gemäß den Gleichungen (2.51) und (2.53) ersetzt wird. Der Eingang des Filters ist das Anregungssignal, das man durch das Filter nach Abbildung 2.17 mit dem Zeitsignal als Eingang erhält.

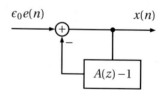

Abb. 2.18 Äußere Struktur des LSF-Synthesefilter nach Gl. (2.51)

Ebenso könnte man zur Berechnung des Prädiktionsfehlersignals das Filter aus Abbildung 2.18 invertieren, das Prädiktionsfehlerfilter nach Gleichung (2.25) oder das Filter nach Abbildung 2.13a verwenden.

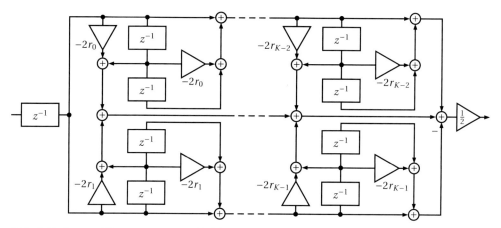

Abb. 2.19 Inneres Filter $A(z) - 1$ aus Abbildung 2.18 gemäß der Gleichungen (2.51) und (2.53).

2.1.7 Mel-Line Spectrum Frequencies

Die Mel-Line Spectrum Frequencies (Mel-LSF) stellen eine Verallgemeinerung der LSF bezüglich einer nichtlinearen Verzerrung der Frequenzachse ihres Modellspektrums dar. Sie repräsentieren die Mel-LPC-Koeffizienten und können aus diesen sowie den LSF-Parametern berechnet werden.

Transformation

Methode 1, Mel-LSF von Mel-LPC-Koeffizienten: Die Mel-Line Spectrum Frequencies lassen sich aus den Mel-LPC-Koeffizienten berechnen[22]. Der Algorithmus zur Berechnung ist gleich dem der Berechnung der LSF-Parameter aus den LPC-Koeffizienten (Abschn. 2.1.6, S. 24). Für einen visuellen Vergleich mit den LSF-Parametern sind in Abbildung 2.20 die Mel-LSF-Parameter, berechnet von dem Signalabschnitt aus Abbildung 2.3a, dargestellt. Für die Mel-LSF-Parameter gelten die gleichen Eigenschaften, wie die auf Seite 25 genannten Eigenschaften der LSF-Parameter. Die Wertebereiche der Mel-LSF-Parameter sind vergleichbar denen der LSF-Parameter, was aus dem Vergleich der Histogramme in Abbildung 2.21 deutlich wird.

Methode 2, Mel-LSF von LSF-Parametern: Betrachtet man diejenigen LSF-Parameter, die aus dem speziellen LPC-Koeffizientensatz: $\bar{a}_k = \{1,0,\dots\}$ berechnet wurden, so stellt man fest, dass diese äquidistant zwischen 0 und π verteilt liegen, genauer:

---

[22] Transformation 8a in Tabelle 2.1 und Abbildung 2.1

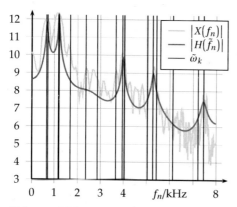

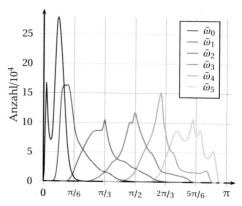

Abb. 2.20 Mel-LSF-Parameter ($\bar{\omega}_k$, $K = 16$) berechnet aus den Mel-LPC-Koeff. (mit Modellspektrum $|H(\tilde{f}_n)|$) des Bsps. aus Abb. 2.11

Abb. 2.21 Histogramme über die Mel-LSF-Parameter $\bar{\omega}_k$ (Ordnung $K = 6$), berechnet aus 10:50 h Sprache einer einzelnen Sprecherin.

$\bar{\omega}_k = \frac{k+1}{K+1}\pi$ mit $0 \le k < K$. Das diesen LSF-Parametern zugeordnete Betragsspektrum ist konstant $|\bar{X}(f_n)| = 1$. Aus diesem Blickwinkel betrachtet, liegt die spektrale Information, die durch einen LSF-Parametersatz ω_k repräsentiert wird, in der Differenz von ω_k und $\bar{\omega}_k$. Die Mel-Skalierung der Frequenzachse des Betragsspektrums $|X(f_n)|$ ist demnach realisierbar durch eine Transformation der Differenzen $\omega_k - \omega_k$:

$$\Delta\omega_k = \omega_k - \bar{\omega}_k = \omega_k - \frac{k+1}{K+1}\pi, \tag{2.54a}$$

d. h. durch das Verschieben der Differenzen auf LSF-Parameter mit höheren Indizes $\tilde{k}$ anhand einer Abbildungsfunktion ϕ_λ [127][23]:

$$\tilde{k} = \frac{K}{\pi}\phi_\lambda\left(\frac{k}{K}\pi\right) \quad \bigg| \quad \phi_\lambda(\omega) = \omega - 2\arctan\left(\frac{\lambda\sin\omega}{1 + \lambda\cos\omega}\right). \tag{2.54b}$$

Da die neuen Indizes $\tilde{k}$ im Allgemeinen nicht ganzzahlig sind, werden die transformierten Differenzen $\Delta\tilde{\omega}_k$ für $0 < \tilde{k} < K-2$ quadratisch interpoliert:

$$\Delta\tilde{\omega}_k = \Delta\omega_{\tilde{k}} = \Delta\omega(\tilde{k}) = \Delta\omega(\lfloor\tilde{k}\rfloor) + k_1\Delta_0 - k_2(\Delta_1 - \Delta_{-1}) \tag{2.55a}$$

$$\text{mit: } \Delta_{-1} = \Delta\omega(\lfloor\tilde{k}\rfloor) - \Delta\omega(\lfloor\tilde{k}\rfloor - 1) \tag{2.55b}$$

$$\Delta_0 = \Delta\omega(\lfloor\tilde{k}\rfloor + 1) - \Delta\omega(\lfloor\tilde{k}\rfloor) \tag{2.55c}$$

$$\Delta_1 = \Delta\omega(\lfloor\tilde{k}\rfloor + 2) - \Delta\omega(\lfloor\tilde{k}\rfloor + 1) \tag{2.55d}$$

$$k_1 = \tilde{k} - \lfloor\tilde{k}\rfloor \tag{2.55e}$$

$$k_2 = \frac{1}{4}k_1(1 - k_1). \tag{2.55f}$$

Die transformierten $\tilde{\omega}_k$ gewinnt man aus den transformierten Differenzen $\Delta\tilde{\omega}_k$ durch Addition mit den $\bar{\omega}_k$:

$$\tilde{\omega}_k = \Delta\tilde{\omega}_k + \frac{k+1}{K+1}\pi. \tag{2.56}$$

---

[23] Transformation 8b in Tabelle 2.1 und Abbildung 2.1

Diese Transformation funktioniert nur für betragsmäßig kleine Werte des Transformationsfaktors λ, da die entstehenden Mel-LSF-Parameter nicht vergleichbar mit den „wirklichen" Parametern (z. B. berechnet nach Methode 1) sind. Die direkte Manipulation der Parameter bei geringem Rechenaufwand ist vorteilhaft für die Anwendung dieser Transformation zur Manipulation der Stimmencharakteristik. Der Effekt des Transformationskoeffizienten λ auf das Modellspektrum $\tilde{H}(z)$, das durch einen Mel-LSF-Parametersatz repräsentiert wird, ist in Abbildung 2.22 exemplarisch für die Werte $\lambda = \pm 0{,}1$ dargestellt.

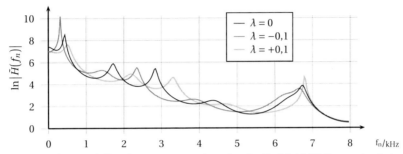

Abb. 2.22 Vergleich der Modellspektren repräsentiert durch die Mel-LSF-Parameter bei unterschiedlichen Werten des Transformationskoeffizienten λ.

Rücktransformation

Methode 3, LPC-Koeffizienten von Mel-LSF-Parametern: Die Rücktransformation der Mel-LSF-Parameter in die LPC-Koeffizienten ist analog der Rücktransformation der LSF-Parameter aus Abschn. 2.1.6 (Seite 27), durch Substitution von z^{-1} mit $\tilde{z}^{-1}$ in Gleichung (2.47) und Gleichung (2.50), möglich. Im Vorgriff auf die notwendige Eliminierung der verzögerungsfreien Rückkopplung bei der Mel-LSF-Resynthese, die durch die Ersetzung von z^{-1} mit $\tilde{z}^{-1}$ in Gleichung (2.51) entsteht, wird bereits an dieser Stelle die Substitution mit $\hat{z}^{-1} - \lambda$ vorgenommen. Dabei gilt:

$$\hat{z}^{-1}(z) - \lambda = \frac{\left(1-\lambda^2\right) z^{-1}}{1-\lambda z^{-1}} - \lambda = \frac{z^{-1}-\lambda}{1-\lambda z^{-1}} = \tilde{z}^{-1}. \tag{2.57}$$

Nach [97] kann man ein Filter mit der Übertragungsfunktion $\tilde{A}(\tilde{z})$ durch geeignetes Umstellen der Polynome $\tilde{P}(\tilde{z})$ und $\tilde{Q}(\tilde{z})$ konstruieren. Mit der folgenden Nebenrechnung:

$$\prod_k \left(1-2\tilde{r}_k \tilde{z}^{-1}+\tilde{z}^{-2}\right) = \prod_k \left(1-2\tilde{r}_k \left(\hat{z}^{-1}-\lambda\right) + \left(\hat{z}^{-1}-\lambda\right)^{-2}\right)$$

$$= \prod_k \left(1-2\lambda\tilde{r}_k + \lambda^2 -2\left(\tilde{r}_k+\lambda\right)\hat{z}^{-1}+\hat{z}^{-2}\right) \tag{2.58}$$

$$= \prod_k \left(1-2\lambda\tilde{r}_k + \lambda^2\right)\prod_k \tilde{R}_k = \prod_k \tilde{\epsilon}_k \prod_k \tilde{R}_k$$

und mit

$$\tilde{r}_k = \mathrm{Re}\left(\underline{\tilde{r}}_k\right) = \cos\tilde{\omega}_k \tag{2.59a}$$

$$\tilde{e}_k = 1 - 2\lambda\tilde{r}_k + \lambda^2 \tag{2.59b}$$

$$\tilde{R}_k = 1 - \frac{2(\tilde{r}_k+\lambda)}{\tilde{e}_k}\hat{z}^{-1} + \frac{1}{\tilde{e}_k}\hat{z}^{-2} = 1 + \frac{1}{\tilde{e}_k}\left(-2(\tilde{r}_k+\lambda)+\hat{z}^{-1}\right)\hat{z}^{-1}$$

$$= 1 + \frac{1}{\tilde{e}_k}\left(\frac{-2(\tilde{r}_k+\lambda)\left(1-\lambda\hat{z}^{-1}\right)+\left(1-\lambda^2\right)z^{-1}}{1-\lambda z^{-1}}\right)\hat{z}^{-1} \tag{2.59c}$$

$$= 1 + \frac{1}{\tilde{e}_k}\left(\frac{-2(\tilde{r}_k+\lambda)+\tilde{e}_k z^{-1}}{1-\lambda z^{-1}}\right)\hat{z}^{-1} = 1 + \tilde{R}'_k\hat{z}^{-1} \qquad \left| \begin{array}{l} \tilde{R}'_k = \dfrac{-2\tilde{r}'_k+z^{-1}}{1-\lambda z^{-1}} \\[2ex] \tilde{r}'_k = \dfrac{\tilde{r}_k+\lambda}{\tilde{e}_k} \end{array} \right.$$

erhält man:

$$\tilde{P}(\tilde{z}) = \left(1-\tilde{z}^{-1}\right)\tilde{P}'(\tilde{z}) = \left(1+\lambda-\hat{z}^{-1}\right)\prod_{\substack{k=1,\\k\in\mathbb{U}}}^{K-1}\tilde{e}_k\prod_{\substack{k=1,\\k\in\mathbb{U}}}^{K-1}\tilde{R}_k = \tilde{e}_P\prod_{\substack{k=1,\\k\in\mathbb{U}}}^{K-1}\tilde{R}_k\left(1-\frac{1}{1+\lambda}\hat{z}^{-1}\right)$$

$$= \tilde{e}_P\prod_{\substack{k=1,\\k\in\mathbb{U}}}^{K-1}\tilde{R}_k\frac{1-z^{-1}}{1-\lambda z^{-1}} \qquad \left| \quad \tilde{e}_P = (1+\lambda)\prod_{\substack{k=1,\\k\in\mathbb{U}}}^{K-1}\tilde{e}_k \right. \tag{2.60a}$$

$$\tilde{Q}(\tilde{z}) = \left(1+\tilde{z}^{-1}\right)\tilde{Q}'(\tilde{z}) = \left(1-\lambda+\hat{z}^{-1}\right)\prod_{\substack{k=0,\\k\in\mathbb{G}}}^{K-2}\tilde{e}_k\prod_{\substack{k=0,\\k\in\mathbb{G}}}^{K-2}\tilde{R}_k = \tilde{e}_Q\prod_{\substack{k=0,\\k\in\mathbb{G}}}^{K-2}\tilde{R}_k\left(1+\frac{1}{1-\lambda}\hat{z}^{-1}\right)$$

$$= \tilde{e}_Q\prod_{\substack{k=0,\\k\in\mathbb{G}}}^{K-2}\tilde{R}_k\frac{1+z^{-1}}{1-\lambda z^{-1}} \qquad \left| \quad \tilde{e}_Q = (1-\lambda)\prod_{\substack{k=0,\\k\in\mathbb{G}}}^{K-2}\tilde{e}_k \,. \right. \tag{2.60b}$$

Zwar beschreibt $\tilde{z}^{-1}$ nach Gleichung (2.1) einen Allpass, jedoch weist das Gesamtfilter nach der Substitution der Verzögerungsglieder z^{-1} einen Gleichanteil $\tilde{e}_\lambda$ in Abhängigkeit von $\tilde{e}_Q$ und $\tilde{e}_P$ auf. Nach dem Zufügen der Nullstellen bei $\tilde{z}^{-1} = \pm 1$ ergibt sich die Rücktransformation der Mel-LSF in die LPC-Koeffizienten mit Gleichung (2.61):

$$\tilde{e}_\lambda\tilde{A}(\tilde{z}) = \frac{\tilde{P}(\tilde{z})+\tilde{Q}(\tilde{z})}{2} = \frac{\tilde{e}_P}{2}\prod_{\substack{k=1,\\k\in\mathbb{U}}}^{K-1}\tilde{R}_k\frac{1-z^{-1}}{1-\lambda z^{-1}} + \frac{\tilde{e}_Q}{2}\prod_{\substack{k=0,\\k\in\mathbb{G}}}^{K-2}\tilde{R}_k\frac{1+z^{-1}}{1-\lambda z^{-1}} \qquad \left| \quad \tilde{e}_\lambda = \frac{\tilde{e}_P+\tilde{e}_Q}{2}. \right. \tag{2.61}$$

Die Realisierung der Rücktransformation als FIR-Filter ist in Abb. 2.23 dargestellt. Wählt man den Wert von λ gleich dem der Hintransformation, erhält man die LPC-Koeffizienten[24]. Verwendet man das Netzwerk aus Abb. 2.23 zur Filterung eines Zeitsignals $x(n)$, so ist der Ausgang das Prädiktionsfehlersignal $\tilde{e}_0\tilde{e}(n)$, falls man den gleichen Wert für λ wie zur Berechnung der Mel-LSF-Parameter verwendet.

Methode 4, Mel-LPC von Mel-LSF-Parametern: Setzt man den Transformationsfaktor λ zu Null, ist das Filter äquivalent zu dem FIR-Filter aus Abbildung 2.17, das die LSF-Parameter in die LPC-Koeffizienten rücktransformiert. In diesem Fall erhält man Mel-LPC-Koeffizienten mit gleichem Transformationskoeffizienten λ. Von

---

[24] Transformation 5e in Tabelle 2.1 und Abbildung 2.1

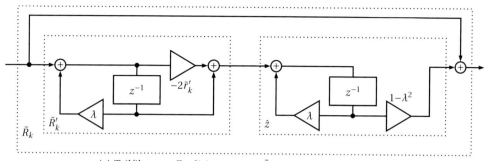

(a) Teilfilter zur Realisierung von $\tilde{R}_k$ nach Gleichung (2.59c).

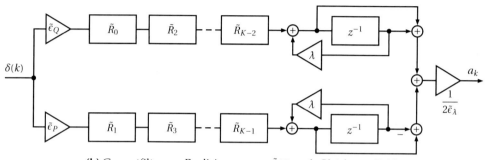

(b) Gesamtfilter zur Realisierung von $\tilde{A}(\tilde{z})$ nach Gleichung (2.61).

Abb. 2.23 Netzwerk zur Rücktransformation der Mel-LSF-Parameter in die (Mel-)LPC-Koeffizienten, sowie des Filters zur Generierung des Prädiktionsfehlersignals $\tilde{\epsilon}_0 e(n)$ aus dem Zeitsignal.

Null verschiedene Werte von λ erzeugen Mel-LPC-Koeffizienten mit abweichender Mel-Skalierung der Frequenzachse ihrer Modellspektren[25]. Verwendet man das Filter aus Abbildung 2.23 mit unskalierten LSF-Parametern und einem Transformationskoeffizienten $\lambda \neq 0$, erhält man Mel-LPC-Koeffizienten aus LSF-Parametern[26].

Methode 5, LSF- von Mel-LSF-Parameter: Für die Rücktransformation der Mel-LSF-Parameter in die LSF-Parameter[27] verwendet man die Methode 2 (s. Seite 29) mit umgekehrtem Vorzeichen des Verzerrungsfaktors λ der Abbildungsfunktion $\phi_\lambda(\omega)$ nach Gleichung (2.54b), der zur Hintransformation verwendet wurde.

Methode 6, Mel-LSF- von Mel-LSF-Parametern: Die Berechnung der Mel-LSF-Parameter aus bereits mit λ_T skalierten Mel-LSF-Parametern[28] ist mit der Methode 2 (s. Seite 29) möglich. Dazu wählt man den entsprechenden Transformationsfaktor λ anhand der Gleichung (2.41) und setzt ihn in die Gleichungen (2.54) ein.

---

[25] Transformation 6f in Tabelle 2.1 und Abbildung 2.1

[26] Transformation 6e in Tabelle 2.1 und Abbildung 2.1

[27] Transformation 7b in Tabelle 2.1 und Abbildung 2.1

[28] Transformation 8c in Tabelle 2.1 und Abbildung 2.1

Resynthese

Die Herleitung des Resynthesefilters[29] erfolgt in gleicher Weise wie bei den LSF-Parametern. Auch hier lässt sich das FIR-Filter aus Abb. 2.23, aufgrund der entstehenden verzögerungsfreien Rückkopplung, nicht invertiert betreiben. Ausgehend von der geschickt gewählten Gleichung für die Mel-LSF Synthese:

$$X(z) - \frac{\epsilon_0 E(z)}{\tilde{A}(\tilde{z})} = \frac{\epsilon_0 E(z)}{1 + \tilde{A}(\tilde{z}) - 1} \quad \Bigg| \quad \tilde{A}(\tilde{z}) - 1 = \frac{1}{2\tilde{\epsilon}_\lambda}\left(\frac{\tilde{P}(\tilde{z}) - \tilde{\epsilon}_P}{\hat{z}^{-1}} + \frac{\tilde{Q}(\tilde{z}) - \tilde{\epsilon}_Q}{\hat{z}^{-1}}\right)\hat{z}^{-1} \tag{2.62}$$

fügt man die beiden Nullstellen $\tilde{z} = \pm 1$ an $\tilde{P}'$ bzw. $\tilde{Q}'$ an und schreibt die Gleichungen (2.60a) mit Hilfe von (2.52) zu den Gleichungen (2.63) um.

$$\frac{\tilde{P}(\tilde{z}) - \tilde{\epsilon}_P}{\hat{z}^{-1}} = \frac{(1+\lambda)\,\tilde{P}'(\tilde{z}) - \tilde{\epsilon}_P}{\hat{z}^{-1}} - \tilde{P}'(\tilde{z}) = \tilde{\epsilon}_P\left(\prod_{\substack{k=1,\\k\in\mathbb{U}}}^{K-1}\tilde{R}_k - 1\right)\Bigg/ \hat{z}^{-1} - \prod_{\substack{k=1,\\k\in\mathbb{U}}}^{K-1}\tilde{\epsilon}_k\prod_{\substack{k=1,\\k\in\mathbb{U}}}^{K-1}\tilde{R}_k$$

$$= \tilde{\epsilon}_P\left(\prod_{\substack{j=1,\\j\in\mathbb{U}}}^{k-1}\left(1+\tilde{R}'_k\hat{z}^{-1}\right) - 1\right)\Bigg/ \hat{z}^{-1} - \frac{\tilde{\epsilon}_P}{1+\lambda}\prod_{\substack{k=1,\\k\in\mathbb{U}}}^{K-1}\tilde{R}_k \tag{2.63a}$$

$$= \tilde{\epsilon}_P\left(\sum_{\substack{k=1,\\k\in\mathbb{U}}}^{K-1}\tilde{R}'_k\prod_{\substack{j=1,\\j\in\mathbb{U}}}^{k-2}\tilde{R}_j - \frac{1}{1+\lambda}\prod_{\substack{k=1,\\k\in\mathbb{U}}}^{K-1}\tilde{R}_k\right)$$

$$\frac{\tilde{Q}(\tilde{z}) - \tilde{\epsilon}_Q}{\hat{z}^{-1}} = \frac{(1-\lambda)\,\tilde{Q}'(\tilde{z}) - \tilde{\epsilon}_Q}{\hat{z}^{-1}} + \tilde{Q}'(\tilde{z}) = \tilde{\epsilon}_Q\left(\prod_{\substack{k=0,\\k\in\mathbb{G}}}^{K-2}\tilde{R}_k - 1\right)\Bigg/ \hat{z}^{-1} + \prod_{\substack{k=0,\\k\in\mathbb{G}}}^{K-2}\tilde{\epsilon}_k\prod_{\substack{k=0,\\k\in\mathbb{G}}}^{K-2}\tilde{R}_k$$

$$= \tilde{\epsilon}_Q\left(\sum_{\substack{k=0,\\k\in\mathbb{G}}}^{K-2}\tilde{R}'_k\prod_{\substack{j=0,\\j\in\mathbb{G}}}^{k-2}\tilde{R}_j + \frac{1}{1-\lambda}\prod_{\substack{k=0,\\k\in\mathbb{G}}}^{K-2}\tilde{R}_k\right) \tag{2.63b}$$

Das mit den Gleichungen (2.62) und (2.63) beschriebene Synthesefilter ist damit ein geschachteltes Filter. Das äußere Filter ist gleich dem Filter aus Abbildung 2.18. Das Verzögerungsglied dieses äußeren Filters wird ersetzt mit dem inneren Filter, das in Abbildung 2.24 dargestellt ist. Setzt man im Synthesefilter λ zu Null[30] oder verwendet man die LSF bei $\lambda \neq 0$[31], so erhält man ein mel-transformiertes Synthesesignal.

---

[29] Transformation 0d in Tabelle 2.1 und Abbildung 2.1
[30] Transformation 1e in Tabelle 2.1 und Abbildung 2.1
[31] Transformation 1d in Tabelle 2.1 und Abbildung 2.1

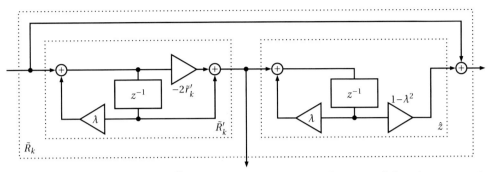

(a) Teilfilter zur Realisierung von $\tilde{R}_k$ nach Gleichung (2.59c) mit dem zusätzlichen Ausgang nach dem Teilfilter der Realisierung von $\tilde{R}'_k$.

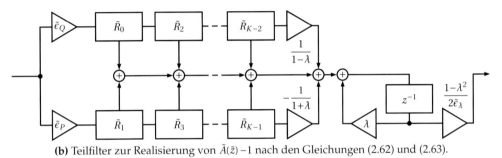

(b) Teilfilter zur Realisierung von $\tilde{A}(\tilde{z}) - 1$ nach den Gleichungen (2.62) und (2.63).

Abb. 2.24 Netzwerkstruktur des inneren Filters $\tilde{A}(z) - 1$ als Ersatz des Verzögerungsgliedes des äußeren Filters nach Abb. 2.18. Bei Anregung des Synthesefilters mit dem Prädiktionsfehlersignal $\epsilon_0 e(n)$ erhält man das Zeitsignal $x(n)$.

2.1.8 Cepstrum

Das komplexe Cepstrum c_x ergibt sich, unter Verwendung von Gleichung (2.22a), aus der Fourier-Rücktransformierten des logarithmierten komplexen Spektrums $X(\Omega_i)$ eines (gefensterten) Signalabschnittes $x(n)$:

$$\hat{x}(k) = \frac{1}{I}\sum_{i=0}^{I-1}\hat{X}(\Omega_i)\,\mathrm{e}^{jk\Omega_i} \qquad \left| \qquad \hat{X}(\Omega_i) = \ln X(\Omega_i) = \ln|X(\Omega_i)| + j\Phi(\Omega_i) \right. \tag{2.64a}$$

$$= \hat{x}_{\mathrm{g}}(k) + \hat{x}_{\mathrm{u}}(k) \qquad \left| \qquad \begin{aligned} \hat{x}_{\mathrm{g}}(k) &= \frac{1}{I}\sum_{i=0}^{I-1}\ln|X(\Omega_i)|\cos k\Omega_i \\ \hat{x}_{\mathrm{u}}(k) &= -\frac{1}{I}\sum_{i=0}^{I-1}\Phi(\Omega_i)\sin k\Omega_i. \end{aligned} \right. \tag{2.64b}$$

Das komplexe Cepstrum eines reellen Signals setzt sich nach Gleichung (2.64a) aus einem geraden $\hat{x}_{\mathrm{g}}$ und einem ungeraden Anteil $\hat{x}_{\mathrm{u}}$ zusammen. Der gerade Anteil korrespondiert zu dem ebenfalls geraden logarithmierten Betragsspektrum $\ln|X|$, der ungerade Anteil zu dem ebenfalls ungeraden Phasenspektrum Φ. Aus Gleichung (2.64b) wird ersichtlich, dass das komplexe Cepstrum eines reellen Signals stets reellwertig ist.

Da im Allgemeinen die Phasen $\Phi(\Omega_i)$ bei der cepstralen Sprachsynthese und Spracherkennung eine untergeordnete Rolle spielen, verwendet man nur das reelle Cepstrum, d. h. den geraden Anteil $\hat{x}_g$.

$$\hat{x}_g(k) = \frac{\hat{x}(k) + \hat{x}(-k)}{2} = \frac{1}{I} \sum_{i=0}^{I-1} \ln |X(\Omega_i)| \cos k\Omega_i \qquad (2.65)$$

Für das cepstrale Synthesefilter benötigt man ein kausales Cepstrum, das man aus
dem reellen Cepstrum nach Gleichung (2.66) erhält:

$$c_k = \hat{x}_g(k) \left(2 \cdot \mathbf{1}(k) - \delta(k)\right) \quad \left| \begin{array}{l} k < K \leq I/2 \\ \mathbf{1}(k): \text{Einheitssprungfunktion.} \end{array} \right. \qquad (2.66)$$

Nach [101] impliziert die Kausalität des Cepstrums ein minimalphasiges Signal $x(n)$.
Da alle in dieser Arbeit beschriebenen Algorithmen, die sich auf das Cepstrum beziehen, auf diesem kausalen (und komplexen) Cepstrum beruhen, wird im Folgenden
c zur Vereinfachung als Cepstrum bezeichnet.

Die Wahl von $K < \frac{I}{2}$ bewirkt eine Glättung im Spektralbereich. Dies wird hauptsächlich genutzt, um die spektralen Anteile des Anregungssignals von der Übertragungsfunktion des Vokaltraktes zu trennen und zu bedämpfen. Dementsprechend
wählt man $K < I \, f_0/f_A$, um die Grundfrequenz f_0 aus dem Spektrum zu filtern. Das
geglättete logarithmische Betragsspektrum erhält man aus dem Realteil der FOURIER-
Transformierten des Cepstrums nach Gleichung (2.67).

$$\ln \left| \bar{X}(\Omega_n) \right| = \sum_{k=0}^{K-1} c_k \cos n\Omega_k \qquad (2.67)$$

Analyse

Zur Berechnung des Cepstrums stehen folgende drei Methoden zur Verfügung:

Methode 1, Berechnung aus dem Spektrum: Diese Berechnungsmethode folgt der
Definition des Cepstrums. Das Cepstrum wird anhand der Gleichungen (2.22a), (2.65)
und (2.66) berechnet [32].

Methode 2, Unbiased Estimator of Log-Spectrum (UELS): Ausgangspunkt der Berechnung des Cepstrums durch UELS [53, 27] ist die Minimierung der ITAKURA-SAITO-

---

[32] Transformation 9b in Tabelle 2.1 und Abbildung 2.1

Distanz nach Gleichung (2.28) bei Substitution des zu optimierenden Spektrums $\bar{X}$ mit dem Spektrum des cepstralen Modells $H(z = e^{j\Omega})$.

$$d_{IS} = \frac{1}{2\pi} \int_{-\pi}^{\pi} \left\{ \left| \frac{X(e^{j\Omega})}{H(e^{j\Omega})} \right|^2 - \ln \left| \frac{X(e^{j\Omega})}{H(e^{j\Omega})} \right|^2 - 1 \right\} d\Omega$$

$$= \frac{\epsilon^2}{\epsilon_0^2} + \ln \epsilon_0^2 - \frac{1}{2\pi} \int_{-\pi}^{\pi} \ln \left| X(e^{j\Omega}) \right|^2 d\Omega - 1 \qquad \bigg| \quad \epsilon_0 = e^{c_0} \qquad (2.68a)$$

$$\epsilon^2 = \frac{1}{2\pi} \int_{-\pi}^{\pi} \left| \frac{X(e^{j\Omega})}{D(e^{j\Omega})} \right|^2 d\Omega \qquad \left| \begin{array}{l} H(z) = \epsilon_0 D(z) = \epsilon_0 e^{C(z)} \\[2mm] C(z) = \displaystyle\sum_{k=1}^{K} c_k z^{-k} \end{array} \right. \qquad (2.68b)$$

Nach Ableiten von d_{IS} nach c_k ($k = 0, \ldots, K$) und Null setzen, erhält man für $k = 0$:

$$\frac{\partial d_{IS}}{\partial c_0} = \frac{\partial d_{IS}}{\partial \epsilon_0} \frac{\partial \epsilon_0}{\partial c_0} = -2 \left(\epsilon^2 e^{-2c_0} - 1 \right) = 0, \qquad (2.69)$$

und für $k > 0$:

$$\frac{\partial d_{IS}}{\partial \vec{c}} = \frac{\partial \epsilon^2}{\partial \vec{c}} = \vec{\nabla} \epsilon^2 = \left[\frac{\partial \epsilon^2}{\partial c_1}, \ldots, \frac{\partial \epsilon^2}{\partial c_K} \right]^T \qquad \left| \begin{array}{l} \dfrac{\partial \epsilon^2}{\partial c_k} = \dfrac{-1}{2\pi} \displaystyle\int_{-\pi}^{\pi} \left| \dfrac{X(e^{j\Omega})}{D(e^{j\Omega})} \right|^2 \left(e^{j\Omega k} + e^{-j\Omega k} \right) d\Omega \end{array} \right.$$

$$= -2 \vec{\psi}_e = 0 \qquad \left| \begin{array}{l} \vec{\psi}_e = [\psi_e(1), \ldots, \psi_e]^T \\[2mm] \psi_e(k) = \displaystyle\sum_{n=0}^{N-1} e(n)\, e(n-k). \end{array} \right. \qquad (2.70)$$

Demnach berechnet sich c_0 aus dem minimierten Fehlerquadrat $\epsilon = \epsilon_{Min}$ durch:

$$c_0 = \ln \epsilon_{Min} = \frac{1}{2} \ln \psi_e(0). \qquad (2.71)$$

Zur Berechnung der anderen Cepstrum-Koeffizienten löst man das Gleichungssystem $\vec{\nabla} \epsilon^2 = 0$ unter Verwendung des NEWTON-RAPHSON-Verfahrens[33]. Dabei werden die Cepstrum-Koeffizienten iterativ berechnet mit

$$\vec{c}^{(i+1)} = \vec{c}^{(i)} + \Delta\vec{c}, \qquad (2.72)$$

sodass der Gradient von ϵ^2 gegen Null strebt. Zur Berechnung von $\Delta\vec{c}$ muss bei jeder Iteration das Gleichungssystem

$$\mathbf{J}(\vec{\nabla} \epsilon^2)\, \Delta\vec{c} = \mathbf{H}(\epsilon)\, \Delta\vec{c} = \vec{\nabla} \epsilon^2 \qquad (2.73)$$

gelöst werden, wobei $\mathbf{J}$ die Jacobi-Matrix und $\mathbf{H}$ die Hesse-Matrix ist.

$$\mathbf{H}(\epsilon) = \begin{bmatrix} \dfrac{\partial^2 \epsilon^2}{\partial c_1 \partial c_1} & \cdots & \dfrac{\partial^2 \epsilon^2}{\partial c_1 \partial c_K} \\ \cdots & \cdots & \cdots \\ \dfrac{\partial^2 \epsilon^2}{\partial c_K \partial c_1} & \cdots & \dfrac{\partial^2 \epsilon^2}{\partial c_K \partial c_K} \end{bmatrix} \qquad \left| \quad \dfrac{\partial^2 \epsilon^2}{\partial c_i \partial c_j} = 2\psi_e(i+j) + 2\psi_e(|i-j|) \right. \qquad (2.74)$$

---

[33] Transformation 9a in Tabelle 2.1 und Abbildung 2.1

Da **H** die Form einer TOEPLITZ plus HANKEL Matrix hat, kann das lineare Gleichungssystem (2.73) mit geringem rechentechnischen Aufwand gelöst werden [160, 89].
Anstatt $\psi_e(k)$ in Gleichung (2.70) aus $e(n)$ zu berechnen, kann $\psi_e(k)$ auch effizient unter Verwendung der FOURIER-Transformation aus den Cepstrum-Koeffizienten der
aktuellen Iteration i gewonnen werden:

$$\psi_e(k) = \frac{1}{2\pi} \int_{-\pi}^{\pi} \frac{|X(e^{j\Omega})|^2}{|D^{(i)}(e^{j\Omega})|^2} e^{j\Omega k} d\Omega \qquad \Big| \qquad D^{(i)}(e^{j\Omega}) = e^{C^{(i)}(e^{j\Omega})}. \tag{2.75}$$

Nach [140] konvergiert der Algorithmus quadratisch. Abbildung 2.26 zeigt die Konvergenzgeschwindigkeit beispielhaft anhand der Analyse des bekannten Signalabschnittes. Bereits nach wenigen Iterationen gibt es keine signifikanten Änderungen
des berechneten Cepstrums.

Ein adaptiver Algorithmus zur Berechnung des Cepstrums, welcher auf dieser Berechnungsmethode aufbaut, ist in [26, 140, 50] beschrieben.

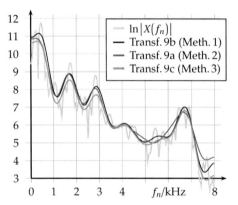

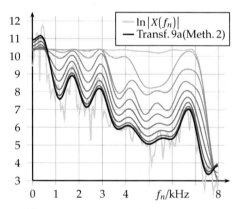

Abb. **2.25** Vergleich der Modellspektren der Cepstren berechnet mit Methoden 1-3 ($K = 16$).

Abb. **2.26** Berechnung des Cepstrums mit UELS bei verschiedenen Iterationsschritten.

Der Vorteil der Berechnung des Cepstrum durch UELS ist die genauere Approximation des Originalspektrums bei geringerer Anzahl K an Cepstrum-Koeffizienten.
Im Gegensatz zur Berechnung der Koeffizienten nach Methode 1, bei der durch
Liftern des Cepstrums mit (2.66) eine Mittlung des Spektrums erfolgt, werden bei
der Berechnung durch UELS die Cepstrum-Koeffizienten hinsichtlich des spektralen
Approximationsfehlers optimiert. Das Spektrum des cepstralen Modells, berechnet
mittels UELS, ist zum exemplarischen Vergleich mit Methode 1 und der nachfolgend
beschriebenen Methode 3 in Abbildung 2.25 dargestellt.

Transformation

Methode 3, Berechnung aus den LPC-Koeffizienten: Unter Ausnutzung der Tatsache, dass die Ableitung des Logarithmus einer Funktion gleich der Division der

Ableitung der Funktion durch die Funktion selbst ist, kann man den Algorithmus zur Berechnung des Cepstrums aus den LPC-Koeffizienten[34] nach [101] herleiten:

$$\frac{\mathrm{d}\ln X(z)}{\mathrm{d}z} = \frac{1}{X(z)}\frac{\mathrm{d}X(z)}{\mathrm{d}z} = \frac{\mathrm{d}\hat{X}(z)}{\mathrm{d}z}. \tag{2.76}$$

Nach Multiplikation von Gleichung (2.76) mit $zX(z)$ und einer anschließenden inversen z-Transformation, erhält man:

$$z\frac{\mathrm{d}X(z)}{\mathrm{d}z} = z\frac{\mathrm{d}\hat{X}(z)}{\mathrm{d}z}X(z) \tag{2.77}$$

$$kx(k) = \sum_{n=0}^{k} n\hat{x}(n)\,x(k-n) \qquad \left| \begin{array}{l} \hat{x}(k<0) = 0 \\ x(k<0) = 0. \end{array} \right. \tag{2.78}$$

Die Umstellung von (2.78) nach $\hat{x}(k)$ ergibt

$$kx(k) = k\hat{x}(k)\,x(0) + \sum_{n=0}^{k-1} n\hat{x}(n)\,x(k-n) \tag{2.79}$$

$$\hat{x}(k) = \begin{cases} \dfrac{x(k)}{x(0)} - \displaystyle\sum_{n=0}^{k-1}\dfrac{n}{k}\hat{x}(n)\,\dfrac{x(k-n)}{x(0)} & \quad k \neq 0 \\[3mm] \ln x(0) & \quad k = 0. \end{cases} \tag{2.80}$$

Gleichung (2.80) gilt unter der Voraussetzung, dass $x(k)$ minimalphasig ist, d. h. dass $x(k) = 0$ für $k < 0$ und dass die Pol- und Nullstellen von $X(z)$ innerhalb des Einheitskreises liegen [101, S. 785]. Diese Bedingung ist erfüllt, wenn man $X(z)$ in Gleichung (2.76) mit der Übertragungsfunktion der linearen Prädiktion nach $1/A(z)$ ersetzt (vgl. [7, 34]).

$$\frac{\mathrm{d}}{\mathrm{d}z}\ln\frac{1}{A(z)} = -\frac{\mathrm{d}\ln A(z)}{\mathrm{d}z} = -\frac{1}{A(z)}\frac{\mathrm{d}A(z)}{\mathrm{d}z} = \frac{\mathrm{d}C(z)}{\mathrm{d}z} \tag{2.81a}$$

$$-z\frac{\mathrm{d}A(z)}{\mathrm{d}z} = z\frac{\mathrm{d}C(z)}{\mathrm{d}z}A(z) \tag{2.81b}$$

$$-ka_k = -kc_k + \sum_{n=1}^{k-1} nc_n a_{k-n} \tag{2.81c}$$

$$a_k = c_k - \sum_{n=1}^{k-1}\frac{n}{k}c_n a_{k-n} \tag{2.81d}$$

Es ergibt sich die rekursive Gleichung (2.82) für die Berechnung des Cepstrums aus den LPC-Koeffizienten:

$$c_k = \begin{cases} \ln\epsilon_0 & \quad k = 0, \\[2mm] a_k + \displaystyle\sum_{n=1}^{k-1}\frac{n}{k}c_n a_{k-n} & \quad k > 0. \end{cases} \tag{2.82}$$

---

[34] Transformation 9c in Tabelle 2.1 und Abbildung 2.1

Rücktransformation

Methode 4, LPC-Koeffizienten aus dem Cepstrum: Die Gleichung zur Berechnung der LPC-Koeffizienten aus dem Cepstrum[35] finden wir bereits in der oben beschriebenen Transformation der LPC-Koeffizienten in das Cepstrum. Mit Gleichung (2.81d) erhält man die LPC-Koeffizienten durch die Rekursion:

$$a_k = \begin{cases} 1 & \Big|\quad k = 0, \\ c_k - \sum\limits_{n=1}^{k-1} \dfrac{n}{k} c_n a_{k-n} & \Big|\quad k > 0, \; c_{k>K} = 0. \end{cases} \tag{2.83}$$

Dabei ist der Verstärkungsfaktor $\epsilon_0 = e^{c_0}$. Mit dieser Rekursion lassen sich beliebig viele LPC-Koeffizienten aus den K Cepstrum-Koeffizienten berechnen. Im Gegensatz zur Hintransformation nach (2.82), bei der die Begrenzung der Anzahl der zu berechnenden Cepstrum-Koeffizienten eine stärkere Glättung des Modellspektrums zur Folge hat, ist bei der Rücktransformation nach Gleichung (2.83) die Anzahl der zu berechnenden LPC-Koeffizienten hoch genug zu wählen, um überhaupt ein adäquates LPC-Modellspektrum zu erhalten.

Resynthese

Die Resynthese des Cepstrums erfordert ein Filter, das die Übertragungsfunktion

$$\frac{X(z)}{E(z)} = H(z) = \epsilon_0 D(z) = e^{c_0} e^{C(z)} = e^{c_0} e^{\sum\limits_{k=1}^{K} c_k z^{-k}} \tag{2.84}$$

realisiert [51]. Zur Realisierung der Exponentialfunktion von (2.84) wird diese durch die PADÉ-Approximation der Ordnung M angenähert.

$$e^x \approx \frac{\alpha_0 + \alpha_1 x + \alpha_2 x^2 + \cdots + \alpha_M x^M}{\alpha_0 - \alpha_1 x + \alpha_2 x^2 - \cdots + \alpha_M(-x)^M} = \frac{\sum\limits_{m=0}^{M} \alpha_m x^m}{\sum\limits_{m=0}^{M} \alpha_m(-x)^m} \quad\Big|\quad \alpha_m = \frac{2^m (2M-m)! M!}{(2M)! (M-m)! m!} \tag{2.85}$$

Ersetzt man x mit $C(z)$ erhält man ein geschachteltes Filter, dessen äußeres IIR-Filter die Exponentialfunktion realisiert und dessen innere FIR-Filter, welche die Verzögerungsglieder des äußeren Filters ersetzen, jeweils die Übertragungsfunktion $C(z)$ realisieren. Um die Stabilität des IIR-Filters zu gewährleisten, muss die Ordnung M der PADÉ-Approximation entsprechend gewählt werden. Im Allgemeinen reicht $M = 5$, was die Stabilität garantiert, falls $|C(e^{j\Omega})| \leq 6{,}2$ [26]. Durch geeignetes Ausklammern der Koeffizienten α_m lässt sich die Anzahl der Rechenoperationen verringern. Die Übertragungsfunktion des Synthesefilters[36], dessen Netzwerkstruktur in Abbildung 2.27 dargestellt ist, hat dann die Form:

---

[35] Transformation 5f in Tabelle 2.1 und Abbildung 2.1

[36] Transformation 0e in Tabelle 2.1 und Abbildung 2.1

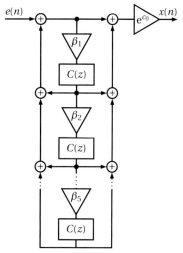

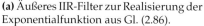

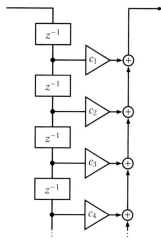

(a) Äußeres IIR-Filter zur Realisierung der Exponentialfunktion aus Gl. (2.86).

(b) Inneres FIR-Filter für die Realisierung von $C(z)$ aus Abbildung 2.27a.

Abb. 2.27 Netzwerkstruktur des cepstralen Synthesefilters zur Realisierung der Übertragungsfunktion $H(z)$ aus Gl. (2.86) bzw. zur Berechnung des Fehlersignals $e(n)$ bei Negation der Cepstrum-Koeffizienten c_k und Vertauschen von Eingabe- und Ausgabesignal.

$$H(z) = e^{c_0} \frac{1 + \beta_1 \left(C(z) + \beta_2 \left(C^2(z) + \cdots + \beta_M C^M(z) \right) \right)}{1 + \beta_1 \left(-C(z) + \beta_2 \left(C^2(z) + \cdots + \beta_M (-C(z))^M \right) \right)} \qquad (2.86a)$$

$$\beta_m = \frac{\alpha_m}{\alpha_{m-1}} = \frac{2(M-m+1)}{(2M-m+1)\, m}. \qquad (2.86b)$$

Durch Umstellen von (2.84) nach $E(z)$

$$E(z) = \frac{X(z)}{H(z)} = \frac{X(z)}{\epsilon_0 D(z)} = \frac{X(z)}{e^{c_0} e^{C(z)}} = e^{-c_0} e^{-\sum\limits_{k=1}^{K} c_k z^{-k}} X(z) \qquad (2.87)$$

ist das Filter zur Berechnung des Anregungssignals beschrieben, d. h. das Filter aus Abbildung 2.27 und Gleichung (2.86) kann zur Berechnung von $e(n)$ verwendet werden, wenn man als Eingangssignal $x(n)$ wählt und alle Cepstrum-Koeffizienten c_k ($k = 0, \ldots K$) negiert.

Eine weitere Version des cepstralen Synthesefilters findet man, in Anlehnung an [52], durch Umschreiben von Gleichung (2.84):

$$
\begin{aligned}
e^{c_0} e^{\sum\limits_{k=1}^{K} c_k z^{-k}} &= e^{c_0} e^{\sum\limits_{k=1}^{K_1} c_k z^{-k} + \sum\limits_{k=K_1+1}^{K_2} c_k z^{-k} + \cdots + \sum\limits_{k=K_i+1}^{K_{i+1}} c_k z^{-k} + \cdots + \sum\limits_{k=K_{I-1}+1}^{K} c_k z^{-k}} \\
&= e^{c_0} e^{\sum\limits_{k=1}^{K_1} c_k z^{-k}} e^{\sum\limits_{k=K_1+1}^{K_2} c_k z^{-k}} \cdots e^{\sum\limits_{k=K_i+1}^{K_{i+1}} c_k z^{-k}} \cdots e^{\sum\limits_{k=K_{I-1}+1}^{K} c_k z^{-k}} \\
&= e^{c_0} H_1(z) H_2(z) \cdots H_i(z) \cdots H_I(z).
\end{aligned}
\qquad (2.88)
$$

Mit $1 \le K_1 < K_2 < \cdots < K_i < \cdots K_{I-1} < K$ beschreibt Gleichung (2.88) die Reihenschaltung von I cepstralen Teilfiltern der Form nach Abbildung 2.27. Der Vorteil dieser

Form des Synthesefilters besteht in der Möglichkeit, die Ordnung der PADÈ-Approximation der Exponentialfilter für die einzelnen Teilfilter unterschiedlich zu wählen.
Da einerseits der Approximationsfehler sowie die Stabilität der Filter, wie oben erwähnt, von der Approximationsordnung abhängt und andererseits für die Cepstrum-
Koeffizienten gemäß [101] gilt, dass diese mindestens mit $1/|k|$ abfallen:

$$|c_k| < C \left| \frac{\alpha^k}{k} \right| \qquad \begin{array}{l} |\alpha| < 1, \\[1mm] C = \text{konst.,} \end{array} \tag{2.89}$$

ist die PADÈ-Ordnung der Approximation der Übertragungsfunktionen $H_i(z)$ für
höhere i reduzierbar.

2.1.9 Mel-Cepstrum

Das Mel-Cepstrum ist eine Verallgemeinerung des Cepstrums bezüglich der Frequenzachse seines Modellspektrums. Das Modellspektrum des Mel-Cepstrums ergibt sich aus dem Realteil von dessen FOURIER-Transformierten.

$$\ln\left|\tilde{X}(\Omega_n)\right| = \sum_{k=0}^{K-1} \tilde{c}_k \cos n\Omega_k \tag{2.90}$$

Wie bei der Mel-LPC Analyse wird die Frequenzachse anhand der Abbildungsfunktion (2.1) transformiert. Bei entsprechender Wahl von λ erreicht man eine hörgerechte
Verzerrung der Frequenzachse des Modellspektrums. Außerdem wird das Spektrum,
bei gleicher Koeffizientenanzahl, bei tieferen Frequenzen genauer approximiert. Das
Mel-Cepstrum wird derzeit hauptsächlich bei der Spracherkennung verwendet.

Analyse

Methode 1, Berechnung aus dem Mel-Spektrum: Entsprechend der Transformation nach Methode 1 aus Abschnitt 2.1.8 erhält man das mel-transformierte Cepstrum[37]
aus den Gleichungen (2.65) und (2.66) bei Substitution des Spektrums X mit dem mel-
transformierten Spektrum $\tilde{X}$. Das transformierte Spektrum wiederum erhält man aus
den verschiedenen Verfahren, die in Abschnitt 2.1.3 beschrieben sind. Von besonderer Bedeutung ist dabei die Berechnung des Mel-Cepstrums aus den Werten der
Melfilterbank nach Methode 3 oder 4 im genannten Abschnitt. Das entstehende Mel-
Cepstrum ist in der Literatur unter dem Namen Mel-Frequency Cepstral Coefficients
(MFCC) bekannt und ist in der automatischen Spracherkennung weit verbreitet. Die
MFCC werden durch eine diskrete Kosinustransformation (DCT-II[38]) aus den Werten

---

[37] Transformation 10c in Tabelle 2.1 und Abbildung 2.1

[38] engl.: Discrete Cosine Transform. Es gibt verschiedene Arten der Diskreten Kosinus Transformation, hier kommt die 2. Art zur Anwendung.

der Melfilterbank $\ln\left|\tilde{X}(\Omega_n)\right|$ aus Gleichung (2.22b) oder (2.23b) nach Gleichung (2.91) berechnet[39] [19]:

$$\text{MFCC}(k) = \sum_{n=0}^{N-1} \ln\left|\tilde{X}(\Omega_n)\right| \cos\frac{k\,(n+1/2)\,\pi}{N}. \tag{2.91}$$

Dass zur Transformation die DCT verwendet wird, liegt daran, dass die FFT ebenso wie die DCT von einem periodisch fortgesetzten Analysefenster ausgeht, die FFT aber mit der Periodenlänge N, die DCT dagegen mit der Länge $2N$. Zusätzlich wird bei der DCT das Analysefenster gerade fortgesetzt. Damit werden die „fehlenden" spektralen Anteile der Melfilterbankanalyse rekonstruiert. Dass gerade die DCT-II zu Anwendung kommt, hat seinen Grund darin, dass ebenso wie bei der Melfilterbankanalyse kein Wert existiert, welcher der Frequenz 0 Hz zugeordnet ist.

Methode 2, Unbiased Estimator of Log-Spectrum (UELS): In gleicher Weise wie die Berechnung des Cepstrums durch UELS (s. Abschnitt 2.1.8, S. 36) verwendet man die Itakura-Saito-Distanz d_{IS} nach Gleichung (2.68a) zur Ableitung der Berechnungsvorschrift für das Mel-Cepstrum mit UELS[40]. Dabei hat man die Wahl, ob man das Modellspektrum des Mel-Cepstrums anhand des mel-transformierten Referenzspektrums $\tilde{X}(z)$ berechnet oder anhand des originalen Referenzspektrums $X(z)$. Für den ersten Fall bedeutet das:

$$\epsilon^2 = \frac{1}{2\pi} \int_{-\pi}^{\pi} \left|\frac{\tilde{X}(e^{j\Omega})}{\tilde{D}(e^{j\Omega})}\right|^2 \mathrm{d}\Omega \tag{2.92}$$

und man kann, nach der Transformation des Referenzspektrums mit einer der Methoden aus Abschnitt 2.1.3, den UELS-Algorithmus aus Abschnitt 2.1.8 (S. 36) zur Berechnung des Mel-Cepstrums nutzen.

Für den zweiten Fall ist der Ausgangspunkt zur Ableitung der Berechnungsvorschrift das folgende Fehlerkriterium [26]:

$$\tilde{\epsilon}^2 = \frac{1}{2\pi} \int_{-\pi}^{\pi} \left|\frac{X(e^{j\Omega})}{\tilde{D}\left(e^{j\tilde{\Omega}}\right)}\right|^2 \mathrm{d}\Omega. \tag{2.93}$$

Im Gegensatz zu $D(z)$ aus Gleichung (2.68a) besitzt das Modellspektrum $\tilde{H}(\tilde{z})$ des Mel-Cepstrums einen zusätzlichen Gleichanteil δ, bedingt durch die Koeffizienten $\tilde{c}_{k>0}$ im frequenztransformierten Bildbereich $\tilde{z}$:

$$
\begin{aligned}
\tilde{H}(\tilde{z}) &= \tilde{\epsilon}_0 \tilde{D}(\tilde{z}) \\
&= \tilde{\epsilon}_0 e^{-\delta + \sum_{k=1}^{K} \tilde{c}_k \tilde{z}^{-k}}
\end{aligned}
\quad\left|\quad
\begin{aligned}
\delta &= \sum_{n=1}^{K} (-\lambda)^n \, \tilde{c}_n \\
\tilde{\epsilon}_0 &= e^{\tilde{c}_0 + \delta}.
\end{aligned}
\right.
\tag{2.94}$$

---

[39] Transformation 10d in Tabelle 2.1 und Abbildung 2.1
[40] Transformation 10a in Tabelle 2.1 und Abbildung 2.1

Durch Ableiten des Fehlers $\tilde{\epsilon}^2$ nach den Mel-Cepstrum-Koeffizienten $\tilde{c}_{k>0}$

$$\frac{\partial \tilde{\epsilon}^2}{\partial \tilde{c}_k} = \frac{-1}{2\pi} \int_{-\pi}^{\pi} \left| \frac{X(e^{j\Omega})}{\tilde{D}(e^{j\tilde{\Omega}})} \right|^2 \left(e^{j\tilde{\Omega}k}+e^{-j\tilde{\Omega}k}\right) d\Omega = \frac{-1}{\pi} \int_{-\pi}^{\pi} \left| \frac{X(e^{j\Omega})}{\tilde{D}(e^{j\tilde{\Omega}})} \right|^2 \cos(\tilde{\Omega}k) \, d\Omega = -2\tilde{\psi}_e(k) \quad (2.95)$$

und Null setzen, erhält man das Gleichungssystem

$$\vec{\nabla}\tilde{\epsilon}^2 = -2\vec{\tilde{\psi}}_e = 0 \qquad \left| \quad \begin{aligned} \tilde{\psi}_e(k) &= \sum_{n=0}^{N-1} \tilde{e}(n)\,\tilde{e}(n-k) \\ \vec{\tilde{\psi}}_e &= \left[\tilde{\psi}_e(1),\dots,\tilde{\psi}_e(K)\right]^{\mathrm{T}}. \end{aligned} \right. \qquad (2.96)$$

Das Gleichungssystem aus (2.96) löst man iterativ unter Verwendung des NEWTON-RAPHSON-Verfahrens:

$$\vec{\tilde{c}}^{(i+1)} = \vec{\tilde{c}}^{(i)} + \Delta\vec{\tilde{c}}. \qquad (2.97)$$

Zur Berechnung der Änderungen $\Delta\vec{\tilde{c}}$, muss in jedem Schritt das Gleichungssystem

$$\mathbf{H}(\tilde{\epsilon})\,\Delta\vec{\tilde{c}} = \vec{\nabla}\tilde{\epsilon}^2 \qquad (2.98)$$

gelöst werden, wobei $\mathbf{H}$ die HESSE-Matrix mit den Elementen:

$$\begin{aligned} \frac{\partial^2 \tilde{\epsilon}^2}{\partial \tilde{c}_i \partial \tilde{c}_j} &= \frac{1}{2\pi} \int_{-\pi}^{\pi} \left| \frac{X(e^{j\Omega})}{\tilde{D}(e^{j\tilde{\Omega}})} \right|^2 \left(e^{j\tilde{\Omega}i}+e^{-j\tilde{\Omega}i}\right)\left(e^{j\tilde{\Omega}j}+e^{-j\tilde{\Omega}j}\right) d\Omega \\ &= \frac{2}{\pi} \int_{-\pi}^{\pi} \left| \frac{X(e^{j\Omega})}{\tilde{D}(e^{j\tilde{\Omega}})} \right|^2 \left(\cos(\tilde{\Omega}i)\right)\left(\cos(\tilde{\Omega}j)\right) d\Omega \\ &= 2\tilde{\psi}_e(i+j)+2\tilde{\psi}_e\left(|i-j|\right) \end{aligned} \qquad (2.99)$$

der Zeilen i und Spalten j ist. In der Praxis berechnet man $\tilde{\psi}_e$ nicht aus dem frequenztransformierten Fehlersignal $\tilde{e}(n)$, sondern durch Transformation der Korrelationsfunktion ψ_e nach Gleichung (2.21). Die Korrelationsfunktion gewinnt man durch die FOURIER-Rücktransformation nach Gleichung (2.75). Anzumerken ist, dass δ bei der Iteration nach Gleichung (2.97) keine Rolle spielt, aber in die Berechnung von $\tilde{\psi}_e(k)$ über $\tilde{D}(\tilde{z})$ einfließt und damit bei jeder Iteration entsprechend Gleichung (2.94) aktualisiert werden muss. Nach Abschluss des Verfahrens bestimmt man $\tilde{\epsilon}_0$ aus dem minimierten Fehler $\tilde{\epsilon}$ mit $\tilde{\epsilon}_0 = \tilde{\epsilon}_{\mathrm{Min}}$.

Transformation

Methode 3, Berechnung aus den Mel-LPC-Koeffizienten: Ebenso wie die Berechnung des Cepstrums aus den LPC-Koeffizienten (Methode 3 aus Abschnitt 2.1.8) ist die Berechnung des Mel-Cepstrums aus den Mel-LPC-Koeffizienten nach Gleichung (2.82) nach Substitution der Prädiktorkoeffizienten a_k mit den in Abschnitt 2.1.5 beschriebenen transformierten Prädiktorkoeffizienten $\tilde{a}_k$ möglich[41][93].

---

[41] Transformation 10e in Tabelle 2.1 und Abbildung 2.1

Methode 4, Berechnung aus dem Cepstrum: Zur Berechnung des Mel-Cepstrums aus dem Cepstrum[42] schreibt man Gleichung (2.2b) für die Übertragungsfunktion des cepstralen Modells auf.

$$H(z) = \epsilon_0 e^{C(z)} = \tilde{H}(\tilde{z}) = \tilde{\epsilon}_0 e^{\tilde{C}(\tilde{z})} \tag{2.100a}$$

$$\sum_{k=0}^{K} c_k z^{-k} \approx \sum_{m=0}^{M} \tilde{c}_m \tilde{z}^{-m} \tag{2.100b}$$

Gleichung (2.100b) hat die gleiche Form wie Gleichung (2.39), d. h. die Berechnung des Mel-Cepstrums erfolgt in gleicher Weise wie die Berechnung der Mel-LPC-Koeffizienten aus den LPC-Koeffizienten (vgl. Methode 3, S. 21 sowie Gleichung (2.40)).

Zum Vergleich der verschiedenen Methoden zur Berechnung des Mel-Cepstrums sind in Abbildung 2.28 und 2.29 die Modellspektren der Mel-Cepstren am Beispiel der Analyse des Signalabschnittes aus Abbildung 2.3a dargestellt.

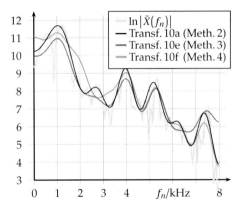

Abb. 2.28 Vergleich der Modellspektren der Mel-Cepstren berechnet mit den Methoden 2, 3 und 4 (Ordnung $K = 16$).

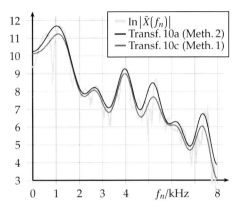

Abb. 2.29 Vergleich der Modellspektren der mit Methode 1 und Methode 2 berechneten Mel-Cepstren ($K = 16$).

Rücktransformation

Methode 5, Mel-LPC-Koeffizienten aus dem Mel-Cepstrum: Die Berechnung der Mel-LPC-Koeffizienten aus dem Mel-Cepstrum[43] ist gleich der Rekursion nach den Gleichungen (2.83), wenn man statt der Cepstrum-Koeffizienten c_k die Mel-Cepstrum-Koeffizienten $\tilde{c}_k$ einsetzt.

Methode 6, (Mel-)Cepstrum aus dem Mel-Cepstrum: Die Rücktransformation des Mel-Cepstrums zum Cepstrum[44] ist gleich der Hintransformation mit negiertem Verzerrungsfaktor λ. Wählt man λ verschieden zum Verzerrungsfaktor der Hintransfor-

---

[42] Transformation 10f in Tabelle 2.1 und Abbildung 2.1
[43] Transformation 6g in Tabelle 2.1 und Abbildung 2.1
[44] Transformation 9d in Tabelle 2.1 und Abbildung 2.1

mation (z. B. anhand der Gleichung (2.41)), erreicht man eine Umtransformation des Mel-Cepstrums[45] bezüglich der Frequenzachsenverzerrung.

Resynthese

Die Resynthese des Mel-Cepstrums[46] erfolgt analog zu der des Cepstrums. Ausgehend von der Übertragungsfunktion $\tilde{H}(\tilde{z})$:

$$\frac{X(z)}{E(z)} = \tilde{H}(\tilde{z}) = \epsilon_0 \tilde{D}(\tilde{z}) = e^{\tilde{c}_0} e^{\tilde{C}(\tilde{z})} = e^{\tilde{c}_0} e^{\sum\limits_{k=1}^{K} \tilde{c}_k \tilde{z}^{-k}} \tag{2.101}$$

wird ein geschachteltes Filter konstruiert, dessen äußeres Filter die Exponentialfunktion mit Hilfe der PADÈ-Approximation (s. Abschnitt 2.1.8, S. 40) realisiert.

Die Umsetzung von Gleichung (2.101) in eine Filterstruktur erzeugt ein nichtrealisierbares Filter (aufgrund der verzögerungsfreien Rückkopplung auf den Eingang), das durch die Ersetzung von z mit $\tilde{z}$ in Abb. 2.27 und der damit entstehenden Verbindungen zwischen den Verzögerungsgliedern entsteht. Abhilfe schafft die bereits aus Abschnitt 2.1.5 bekannte Transformation der Filterkoeffizienten nach Gleichung (2.44):

$$\tilde{b}_K = \tilde{c}_K \tag{2.102a}$$

$$\tilde{b}_k = \tilde{c}_k - \lambda \tilde{b}_{k+1} \quad \Big| \quad k = K-1, \dots, 1, 0. \tag{2.102b}$$

Das resultierende Mel-Cepstrum-Synthesefilter ist in Abbildung 2.30 dargestellt. Das Anregungssignal $e(n)$ berechnet man, angelehnt an Gleichung (2.87), durch die Negation der Mel-Cepstrum-Koeffizienten $\tilde{c}_k$. Diese Negation ist äquivalent zur Negation der Filterkoeffizienten $\tilde{b}_k$, so dass man $e(n)$ durch Filtern mit der Struktur aus Abbildung 2.30 bei negierten Filterkoeffizienten und vertauschtem Ein- und Ausgang erhält.

Eine Variante des Synthesefilters ist das Mel-Log-Spectrum-Approximation-Filter (MLSA-Filter) [52, 51]. Unter Ausnutzung der speziellen Eigenschaft der Exponentialfunktion formt man die Transferfunktion $\tilde{H}(\tilde{z})$ in gleicher Weise wie in Gleichung (2.88) um:

$$\tilde{H}(\tilde{z}) = e^{\tilde{c}_0} e^{\sum\limits_{k=1}^{K} \tilde{c}_k \tilde{z}^{(-k)}} = e^{\tilde{c}_0} \tilde{H}_1(\tilde{z}) \, \tilde{H}_2(\tilde{z}) \cdots \tilde{H}_i(\tilde{z}) \cdots \tilde{H}_I(\tilde{z}). \tag{2.103}$$

Realisiert man die $I \le K$ Teilfilter $\tilde{H}_i(\tilde{z})$ mit der Filterstruktur aus Abbildung 2.30 und kaskadiert diese, erhält man das MLSA-Synthesefilter.

Das Synthesesignal ist mel-transformiert, wenn man im Synthesefilter entweder λ zu Null setzt[47] oder anstelle des Mel-Cepstrums das Cepstrum bei $\lambda \ne 0$ verwendet[48].

---

[45] Transformation 10g in Tabelle 2.1 und Abbildung 2.1

[46] Transformation 0f in Tabelle 2.1 und Abbildung 2.1

[47] Transformation 1g in Tabelle 2.1 und Abbildung 2.1

[48] Transformation 1f in Tabelle 2.1 und Abbildung 2.1

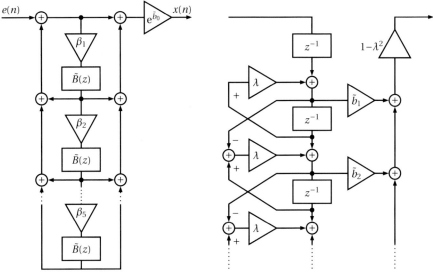

(a) Äußeres IIR-Filter zur Realisierung der Exponentialfunktion aus Gl. (2.101).

(b) Inneres FIR-Filter für die Realisierung von $\tilde{B}(z)$ aus Abbildung 2.30a.

Abb. 2.30 Netzwerkstruktur des Mel-Cepstrum Synthesefilters zur Realisierung der Übertragungsfunktion $\tilde{H}(z)$ aus Gl. (2.101) bzw. zur Berechnung des Fehlersignals $e(n)$ bei Negation der Cepstrum-Koeffizienten $\tilde{c}_k$ bzw. $\tilde{b}_k$ und Vertauschen von Eingabe- und Ausgabesignal.

2.1.10 Cepstrum-LSF

Betrachtet man die Cepstrum-Koeffizienten als Parameter eines linearen zeitinvarianten (LTI) Systems mit der Übertragungsfunktion

$$H(z) = \sum_{k=0}^{K} c_k z^{-k} = c_0 \prod_{k=1}^{K} \left(1 - \underline{b}_k z^{-1}\right), \tag{2.104}$$

so ist das System $H(z)$ durch seine (komplexen) Nullstellen $\underline{b}_k$ beschrieben. Liegen alle Nullstellen innerhalb des Einheitskreises der komplexen Ebene ist das System stabil und kausal, d. h. es ist minimalphasig. In diesem Fall kann man die in Abschnitt 2.1.6 beschriebene Transformation auf das Cepstrum anwenden [77][126]. Die so berechneten Merkmale werden im Folgenden als Cepstrum-LSF (C-LSF) bezeichnet[49].

Die Minimalphasigkeit von $H(z)$ ist im Allgemeinen gegeben, speziell für die Berechnung des Cepstrums aus den mit dem Algorithmus von Burg gewonnenen LPC-Koeffizienten (Transformation 9c, Methode 3, S. 38) ist diese garantiert [101]. Der Vorteil der C-LSF-Parameter liegt in der Kombination der guten Eignung der LSF-Parameter zur Kodierung mit der Eigenschaft des cepstralen Systems, Pole als auch Nullstellen zu modellieren.

---

[49] Die vom Autor in [126] für diese Merkmale eingeführte Bezeichnung *Line-Cepstrum-Quefrencies* (LCQ) ist nicht zu halten, da diese Merkmale nicht, wie der Name suggeriert, zu den Quefrenzen im Cepstralbereich korrespondieren, sondern zu den Frequenzen im Spektralbereich.

Transformation

Die Berechnung der C-LSF-Parameter aus dem Cepstrum[50] erfolgt in gleicher Weise wie die Berechnung der LSF-Parameter aus den LPC-Koeffizienten. Man bildet das symmetrische und das antisymmetrische Polynom $Q(z)$ bzw. $P(z)$ nach Gleichung (2.45a) mit der Substitution von a_k mit c_k und Normierung auf c_0:

$$
\begin{aligned}
P(z) &= \frac{H(z) - z^{-(K+1)} H(z^{-1})}{c_0} \\
&= 1 + \frac{c_1 - c_K}{c_0} z^{-1} + \cdots + \frac{c_K - c_1}{c_0} z^{-K} - z^{-(K+1)} \\
&= 1 + \quad p_1 \quad z^{-1} + \cdots - \quad p_1 \quad z^{-K} - z^{-(K+1)}
\end{aligned}
\tag{2.105a}
$$

$$
\begin{aligned}
Q(z) &= \frac{H(z) + z^{-(K+1)} H(z^{-1})}{c_0} \\
&= 1 + \frac{c_1 + c_K}{c_0} z^{-1} + \cdots + \frac{c_K + c_1}{c_0} z^{-K} + z^{-(K+1)} \\
&= 1 + \quad q_1 \quad z^{-1} + \cdots + \quad q_1 \quad z^{-K} + z^{-(K+1)}.
\end{aligned}
\tag{2.105b}
$$

Nach Anwendung der Gleichung (2.46) berechnet man die C-LSF-Parameter als Winkel ω_k der komplexen Nullstellen $\underline{r}_k$ aus Gleichung (2.47). Wie man nach leichter Überlegung feststellt, sind diejenigen C-LSF-Parameter $\bar{\omega}_k$, die ein konstantes Modellspektrum $|\bar{H}(z)|$ besitzen, entsprechend Gleichung (2.106) äquidistant zwischen 0 und π verteilt:

$$
\bar{\omega}_k = \frac{k+1}{K+1} \pi \quad \bigg| \quad 0 \le k < K.
\tag{2.106}
$$

Die Nullstellen von $P(z)$ und $Q(z)$ sind ebenfalls äquidistant auf dem Einheitskreis verteilt und das den C-LSF-Parametern $\bar{\omega}_k$ zugehörige Cepstrum ist $c_k = 0$ für $k > 0$. Die Information über das Modellspektrum eines C-LSF-Parametersatzes $\vec{\omega}$ liegt demnach in der Abweichung $\vec{\omega} - \vec{\bar{\omega}}$. In Abbildung 2.31 sind exemplarisch die C-LSF-Parameter, berechnet von dem Sprachsignalabschnitt aus Abbildung 2.3a, zusammen mit den $\vec{\bar{\omega}}$ dargestellt.

Ebenso, wie bereits in Abschnitt 2.1.6 beschrieben, existieren effiziente Methoden zur Berechnung der Nullstellen. Im Gegensatz zu den LSF-Parametern sind die C-LSF-Parameter stark separiert, wie die Histogramme aus den Abbildungen 2.15 und 2.32 belegen. Aus diesem Grund ist zur Berechnung der C-LSF, im Gegensatz zur Berechnung der LSF, der iterative Algorithmus nach [5] besonders geeignet. Zum einen fällt die Wahl des Startvektors leichter, zum anderen ist es so gut wie ausgeschlossen, dass zwei oder mehrere, während des Iterierens geschätzte Nullstellen in ein und dieselbe tatsächliche Nullstelle läuft. Darüber hinaus ist der Algorithmus weniger rechenintensiv, da keine Matrixinversion notwendig ist. Ausgehend von den Poly-

---

[50] Transformation 11a in Tabelle 2.1 und Abbildung 2.1

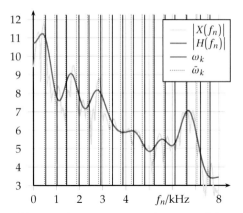

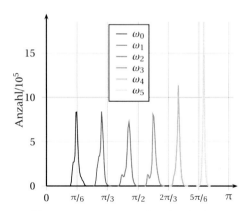

Abb. 2.31 C-LSF-Parameter (ω_k, $K = 16$) berechnet aus dem Cepstrum (mit Modellspektrum $|H(f_n)|$) am Beispiel aus Abb. 2.3a.

Abb. 2.32 Histogramm über die C-LSF-Parameter (ω_k), berechnet von der gleichen Datenbank wie in Abb. 2.15 und 2.21.

nomen $P'(z)$ und $Q'(z)$, die aus $P(z)$ bzw. $Q(z)$ durch Abspalten der Nullstelle bei $z = 1$ bzw. $z = -1$ gebildet werden:

$$P'(z) = \frac{P(z)}{1-z^{-1}} = \sum_{k=0}^{\frac{K}{2}-1} p'_k z^{-k} + \sum_{k=\frac{K}{2}}^{K} p'_{K-k} z^{-k} = 0 \qquad \left| \begin{array}{l} p'_k = \begin{cases} 1 & k=0 \\ p_k + p'_{k-1} & 1 \le k \le \frac{K}{2} \end{cases} \\ p_k = \dfrac{c_k - c_{K+1-k}}{c_0} \end{array} \right. \qquad (2.107a)$$

$$Q'(z) = \frac{Q(z)}{1+z^{-1}} = \sum_{k=0}^{\frac{K}{2}-1} q'_k z^{-k} + \sum_{k=\frac{K}{2}}^{K} p'_{K-k} z^{-k} = 0 \qquad \left| \begin{array}{l} q'_k = \begin{cases} 1 & k=0 \\ q_k - q'_{k-1} & 1 \le k \le \frac{K}{2} \end{cases} \\ q_k = \dfrac{c_k + c_{K+1-k}}{c_0} \end{array} \right. \qquad (2.107b)$$

berechnet man mit jedem Schritt des Newton-Raphson-Verfahrens eine neue Näherung $\underline{z}^{(i+1)}$:

$$\underline{z}_k^{(i+1)} = \underline{z}_k^{(i)} + \alpha P'(z) \left[\frac{\mathrm{d}P'(z)}{\mathrm{d}z} \bigg|_{z=\underline{z}_k^{(i)}} \right]^{-1} \qquad \left| \begin{array}{l} \underline{z}^{(i)} = \left[z_0^{(i)}, \dots, z_k^{(i)}, \dots, z_K^{(i)} \right]^\mathrm{T} \\ \dfrac{\mathrm{d}P'(z)}{\mathrm{d}z} = -\sum_{k=1}^{K} k p'_k z^{-k+1} . \end{array} \right. \qquad (2.108)$$

Die maximale Konvergenzgeschwindigkeit erreicht man durch geeignete Wahl der Schrittweite $0 < \alpha \le 1$ bei jeder Iteration. Abbildung 2.33 veranschaulicht den Algorithmus anhand der Berechnung der Nullstellen des Polynoms $P'(z)$ unter Verwendung der Cepstrum-Koeffizienten, berechnet aus dem bekannten Signalabschnitt. Die Berechnung der Nullstellen des Polynoms $Q'(z)$ erfolgt in gleicher Weise.

Bei der sequentiellen Berechnung von Abschnitten des zu analysierenden Signals ist es vorteilhaft, die gefundenen Nullstellen des vorherigen Signalabschnittes als Startvektor $\underline{z}^{(0)}$ für die Berechnung der Nullstellen des aktuellen Abschnittes zu verwenden. Mit der zusätzlichen Begrenzung der Anzahl der Iterationen bei der Analyse der Signalabschnitte erreicht man eine Glättung der C-LSF-Parameter über die Abschnitte. Je geringer die Anzahl der Iterationen, desto stärker die Glättung.

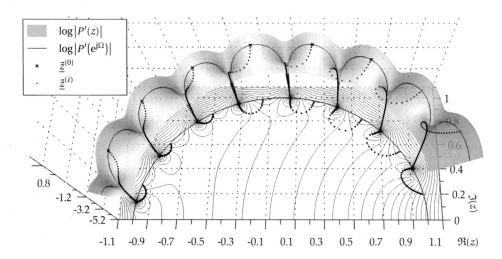

Abb. 2.33 Iterative Berechnung der C-LSF (Ordnung $K = 16$) mit dem Newton-Raphson-Verfahren. Aus Anschauungsgründen sind nur die 8 der 16 konjugiert komplexen Nullstellen von $P'(z)$ mit positiven Imaginärteil dargestellt. Um den Verlauf der Nullstellen verfolgen zu können, wurde die Schrittweite α stark herabgesetzt. Da das dargestellte Polynom gleichzeitig die Fehlerfläche zur Berechnung der Nullstellen ist, verlaufen die Pfade der iterierten Nullstellen entlang des maximalen Abstiegs der Fläche.

Rücktransformation

Die Rücktransformation der C-LSF in das Cepstrum[51] erfolgt analog der Rücktransformation der LSF-Parameter in die LPC-Koeffizienten aus Abschnitt 2.1.6. Neben dem Ausmultiplizieren des Polynoms $P'(z)$ und $Q'(z)$ nach Einsetzen der Nullstellen (vgl. Gleichung (2.47) und (2.50)) kann auch das Filter nach Abbildung 2.17 verwendet werden. Bei beiden Methoden ist zu beachten, dass zur Denormierung am Ende die entstehenden Parameter noch mit c_0 multipliziert werden müssen.

Resynthese

In ähnlicher Weise wie bei dem LSF-Synthesefilter aus Abschnitt 2.1.6 konstruiert man das C-LSF-Synthesefilter[52]. Durch Umstellen von (2.84) auf die Syntheseform:

$$X(z) = H(z)\,E(z) = e^{c_0}\,e^{C(z)}\,E(z) \tag{2.109a}$$

und Ersetzen der Exponentialfunktion mit der Padè-Approximation nach Gleichung (2.85) erhält man das Synthesefilter:

$$X(z) = e^{c_0}\,\frac{1 + \beta_1\left(C(z) + \beta_2\left(C^2(z) + \cdots + \beta_M C^M(z)\right)\right)}{1 + \beta_1\left(-C(z) + \beta_2\left(C^2(z) + \cdots + \beta_M\left(-C(z)\right)^M\right)\right)}\,E(z). \tag{2.109b}$$

---

[51] Transformation 9e in Tabelle 2.1 und Abbildung 2.1

[52] Transformation 0g in Tabelle 2.1 und Abbildung 2.1

Für das Cepstrum $C(z)$ setzt man die C-LSF-Parameter in Form des symmetrischen und antisymmetrischen Polynoms $Q(z)$ bzw. $P(z)$ nach Gleichung (2.105a) ein:

$$
\begin{aligned}
C(z) = H(z) - c_0 &= \frac{c_0\big(P(z)+Q(z)\big)}{2} - c_0 = c_0\left(\frac{P(z)+Q(z)}{2}-1\right) \\
&= c_0\frac{P(z)-1+Q(z)-1}{2} = \frac{c_0}{2}\left(\frac{P(z)-1}{z^{-1}}+\frac{Q(z)-1}{z^{-1}}\right)z^{-1} \\
&= \frac{c_0}{2}\left(\frac{P'(z)-1}{z^{-1}}-P'(z)+\frac{Q'(z)-1}{z^{-1}}+Q'(z)\right)z^{-1}.
\end{aligned}
\tag{2.109c}
$$

Das C-LSF-Synthesefilters ist somit ein geschachteltes Filter, dessen äußeres Filter die PADÈ-Approximation nach (2.109b) realisiert und äquivalent zu Abbildung 2.27a ist. Die Verzögerungsglieder des äußeren Filters werden mit dem Filter (2.109c), das die gleiche Struktur wie das Filter aus Abbildung 2.19 hat, ersetzt. Es ist wiederum zu beachten, dass die Ausgänge der inneren Filter mit c_0 multipliziert werden müssen, um die Normierung des Cepstrums vor der Transformation zu den C-LSF aufzuheben.

2.1.11 Mel-Cepstrum-LSF

Die MC-LSF sind eine Verallgemeinerung der C-LSF bezüglich der hörgerechten Verzerrung der Frequenzachse des Modellspektrums, das durch sie bestimmt wird. Sie sind die Kombination der vorteilhaften Eigenschaften der C-LSF (sehr gute Eignung zur Kodierung sowie die Modellierung von Pol- als auch von Nullstellen) mit der präziseren Abbildung des Modellspektrums in den sprachrelevanten Frequenzabschnitten bei gleicher Parameteranzahl und entsprechender Wahl des Verzerrungsfaktors. Bezüglich der Kodierung weisen die MC-LSF-Parameter ähnliche Eigenschaften auf wie die C-LSF-Parameter. Sie liegen zwischen 0 und π, sind gut separierbar und sowohl untereinander stark korreliert als auch innerhalb benachbarter Analyseabschnitte. Das Histogramm der Parameter aus Abbildung 2.35, berechnet aus einer großen Sprachdatenmenge, bestätigt den Sachverhalt.

Transformation

Methode 1, Berechnung aus dem Mel-Cepstrum: Die MC-LSF-Parameter berechnet man aus dem Mel-Cepstrum[53] mit den gleichen Transformationsmethoden wie bei der Berechnung der C-LSF-Parameter in Abschnitt 2.1.10. Nach Substitution von c_k mit $\tilde{c}_k$ in den Gleichungen (2.105a) und (2.107) erhält man:

$$
\tilde{P}(z) = 1 + \tilde{p}_1 z^{-1} + \cdots - \tilde{p}_1 z^{-K} - z^{-(K+1)} \qquad\Bigg|\ \tilde{p}_k = \frac{\tilde{c}_k - \tilde{c}_{K+1-k}}{\tilde{c}_0}
\tag{2.110a}
$$

$$
\tilde{Q}(z) = 1 + \tilde{q}_1 z^{-1} + \cdots + \tilde{q}_1 z^{-K} + z^{-(K+1)} \qquad\Bigg|\ \tilde{q}_k = \frac{\tilde{c}_k + \tilde{c}_{K+1-k}}{\tilde{c}_0}
\tag{2.110b}
$$

---

[53] Transformation 12a in Tabelle 2.1 und Abbildung 2.1

und nach Abspalten der Nullstellen bei $z = \pm 1$:

$$\tilde{P}'(z) = \frac{\tilde{P}(z)}{1-z^{-1}} = \sum_{k=0}^{\frac{K}{2}-1} \tilde{p}'_k z^{-k} + \sum_{k=\frac{K}{2}}^{K} \tilde{p}'_{K-k} z^{-k} = 0 \qquad \left| \; \tilde{p}'_k = \begin{cases} 1 & k=0 \\ \tilde{p}_k + \tilde{p}'_{k-1} & 1 \le k \le \frac{K}{2} \end{cases} \right. \quad (2.110c)$$

$$\tilde{Q}'(z) = \frac{\tilde{Q}(z)}{1+z^{-1}} = \sum_{k=0}^{\frac{K}{2}-1} \tilde{q}'_k z^{-k} + \sum_{k=\frac{K}{2}}^{K} \tilde{q}'_{K-k} z^{-k} = 0 \qquad \left| \; \tilde{q}'_k = \begin{cases} 1 & k=0 \\ \tilde{q}_k - \tilde{q}'_{k-1} & 1 \le k \le \frac{K}{2}. \end{cases} \right. \quad (2.110d)$$

Für die Berechnung der Nullstellen $\underline{\tilde{r}}_k$ von $\tilde{P}'(z)$ und $\tilde{Q}'(z)$ existieren effiziente Methoden, zum Beispiel der iterative Algorithmus aus Gleichung (2.108). Die MC-LSF-Parameter $\tilde{\omega}_k$ ergeben sich aus den Winkeln der konjugiert komplexen Nullstellen $\underline{\tilde{r}}_k$ der Polynome $\tilde{P}'(z)$ und $\tilde{Q}'(z)$.

$$\tilde{P}'(z) = \prod_{\substack{k=1,\\k\in\mathbb{U}}}^{K-1} \left(1-\underline{\tilde{r}}_k z^{-1}\right)\left(1-\underline{\tilde{r}}_k^* z^{-1}\right) = \prod_{\substack{k=1,\\k\in\mathbb{U}}}^{K-1} \left(1-2\tilde{r}_k z^{-1}+z^{-2}\right) \qquad \left| \quad \mathbb{U} = \{1,3,\dots\} \quad (2.111a) \right.$$

$$\tilde{Q}'(z) = \prod_{\substack{k=0,\\k\in\mathbb{G}}}^{K-2} \left(1-\underline{\tilde{r}}_k z^{-1}\right)\left(1-\underline{\tilde{r}}_k^* z^{-1}\right) = \prod_{\substack{k=0,\\k\in\mathbb{G}}}^{K-2} \left(1-2\tilde{r}_k z^{-1}+z^{-2}\right) \qquad \left| \quad \mathbb{G} = \{0,2,\dots\} \quad (2.111b) \right.$$

$$\tilde{r}_k = \mathrm{Re}\big(\underline{\tilde{r}}_k\big) = \cos\tilde{\omega}_k \qquad \left| \quad |\underline{\tilde{r}}_k| = 1 \quad (2.111c) \right.$$

In Abbildung 2.34 sind die MC-LSF-Parameter, berechnet von dem Signalsegment aus Abbildung 2.3a, dargestellt.

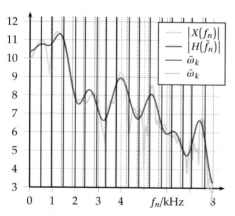

Abb. 2.34 MC-LSF-Parameter $(\tilde{\omega}_k, K = 16)$ berechnet aus dem Cepstrum (mit Modellspektrum $|H(\tilde{f}_n)|$) vom Signal aus Abb. 2.3a

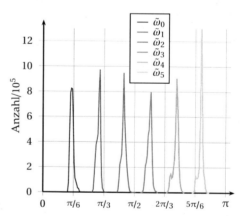

Abb. 2.35 Histogramme über die MC-LSF-Parameter $(\tilde{\omega}_k)$, berechnet von der gleichen Datenbank wie in Abb. 2.15, 2.21 und 2.32.

Methode 2, Berechnung aus den (M)C-LSF-Parametern: Wie bereits in Abschnitt 2.1.10 festgestellt, liegt die Information über das Modellspektrum, welches durch die C-LSF-Parameter $\tilde{\omega}$ repräsentiert wird, in der Differenz der Parameter $\tilde{\omega} - \bar{\omega}$. Für die MC-LSF-Parameter gilt entsprechend $\vec{\tilde{\omega}} - \bar{\omega}$, da das Modellspektrum von $\vec{\tilde{\omega}}$ nach

Gleichung (2.106) konstant und das mel-skalierte Modellspektrum eines konstanten Spektrums gleich dem unskalierten Modellspektrum ist. Damit ergibt sich eine Möglichkeit der Transformation[54] der C-LSF-Parameter zu den MC-LSF-Parametern, indem man die Differenzen der Parameter $\omega_k - \hat{\omega}_k$ entsprechend der Abbildungsfunktion der Frequenztransformation ($\phi_\lambda(\omega)$ nach Gleichung (2.54b)) auf die neben liegenden Parameter verteilt [127]. Dieses Vorgehen ist gleich zu der Transformation der LSF- zu den MEL-LSF-Parametern und in Abschnitt 2.1.7 beschrieben. Die mit dieser Methode berechneten MC-LSF-Parameter basieren nicht auf einer analytischen Lösung. Diese Methode schätzt die Parameter für kleine Werte von λ sehr gut, ist wenig rechenintensiv und daher vor allem für die Manipulation der Stimmencharakteristik gut geeignet. Abbildung 2.36 zeigt exemplarisch die Modellspektren der MC-LSF-Parameter bei unterschiedlichen Verzerrungsfaktoren λ, die mit dieser Methode berechnet wurden.

Für den Fall, dass diese Methode auf bereits mel-skalierte Parameter angewendet wird, erreicht man damit eine Umtransformation der Mel-Skala. Den Verzerrungsfaktor λ wählt man dann entsprechend der Gleichung (2.41).

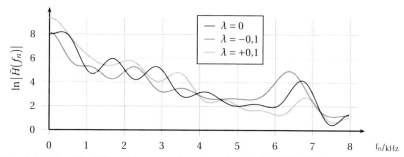

Abb. 2.36 Vergleich der Modellspektren repräsentiert durch die MC-LSF-Parameter bei unterschiedlichen Werten des Transformationskoeffizienten λ.

Rücktransformation

Methode 3, Rücktransformation in das (Mel-)Cepstrum: Wie bei der Rücktransformation der C-LSF-Parameter in das Cepstrum stehen für die Rücktransformation zwei Möglichkeiten zur Verfügung. Zum einen multipliziert man $\tilde{P}'(z)$ und $\tilde{Q}'(z)$ aus Gleichung (2.110) aus, fügt die beiden Nullstellen bei ±1 zu und addiert die entstehenden Polynome entsprechend der Gleichung (2.50). Nach Multiplikation mit $\tilde{c}_0$ erhält man das Mel-Cepstrum $\tilde{C}(z)$[55]. Zum anderen kann man, analog zur Vorgehensweise der Rücktransformation der Mel-LSF-Parameter in die LPC-Parameter (vgl. Abschnitt 2.1.7, S. 31), das Filter aus Abbildung 2.23 verwenden. Durch die Wahl des Verzerrungsfaktors λ bestimmt man, ob am Ausgang des Filters das Cepstrum[56] (λ gleich dem negativen Verzerrungsfaktor der Hintransformation) oder ein

[54] Transformation 12b in Tabelle 2.1 und Abbildung 2.1
[55] Transformation 10i in Tabelle 2.1 und Abbildung 2.1
[56] Transformation 9f in Tabelle 2.1 und Abbildung 2.1

umtransformiertes Mel-Cepstrum[57] (λ entsprechend Gleichung (2.41)) ausgegeben wird. Bei Verwendung des Filters muss der Ausgang mit $\tilde{c}_0$ multipliziert werden.

Methode 4, Rücktransformation in die C-LSF-Parameter: Die Berechnung der C-LSF-Parameter aus den MC-LSF-Parametern[58] kann mit der Methode 2 der Hintransformation (s. Seite 52) vorgenommen werden. Der zur Rücktransformation zu verwendende Verzerrungsfaktor λ ergibt sich durch Negieren des Verzerrungsfaktors, der bei der Hintransformation verwendet wurde.

Resynthese

Auf der Grundlage des LSF-Synthesefilters (Abschnitt 2.1.6, S. 27) nach [78], des Mel-LSF-Synthesefilters (Abschnitt 2.1.7, S. 34) nach [97] und aufbauend auf den Erfahrungen mit dem C-LSF-Synthesefilter (Abschnitt 2.1.10, S. 50), macht es wenig Mühe, ein MC-LSF Synthesefilter[59] zu konstruieren. Ausgangspunkt ist die Umstellung von Gleichung (2.101) auf die Syntheseform:

$$X(z) = \tilde{H}(\tilde{z})\, E(z) = e^{\tilde{c}_0} e^{\tilde{C}(\tilde{z})} E(z) \tag{2.112}$$

Mit der PADÈ-Approximation der Exponentialfunktion nach Gleichung (2.85) ergibt sich das geschachtelte Filter zu:

$$X(z) = e^{\tilde{c}_0} \frac{1 + \beta_1 \left(\tilde{C}(\tilde{z}) + \beta_2 \left(\tilde{C}^2(\tilde{z}) + \cdots + \beta_M \tilde{C}^M(\tilde{z}) \right) \right)}{1 + \beta_1 \left(-\tilde{C}(\tilde{z}) + \beta_2 \left(\tilde{C}^2(\tilde{z}) + \cdots + \beta_M \left(-\tilde{C}(\tilde{z}) \right)^M \right) \right)} E(z) \tag{2.113}$$

Das äußere Filter approximiert die Exponentialfunktion und ist äquivalent zu dem Filter aus Abbildung 2.27a. Die inneren Filter realisieren die Übertragungsfunktion $\tilde{C}(\tilde{z})$ unter Verwendung der MC-LSF-Parameter in Form der Polynome $\tilde{P}(\tilde{z})$ und $\tilde{Q}(\tilde{z})$. Dabei ist der durch die Substitution von z mit $\tilde{z}$ entstehende und bereits von den M-LSF (s. Gleichung (2.61), S. 32) bekannte zusätzliche Gleichanteil $\tilde{\epsilon}_\lambda$ zu beachten.

$$\tilde{C}(\tilde{z}) = \frac{\tilde{c}_0}{2\tilde{\epsilon}_\lambda} \left(\frac{\tilde{P}(\tilde{z}) - \tilde{\epsilon}_P}{\tilde{z}^{-1}} + \frac{\tilde{Q}(\tilde{z}) - \tilde{\epsilon}_Q}{\tilde{z}^{-1}} \right) \tilde{z}^{-1} \tag{2.114}$$

Der innere Term ist bereits von der Resynthese der M-LSF bekannt und löst sich mit den Gleichungen (2.63) auf. Die inneren Filter sind damit gleich dem Filter aus Abbildung 2.24, falls man die Filterkoeffizienten $\tilde{r}'_k$ mit den MC-LSF-Parametern $\tilde{\omega}_k$ nach Gleichung (2.59a) berechnet und den Ausgang des Filters mit $\tilde{c}_0$ multipliziert. Das Synthesefilter erzeugt ein mel-transformiertes Signal, falls man λ zu Null setzt[60] oder anstelle der MC-LSF die C-LSF-Parameter bei $\lambda \neq 0$ verwendet[61].

---

[57] Transformation 10h in Tabelle 2.1 und Abbildung 2.1

[58] Transformation 11b in Tabelle 2.1 und Abbildung 2.1

[59] Transformation 0h in Tabelle 2.1 und Abbildung 2.1

[60] Transformation 1i in Tabelle 2.1 und Abbildung 2.1

[61] Transformation 1h in Tabelle 2.1 und Abbildung 2.1

2.1.12 Generalized Cepstrum

Die Generalized Cepstrum (G-Cepstrum) Koeffizienten sind verallgemeinerte Merkmale, welche die LPC-Koeffizienten und das Cepstrum als jeweiligen Spezialfall
einschließen. Grundlage dieser vereinheitlichten Theorie ist die verallgemeinerte
Logarithmusfunktion nach [69]. Das G-Cepstrum ist definiert nach [144]:

$$H_\gamma(z) = \left(1 + \gamma \sum_{k=0}^{K} c_{\gamma,k} z^{-k}\right)^{1/\gamma} \quad \Bigg| \quad 0 < |\gamma| \le 1. \tag{2.115}$$

Zieht man den Verstärkungsfaktor ϵ_0 vor den Term, erhält man die normierte Form

$$H_\gamma(z) = \epsilon_0 D_\gamma(z) = \epsilon_0 C_\gamma^{1/\gamma}(z) = \epsilon_0 \left(1 + \gamma \sum_{k=1}^{K} c'_{\gamma,k} z^{-k}\right)^{1/\gamma} \quad \Bigg| \quad \begin{aligned} \epsilon_0 &= \left(1 + \gamma c_{\gamma,0}\right)^{1/\gamma} \\ c'_{\gamma,k} &= \frac{c_{\gamma,k}}{1 + \gamma c_{\gamma,0}}. \end{aligned} \tag{2.116}$$

An der Definition des G-Cepstrums (2.116) wird deutlich, dass sich mit der Wahl
von γ die Eigenschaften des G-Cepstrums bestimmen lassen. Setzt man $\gamma = -1$, hat
die Übertragungsfunktion $H_{-1}(z)$ die Form eines Allpol-Systems und ist gleich der
Übertragungsfunktion $A(z)$ des LPC-Modells nach Gleichung (2.35). Bei der Wahl
von $\gamma = 1$ besitzt die Übertragungsfunktion $H_1(z)$ ausschließlich Nullstellen und bei
$\gamma = 0$ ist $H_0(z)$ gleich der Übertragungsfunktion des Cepstrums[62] nach Gleichung
2.84. Das heißt, dass in Abhängigkeit von γ die Übertragungsfunktion $H_\gamma(z)$ AR-
Charakter ($\gamma = -1$, *autoregressiv*), MA-Charakter ($\gamma = 1$, *moving average*) oder ARMA-
Charakter ($|\gamma| < 1$) besitzt. Zum Vergleich der Modellspektren sind die G-Cepstren
der Analyse des Signalsegments aus Abbildung 2.3a für verschiedene Werte von γ
in Abbildung 2.37 dargestellt. Deutlich zu sehen ist der AR-Charakter für $\gamma < 0$, d. h.
die gute Modellierung der Maxima des Spektrums, und für $\gamma > 0$ der MA-Charakter
mit den dafür typischen spitzeren Minima.

Analyse

Die Herleitung der Berechnung des G-Cepstrums[63] führt über die Minimierung der
Itakura-Saito-Distanz [144]:

$$\begin{aligned} d_{IS} &= \frac{1}{2\pi} \int_{-\pi}^{\pi} \left\{ \left| \frac{X(e^{j\Omega})}{H_\gamma(e^{j\Omega})} \right|^2 - \ln \left| \frac{X(e^{j\Omega})}{H_\gamma(e^{j\Omega})} \right|^2 - 1 \right\} d\Omega \quad \Bigg| \quad \epsilon^2 = \frac{1}{2\pi} \int_{-\pi}^{\pi} \left| \frac{X(e^{j\Omega})}{D_\gamma(e^{j\Omega})} \right|^2 d\Omega. \\ &= \frac{\epsilon^2}{\epsilon_0^2} + \ln \epsilon_0^2 - \frac{1}{2\pi} \int_{-\pi}^{\pi} \ln \left| X(e^{j\Omega}) \right|^2 d\Omega - 1 \end{aligned} \tag{2.117}$$

---

[62] Es gilt: $\lim_{n \to \infty} \left(1 + \frac{x}{n}\right)^n = e^x$. Der Beweis dafür wird über den Grenzwert der Taylor-Reihe von $\ln\left(1 + \frac{x}{n}\right)$
geführt [4, S. 178ff].
[63] Transformation 13a in Tabelle 2.1 und Abbildung 2.1

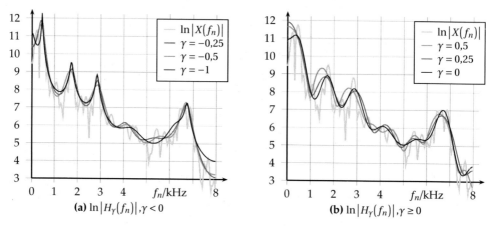

Abb. 2.37 Modellspektren der G-Cepstren ($K = 16$) bei verschiedenen Werten des Parameters γ.

Nach [147] besitzt die d_{IS} nur für $-1 \leq \gamma \leq 0$ ein Minimum, das man durch Ableiten von (2.117) nach den normierten G-Cepstrum-Koeffizienten $\vec{c}_{\gamma}' = \left[c_{\gamma,1}', \dots, c_{\gamma,K}' \right]^{\mathrm{T}}$ und Null setzen bestimmt.

$$\frac{\partial d_{\mathrm{IS}}}{\partial \vec{c}_{\gamma}'} = \frac{\partial \epsilon^2}{\partial \vec{c}_{\gamma}'} = \vec{\nabla} \epsilon^2 = \left[\frac{\partial \epsilon^2}{\partial c_{\gamma,1}'}, \dots, \frac{\partial \epsilon^2}{\partial c_{\gamma,K}'} \right]^{\mathrm{T}} = \vec{0} \tag{2.118a}$$

$$\frac{\partial \epsilon^2}{\partial c_{\gamma,k}'} = \frac{\partial}{\partial c_{\gamma,k}'} \left(\frac{1}{2\pi} \int_{-\pi}^{\pi} \frac{\left| X(\mathrm{e}^{\mathrm{j}\Omega}) \right|^2}{\left(C_{\gamma}(\mathrm{e}^{\mathrm{j}\Omega}) \, C_{\gamma}^*(\mathrm{e}^{\mathrm{j}\Omega}) \right)^{1/\gamma}} \, \mathrm{d}\Omega \right)$$

$$= -\frac{1}{2\pi} \int_{-\pi}^{\pi} \frac{|X|^2}{\left(C_{\gamma} C_{\gamma}^* \right)^{1/\gamma+1}} \left(\mathrm{e}^{-\mathrm{j}\Omega k} C_{\gamma}^* + \mathrm{e}^{\mathrm{j}\Omega k} C_{\gamma} \right) \mathrm{d}\Omega \tag{2.118b}$$

$$= -\frac{1}{\pi} \int_{-\pi}^{\pi} \frac{\left| X(\mathrm{e}^{\mathrm{j}\Omega}) \right|^2}{\left| D_{\gamma}^{1+\gamma}(\mathrm{e}^{\mathrm{j}\Omega}) \right|^2} D_{\gamma}^{\gamma}(\mathrm{e}^{\mathrm{j}\Omega}) \cos(\Omega k) \, \mathrm{d}\Omega$$

Das Gleichungssystem (2.118) mit K Gleichungen ist außer für $\gamma = -1$ nichtlinear. Mit dem NEWTON-RAPHSON-Verfahren löst man es iterativ. Bei jedem Schritt i der Iteration erhält man eine neue Näherung für die G-Cepstrum-Koeffizienten:

$$\vec{c}_{\gamma}'^{(i+1)} = \vec{c}_{\gamma}'^{(i)} + \Delta \vec{c}_{\gamma}'^{(i)} \quad \Big| \quad \Delta \vec{c}_{\gamma}' = \left[\Delta c_{\gamma,1}', \dots, \Delta c_{\gamma,K}' \right]^{\mathrm{T}}, \tag{2.119}$$

wobei man $\Delta \vec{c}_{\gamma}'$ durch das Lösen des Gleichungssystems (2.120) gewinnt.

$$\mathbf{H}(\epsilon) \, \Delta \vec{c}_{\gamma}'^{(i)} = -\vec{\nabla} \epsilon^2 \Big|_{\vec{c}_{\gamma}' = \vec{c}_{\gamma}'^{(i)}} \quad \Big| \quad \mathbf{H}(\epsilon) = \frac{\partial^2 \epsilon^2}{\partial \vec{c}_{\gamma}' \partial \vec{c}_{\gamma}'^{\mathrm{T}}} = \left[\begin{array}{ccc} h(1,1) & \dots & h(1,K) \\ \dots\dots\dots\dots\dots\dots\dots \\ h(K,1) & \dots & h(K,K) \end{array} \right] \tag{2.120}$$

Die $K \times K$-Matrix $\mathbf{H}(\epsilon)$ ist die HESSE-Matrix mit den Elementen $h(i,j)$ der i-ten Zeile und j-ten Spalte und wird bestimmt durch die zweiten partiellen Ableitungen:

$$
\begin{aligned}
h(i,j) &= \frac{\partial^2 \epsilon^2}{\partial c'_{\gamma,i} \partial c'_{\gamma,j}} = \frac{\partial}{\partial c'_{\gamma,j}} \left(-\frac{1}{2\pi} \int_{-\pi}^{\pi} \frac{|X|^2}{\left(C_\gamma C_\gamma^*\right)^{1/\gamma+1}} \left(e^{-j\Omega i} C_\gamma^* + e^{j\Omega i} C_\gamma \right) d\Omega \right) \\
&= \frac{\partial}{\partial c'_{\gamma,j}} \left(-\frac{1}{2\pi} \int_{-\pi}^{\pi} |X|^2 \left(\frac{e^{-j\Omega i}}{C_\gamma^{*\,1/\gamma} C_\gamma^{1/\gamma+1}} + \frac{e^{j\Omega i}}{C_\gamma^{1/\gamma} C_\gamma^{*\,1/\gamma+1}} \right) d\Omega \right) \\
&= \frac{1}{2\pi} \int_{-\pi}^{\pi} |X|^2 \left(\frac{e^{j\Omega j}}{C_\gamma^{*\,1/\gamma+1} C_\gamma^{1/\gamma+1}} + (1+\gamma) \frac{e^{-j\Omega j}}{C_\gamma^{*\,1/\gamma} C_\gamma^{1/\gamma+2}} \right) e^{-j\Omega i} \\
&\qquad + \left(\frac{e^{-j\Omega j}}{C_\gamma^{1/\gamma+1} C_\gamma^{*\,1/\gamma+1}} + (1+\gamma) \frac{e^{j\Omega j}}{C_\gamma^{1/\gamma} C_\gamma^{*\,1/\gamma-2}} \right) e^{j\Omega i} d\Omega \\
&= \frac{1}{2\pi} \int_{-\pi}^{\pi} |X|^2 \left(\frac{e^{-j\Omega(j-i)} + e^{j\Omega(j-i)}}{\left| C_\gamma^{1/\gamma+1} \right|^2} + (1+\gamma) \frac{C_\gamma^{*2} e^{-j\Omega(j+i)} + C_\gamma^2 e^{j\Omega(j+i)}}{\left| C_\gamma^{1/\gamma+2} \right|} \right) d\Omega \\
&= \underbrace{\frac{1}{\pi} \int_{-\pi}^{\pi} \frac{|X|^2}{\left| D_\gamma^{\gamma+1} \right|} \cos(\Omega |i-j|) \, d\Omega}_{2\psi_e^-\left(|i-j|\right) = 2\psi_e^-(k)} + \underbrace{(1+\gamma) \frac{1}{\pi} \int_{-\pi}^{\pi} \frac{|X|^2}{\left| D_\gamma^{2\gamma+1} \right|} D_\gamma^{2\gamma} \cos(\Omega (i+j)) \, d\Omega}_{2\psi_e^+(i+j) = 2\psi_e^+(k)}.
\end{aligned}
\tag{2.121}
$$

Hierbei sind $\psi_e^-(k)$ die Elemente der symmetrischen TOEPLITZ-Matrix $\boldsymbol{\psi}_e^-$ und $\psi_e^+(k)$ die Elemente der HANKEL-Matrix $\boldsymbol{\psi}_e^+$:

$$
\boldsymbol{\psi}_e^- = \begin{bmatrix} \psi_e^-(0) & \ldots & \psi_e^-(K-1) \\ \cdots\cdots\cdots\cdots\cdots\cdots \\ \psi_e^-(K-1) & \ldots & \psi_e^-(0) \end{bmatrix} \ \Bigg| \ \psi_e^-(k) = \frac{1}{2\pi} \int_{-\pi}^{\pi} \frac{\left| X(e^{j\Omega}) \right|^2}{\left| D_\gamma^{1+\gamma}(e^{j\Omega}) \right|^2} e^{j\Omega k} d\Omega
\tag{2.122a}
$$

$$
\boldsymbol{\psi}_e^+ = \begin{bmatrix} \psi_e^+(2) & \ldots & \psi_e^+(K+1) \\ \cdots\cdots\cdots\cdots\cdots\cdots \\ \psi_e^+(K+1) & \ldots & \psi_e^+(2K) \end{bmatrix} \ \Bigg| \ \psi_e^+(k) = \frac{1}{2\pi} \int_{-\pi}^{\pi} \frac{\left| X(e^{j\Omega}) \right|^2}{\left| D_\gamma^{1+2\gamma}(e^{j\Omega}) \right|^2} D_\gamma^{2\gamma}(e^{j\Omega}) e^{j\Omega k} d\Omega.
\tag{2.122b}
$$

Die praktische Berechnung des Gleichungssystems (2.120) kann daher mit angepassten Verfahren (z. B. [160, 89]) erfolgen. Die Elemente der Matrizen $\boldsymbol{\psi}_e^-$, $\boldsymbol{\psi}_e^+$ sowie des Vektors $\bar{\nabla}\epsilon^2$ lassen sich effizient durch die inverse FOURIER-Transformation nach den Gleichungen (2.122) bestimmen, da das G-Cepstrum immer reellwertig ist. Für die Bestimmung der Verstärkung ϵ_0 setzen wir die Ableitung der ITAKURA-SAITO-Distanz nach ϵ_0 gleich Null:

$$
\frac{\partial d_{\mathrm{IS}}}{\partial \epsilon_0} = -2 \left(\frac{\epsilon^2}{\epsilon_0^2} - 1 \right) = 0.
\tag{2.123}
$$

Die Verstärkung ϵ_0 ist also gleich dem Wert von ϵ. Diesen Wert kann man nach Gleichung (2.117) berechnen. Mit weniger Rechenaufwand erhält man ϵ_0 aus den Gleichungen (2.118):

$$\epsilon_0^2 = \frac{1}{2\pi} \int_{-\pi}^{\pi} \left| \frac{X(e^{j\Omega})}{D_\gamma(e^{j\Omega})} \right|^2 d\Omega = \frac{1}{2\pi} \int_{-\pi}^{\pi} \frac{|X|^2}{|D_\gamma|^2} \frac{C_\gamma C_\gamma^*}{|C_\gamma|^2} d\Omega = \frac{1}{2\pi} \int_{-\pi}^{\pi} \frac{|X|^2}{|D_\gamma^{1+\gamma}|^2} D_\gamma^\gamma C_\gamma^* d\Omega$$

$$= \frac{1}{2\pi} \int_{-\pi}^{\pi} \Psi_e(e^{j\Omega}) C_\gamma^*(e^{j\Omega}) d\Omega = \psi_e(0) + \gamma \sum_{k=1}^{K} \psi_e(k) c'_{\gamma,k}. \tag{2.124}$$

Die Werte $\psi_e(n)$ liegen bereits vor, da sie bei jedem Iterationsschritt nach Gleichung (2.118) berechnet werden müssen.

Transformation

Methode 1: Berechnung aus dem G-Cepstrum: Wie oben bereits erwähnt, wird der Charakter des G-Cepstrums durch die Wahl von γ bestimmt. Die hier beschriebene Transformation ändert den Charakter durch Umtransformieren des G-Cepstrums mit γ_1 zum G-Cepstrum mit γ_2[64]. Die Herleitung des rekursiven Algorithmus führt, wie bereits bei der Transformation des Cepstrums in die LPC-Koeffizienten (S. 38) angewendet, über die Ableitung des Logarithmus des normierten G-Cepstrums im z-Bereich und anschließender inverser z-Transformation:

$$C_{\gamma_1}^{1/\gamma_1}(z) = C_{\gamma_2}^{1/\gamma_2}(z) \tag{2.125a}$$

$$z\gamma_2 \frac{d \ln C_{\gamma_1}(z)}{dz} = z\gamma_1 \frac{d \ln C_{\gamma_2}(z)}{dz} \tag{2.125b}$$

$$z\gamma_2 \frac{dC_{\gamma_1}(z)}{dz} C_{\gamma_2}(z) = z\gamma_1 \frac{dC_{\gamma_2}(z)}{dz} C_{\gamma_1}(z) \tag{2.125c}$$

$$k\gamma_2\gamma_1 c'_{\gamma_1,k} + \gamma_2^2\gamma_1 \sum_{n=1}^{k-1} n c'_{\gamma_1,n} c'_{\gamma_2,k-n} = k\gamma_1\gamma_2 c'_{\gamma_2,k} + \gamma_1^2\gamma_2 \sum_{n=1}^{k-1} n c'_{\gamma_2,n} c'_{\gamma_1,k-n}. \tag{2.125d}$$

Das Umstellen nach den neuen G-Cepstrum-Koeffizienten ergibt die Rekursion (vgl. [147]):

$$c'_{\gamma_2,k} = c'_{\gamma_1,k} + \sum_{n=1}^{k-1} \frac{n}{k} \left(\gamma_2 c'_{\gamma_1,n} c'_{\gamma_2,k-n} - \gamma_1 c'_{\gamma_2,n} c'_{\gamma_1,k-n} \right). \tag{2.126}$$

Da die Verstärkung ϵ_0 nach Gleichung (2.116) unabhängig von γ ist, bleibt diese für das transformierte G-Cepstrum erhalten. Die nicht normierten Koeffizienten $c_{\gamma_2,k}$ bestimmt man mit:

$$c_{\gamma_2,k} = c'_{\gamma_2,k} \left(1 + \gamma_2 c_{\gamma_2,0} \right) \quad \bigg| \quad k > 0, \quad c_{\gamma_2,0} = \frac{\epsilon_0^{\gamma_2} - 1}{\gamma_2} = \frac{\left(1 + \gamma_1 c_{\gamma_1,0}\right)^{\frac{\gamma_2}{\gamma_1}} - 1}{\gamma_2}. \tag{2.127}$$

---

[64] Transformation 13d in Tabelle 2.1 und Abbildung 2.1

Methode 2: Berechnung aus den LPC-Koeffizienten: Aus Gleichung (2.116) wird deutlich, dass die LPC-Koeffizienten a_k gleich den normierten G-Cepstrum-Koeffizienten $c'_{-1,k}$ sind. Daraus folgt, dass man das G-Cepstrum aus dem LPC mit Hilfe der Rekursion aus Gleichung (2.126) berechnen kann, wenn man $\gamma_1 = -1$ setzt (vgl. [69, 143]):

$$c'_{\gamma,k} = a_k + \sum_{n=1}^{k-1} \frac{n}{k}\left(\gamma a_n c'_{\gamma,k-n} + c'_{\gamma,n} a_{k-n}\right) \quad\bigg|\quad k > 0. \tag{2.128}$$

Das G-Cepstrum[65] erhält man dann aus den LPC-Koeffizienten mit den Gleichungen (2.127) und (2.128).

Methode 3: Berechnung aus dem Cepstrum: Die Cepstrum-Koeffizienten c_k sind gleich den Generalized Cepstrum-Koeffizienten $c_{0,k}$ (s. Seite 55). Da für $\gamma = 0$ das G-Cepstrum gleich dem normalisierten G-Cepstrum ist, kann zur Berechnung des G-Cepstrum aus dem Cepstrum Gleichung (2.126) verwendet werden. Dazu setzt man in dieser Gleichung $\gamma_1 = 0$. Es ergibt sich die Rekursion zur Berechnung des Generalized Cepstrum aus dem Cepstrum[66] (vgl. [144, 143]):

$$c_{\gamma,k} = \begin{cases} \ln\epsilon_0 = c_0 & k = 0 \\ c_k + \sum_{n=1}^{k-1} \frac{n}{k}\gamma c_{\gamma,n} c_{k-n} & k > 0. \end{cases} \tag{2.129}$$

Rücktransformation

Methode 4: LPC vom G-Cepstrum: Schaut man sich Gleichung (2.128) aus Methode 2 an, so stellt man fest, dass die LPC-Koeffizienten durch triviales Umstellen nach a_k aus dem Generalized Cepstrum berechnet werden können[67]:

$$a_k = c'_{\gamma,k} - \sum_{n=1}^{k-1} \frac{n}{k}\left(\gamma a_n c'_{\gamma,k-n} + c'_{\gamma,n} a_{k-n}\right) \quad\bigg|\quad k > 0. \tag{2.130}$$

Methode 5: Cepstrum vom G-Cepstrum: Gleiches gilt für die Berechnung des Cepstrums aus dem Generalized Cepstrum[68] im Bezug auf Methode 3:

$$c_k = \begin{cases} \ln\epsilon_0 = c_{\gamma,0} & k = 0 \\ c_{\gamma,k} - \sum_{n=1}^{k-1} \frac{n}{k}\gamma c_{\gamma,n} c_{k-n} & k > 0. \end{cases} \tag{2.131}$$

---

[65] Transformation 13b in Tabelle 2.1 und Abbildung 2.1
[66] Transformation 13c in Tabelle 2.1 und Abbildung 2.1
[67] Transformation 5g in Tabelle 2.1 und Abbildung 2.1
[68] Transformation 9g in Tabelle 2.1 und Abbildung 2.1

Resynthese

Ausgangspunkt für die Resynthese des Generalized Cepstrum ist die Übertragungsfunktion $H_\gamma(z)$ in ihrer normierten Form nach Gleichung (2.116). Falls der Wert von
γ bei der Analyse in der Weise gewählt wurde, dass $1/\gamma = -n \in \mathbb{N}$, wobei $\mathbb{N} = \{0; 1; 2 ...\}$
die Menge der nicht-negativen ganzen Zahlen ist, so erhält man das Synthesefilter
im z-Bereich[69]:

$$X(z) = H_\gamma(z)\, E(z) = \epsilon_0 D_\gamma(z)\, E(z) = \frac{\epsilon_0}{C_\gamma^n(z)} E(z). \tag{2.132}$$

Dieses Filter ist eine Reihenschaltung von n Filtern mit AR-Charakter. Die Resynthese
des Signals ist demnach eine n-fache Filterung nach dem LPC-Syntheseprinzip, bei
welcher der Ausgang eines Filters der Eingang des folgenden Filters ist (s. Abbildung
2.38) und die Filterkoeffizienten gleich $a_k = \gamma c'_{\gamma,k}$ sind. Das Anregungssignal erhält

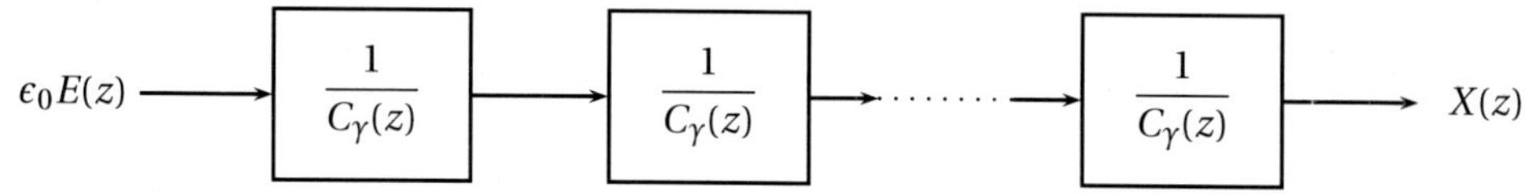

Abb. 2.38 Das Synthesefilter des G-Cepstrums als Reihenschaltung von n LPC-Synthesefiltern.

man durch die inverse Filterung des zur Analyse verwendeten Signalabschnittes.

2.1.13 Mel-Generalized Cepstrum

Das Mel-Generalized Cepstrum (MGC) ist die allgemeinste Form der Merkmale,
welche die LPC-Koeffizienten, die Mel-LPC-Koeffizienten, das Cepstrum, das Mel-
Cepstrum sowie das Generalized Cepstrum einschließen. Das Verhältnis der genannten Merkmale zueinander ist in Abbildung 2.39 veranschaulicht.

Das MGC ist nach [147] definiert durch:

$$\tilde{H}_\gamma(\tilde{z}) = \left(1 + \gamma \sum_{k=0}^{K} \tilde{c}_{\gamma,k}\tilde{z}^{-k}\right)^{1/\gamma} \quad \begin{vmatrix} \;\; 0 < |\gamma| \le 1 \\[1mm] \tilde{z}^{-1} = \dfrac{z^{-1} - \lambda}{1 - \lambda z^{-1}}. \end{vmatrix} \tag{2.133}$$

Seine normierte Form erhält man durch Herausziehen des Verstärkungsfaktors $\tilde{\epsilon}_0$,
der durch die Frequenztransformation über den Parameter λ von allen Koeffizienten
$\tilde{c}_{\gamma,k}$ abhängt:

$$\tilde{H}_\gamma(\tilde{z}) = \tilde{\epsilon}_0 \tilde{D}_\gamma(\tilde{z}) = \tilde{\epsilon}_0 \tilde{C}_\gamma^{1/\gamma}(\tilde{z})$$

$$= \tilde{\epsilon}_0 \left(1 + \gamma \sum_{k=0}^{K} \tilde{c}'_{\gamma,k}\tilde{z}^{-k}\right)^{1/\gamma} \quad
\begin{vmatrix}
\delta = \displaystyle\sum_{k=1}^{K} (-\lambda)^k \tilde{c}_{\gamma,k} \\[3mm]
\tilde{\epsilon}_0 = \left(1 + \gamma\left(\tilde{c}_{\gamma,0} + \delta\right)\right)^{1/\gamma} \\[3mm]
\tilde{c}'_{\gamma,k} = \begin{cases} \dfrac{-\delta}{1 + \gamma\left(\tilde{c}_{\gamma,0} + \delta\right)} & k = 0 \\[3mm] \dfrac{\tilde{c}_{\gamma,k}}{1 + \gamma\left(\tilde{c}_{\gamma,0} + \delta\right)} & k > 0. \end{cases}
\end{vmatrix} \tag{2.134}$$

---

[69] Transformation 0i in Tabelle 2.1 und Abbildung 2.1

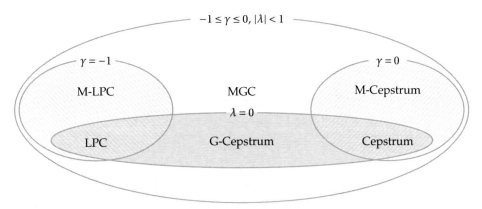

Abb. 2.39 Graphische Darstellung des Zusammenhangs des Mel-Generalized Cepstrums mit dessen eingeschlossenen Merkmalen bei entsprechender Wahl der Parameter γ und λ.

An den Gleichungen (2.133) und (2.134) erkennt man, dass bei der Wahl der Parameter λ und γ nach Tabelle 2.2 die oben genannten Merkmale Spezialfälle des (normierten) Mel-Generalized Cepstrums sind. Für $\gamma = -1$ sind die normierten MGC-Koeffizienten gleich den (Mel-)LPC Koeffizienten. Im Grenzfall $\gamma \to 0$ sind die MGC-Koeffizienten gleich dem Mel-Cepstrum[70]. Wie wir später noch sehen werden, muss zur Analyse die Übertragungsfunktion nach Gleichung (2.134) berechnet werden. Da das für $\gamma = 0$ nicht möglich ist, bleibt die praktische Berechnung der MGC-Koeffizienten $\tilde{c}_{0,k}$ ein Spezialfall und kann nur über die Berechnung des Mel-Cepstrums nach Abschnitt 2.1.9 erfolgen.

Tab. 2.2 Übersicht der Merkmale, die bei entsprechenden Werten der Parameter λ und γ Spezialfälle des Mel-Generalized Cepstrums sind.

	$\gamma = -1$	$-1 < \gamma < 0$	$\gamma = 0$
$\lambda = 0$	LPC: $$H(z) = \frac{\epsilon_0}{1 - \sum\limits_{k=1}^{K} a_k z^{-k}}$$	G-Cepstrum: $$H_\gamma(z) = \epsilon_0 \left(1 + \gamma \sum\limits_{k=1}^{K} c'_{\gamma,k} z^{-k} \right)^{1/\gamma}$$	Cepstrum: $$H(z) = \epsilon_0 e^{\sum\limits_{k=1}^{K} c_k z^{-k}}$$
$\lambda \neq 0$	M-LPC: $$\tilde{H}(\tilde{z}) = \frac{\tilde{\epsilon}_0}{1 - \sum\limits_{k=1}^{K} \tilde{a}_k \tilde{z}^{-k}}$$	MGC: $$\tilde{H}_\gamma(\tilde{z}) = \tilde{\epsilon}_0 \left(1 + \gamma \sum\limits_{k=1}^{K} \tilde{c}'_{\gamma,k} \tilde{z}^{-k} \right)^{1/\gamma}$$	M-Cepstrum: $$\tilde{H}(\tilde{z}) = \tilde{\epsilon}_0 e^{\sum\limits_{k=1}^{K} \tilde{c}_k \tilde{z}^{-k}}$$

Analyse

Die Herleitung der Berechnung des MGC führt über die Minimierung der ITAKURA-SAITO-Distanz. In gleicher Weise wie bei der Berechnung des Mel-Cepstrums nach

---

[70] siehe Fußnote 62

Methode 2 (s. Seite 43), hat man dabei zwei Varianten zur Auswahl. Diese Varianten unterscheiden sich in der Wahl des Referenzspektrums bei der Minimierung der ITAKURA-SAITO-Distanz. Wählt man das bereits mel-transformierte Spektrum des Analyseabschnittes als Referenzspektrum:

$$d_{\text{IS}} = \frac{1}{2\pi} \int_{-\pi}^{\pi} \left\{ \left| \frac{\tilde{X}(e^{j\Omega})}{\tilde{H}_\gamma(e^{j\Omega})} \right|^2 - \ln \left| \frac{\tilde{X}(e^{j\Omega})}{\tilde{H}_\gamma(e^{j\Omega})} \right|^2 - 1 \right\} d\Omega$$
$$= \frac{\tilde{\epsilon}^2}{\tilde{\epsilon}_0^2} + \ln \tilde{\epsilon}_0^2 - \frac{1}{2\pi} \int_{-\pi}^{\pi} \ln |\tilde{X}(e^{j\Omega})|^2 \, d\Omega - 1 \qquad \left| \quad \tilde{\epsilon}^2 = \frac{1}{2\pi} \int_{-\pi}^{\pi} \left| \frac{\tilde{X}(e^{j\Omega})}{\tilde{D}_\gamma(e^{j\Omega})} \right|^2 d\Omega, \quad (2.135a) \right.$$

so wendet man die Berechnungsmethode des G-Cepstrums nach Abschnitt 2.1.12 (s. Seite 55) zur Berechnung der MGC-Koeffizienten $\tilde{c}_{\gamma,k}$ an[71]. Bei der Verwendung des untransformierten Spektrums des Analyseabschnittes als Referenzspektrum hat die zu minimierende ITAKURA-SAITO-Distanz die Form:

$$d_{\text{IS}} = \frac{1}{2\pi} \int_{-\pi}^{\pi} \left\{ \left| \frac{X(e^{j\Omega})}{\tilde{H}_\gamma(e^{j\tilde{\Omega}})} \right|^2 - \ln \left| \frac{X(e^{j\Omega})}{\tilde{H}_\gamma(e^{j\tilde{\Omega}})} \right|^2 - 1 \right\} d\Omega$$
$$= \frac{\epsilon^2}{\epsilon_0^2} + \ln \epsilon_0^2 - \frac{1}{2\pi} \int_{-\pi}^{\pi} \ln |X(e^{j\Omega})|^2 \, d\Omega - 1 \qquad \left| \quad \epsilon^2 = \frac{1}{2\pi} \int_{-\pi}^{\pi} \left| \frac{X(e^{j\Omega})}{\tilde{D}_\gamma(e^{j\tilde{\Omega}})} \right|^2 d\Omega. \quad (2.135b) \right.$$

Die Minimierung der ITAKURA-SAITO-Distanz führt über deren partiellen Ableitungen nach den normierten MGC-Koeffizienten zu einem nichtlinearen Gleichungssystem, welches iterativ mit Hilfe der zweiten partiellen Ableitungen gelöst werden kann[72]. Da dies nicht komplizierter ist als die Herleitung der Berechnung der G-Cepstrum-Koeffizienten (Seite 55), soll hier nur das Ergebnis angegeben werden. Bei jedem Schritt i der Iteration erhält man eine neue Näherung für die normierten MGC-Koeffizienten:

$$\vec{\tilde{c}}_\gamma'^{(i+1)} = \vec{\tilde{c}}_\gamma'^{(i)} + \Delta \vec{\tilde{c}}_\gamma'^{(i)} \qquad \left| \quad \Delta \vec{\tilde{c}}_\gamma' = \left[\Delta \tilde{c}_{\gamma,i}', \ldots, \Delta \tilde{c}_{\gamma,K}' \right]^{\text{T}} \right. \qquad (2.136)$$

$$\mathbf{H}(\tilde{\epsilon}) \Delta \vec{\tilde{c}}_\gamma'^{(i)} = \vec{\nabla} \tilde{\epsilon}^2 \Big|_{\vec{\tilde{c}}_\gamma' = \vec{\tilde{c}}_\gamma'^{(i)}} \qquad \left| \quad \mathbf{H}(\tilde{\epsilon}) = \frac{\partial^2 \tilde{\epsilon}^2}{\partial \vec{\tilde{c}}_\gamma' \partial \vec{\tilde{c}}_\gamma'^{\text{T}}} = \begin{bmatrix} h(1,1) & \ldots & h(1,K) \\ \ldots\ldots\ldots\ldots\ldots \\ h(K,1) & \ldots & h(K,K) \end{bmatrix}, \right. \qquad (2.137)$$

wobei man $\Delta \vec{\tilde{c}}_\gamma'$ durch das Lösen des Gleichungssystems (2.137) gewinnt. Dabei sind die Elemente des K-dimensionalen Vektors $\vec{\nabla} \tilde{\epsilon}^2$ die partiellen Ableitungen von $\tilde{\epsilon}^2$

---

[71] Transformation 14b in Tabelle 2.1 und Abbildung 2.1
[72] Transformation 14a in Tabelle 2.1 und Abbildung 2.1

nach $\tilde{c}'_{\gamma,k}$:

$$\vec{\nabla}\tilde{\epsilon}^2 = \left[\frac{\partial \tilde{\epsilon}^2}{\partial \tilde{c}'_{\gamma,1}}, \ldots, \frac{\partial \tilde{\epsilon}^2}{\partial \tilde{c}'_{\gamma,K}}\right]^{\mathrm{T}} = \begin{bmatrix} \tilde{\psi}_e(1) \\ \vdots \\ \tilde{\psi}_e(K) \end{bmatrix}, \text{ mit} \tag{2.138a}$$

$$\tilde{\psi}_e(k) = -\frac{1}{2\pi}\int\limits_{-\pi}^{\pi} \frac{\left|X\!\left(e^{j\Omega}\right)\right|^2}{\left|\tilde{D}_\gamma^{1+\gamma}\!\left(e^{j\tilde{\Omega}}\right)\right|^2} \tilde{D}_\gamma^{\gamma}\!\left(e^{j\tilde{\Omega}}\right)e^{\tilde{\Omega}k}\,d\Omega. \tag{2.138b}$$

Die $K \times K$-Matrix $\mathbf{H}(\epsilon)$ ist die HESSE-Matrix mit den Elementen $h(i,j)$ der i-ten Zeile und j-ten Spalte und wird bestimmt durch die zweiten partiellen Ableitungen:

$$h(i,j) = \frac{\partial^2 \tilde{\epsilon}^2}{\partial \tilde{c}'_{\gamma,i}\partial \tilde{c}'_{\gamma,j}} = 2\tilde{\psi}_e^-\!\left(\left|i-j\right|\right) + 2\left(1+\gamma\right)\tilde{\psi}_e^+(i+j), \text{ mit} \tag{2.139a}$$

$$\tilde{\psi}_e^-(k) = \frac{1}{2\pi}\int\limits_{-\pi}^{\pi} \frac{\left|X\!\left(e^{j\Omega}\right)\right|^2}{\left|\tilde{D}_\gamma^{1+\gamma}\!\left(e^{j\tilde{\Omega}}\right)\right|^2} e^{j\tilde{\Omega}k}\,d\Omega \tag{2.139b}$$

$$\tilde{\psi}_e^+(k) = \frac{1}{2\pi}\int\limits_{-\pi}^{\pi} \frac{\left|X\!\left(e^{j\Omega}\right)\right|^2}{\left|\tilde{D}_\gamma^{1+2\gamma}\!\left(e^{j\tilde{\Omega}}\right)\right|^2} \tilde{D}_\gamma^{2\gamma}\!\left(e^{j\tilde{\Omega}}\right)e^{j\tilde{\Omega}k}\,d\Omega. \tag{2.139c}$$

Die praktische Berechnung der Werte $\tilde{\psi}_e(k)$ sowie $\tilde{\psi}_e^-(k)$ und $\tilde{\psi}_e^+(k)$ führt über die inverse FOURIER-Transformation mit anschließender Frequenztransformation nach Gleichung (2.21). Außerdem muss bei jedem Iterationsschritt $\tilde{C}_\gamma(\tilde{z})$ neu berechnet werden. Dazu transformiert man das normierte MGC $\tilde{c}'_{\gamma,k}$, z. B. mit Hilfe des Filters aus Abbildung 2.4d (Gleichungen (2.4)), in das normierte G-Cepstrum $c'_{\gamma,k}$. Das MGC erhält man aus dem normierten MGC mit Gleichung (2.134). Der Wert von $\tilde{c}_{\gamma,0}$ berechnet sich über die Verstärkung $\tilde{\epsilon}_0$, die sich aus der Ableitung:

$$\frac{\partial d_{\mathrm{IS}}}{\partial \tilde{\epsilon}_0} = -2\left(\frac{\tilde{\epsilon}^2}{\tilde{\epsilon}_0^2} - 1\right) = 0 \tag{2.140}$$

bestimmt. Die Verstärkung $\tilde{\epsilon}_0$ ist demnach der Wert von ϵ, den man mit geringem Rechenaufwand aus den Werten $\tilde{\psi}_e(k)$ bestimmt (vgl. Gleichung (2.124)):

$$\tilde{\epsilon}_0^2 = \tilde{\psi}_e(0) + \gamma \sum\limits_{k=1}^{K} \tilde{\psi}_e(k)\,\tilde{c}'_{\gamma,k}. \tag{2.141}$$

Transformation

Methode 1: Berechnung aus dem (M)G-Cepstrum: Wie wir bereits weiter oben festgestellt haben, ist das Mel-Generalized Cepstrum durch die zwei Parameter γ und λ charakterisiert. Hat man bereits einen Satz von MGC-Koeffizienten mit γ_1 und λ_1

und will diese in das MGC mit γ_2 und λ_2 transformieren[73], muss man dies nach [147] in zwei Schritten tun. Im ersten Schritt werden die Koeffizienten bezüglich des Verzerrungsfaktors λ umtransformiert:

$$
\begin{aligned}
\tilde{c}_{\gamma_1,0}^{(\lambda_2,i)} &= \tilde{c}_{\gamma_1,-i}^{(\lambda_1)} + \lambda\tilde{c}_{\gamma_1,0}^{(\lambda_2,i-1)} \\
\tilde{c}_{\gamma_1,1}^{(\lambda_2,i)} &= \left(1-\lambda^2\right)\tilde{c}_{\gamma_1,0}^{(\lambda_2,i-1)} + \lambda\tilde{c}_{\gamma_1,1}^{(\lambda_2,i-1)} \\
\tilde{c}_{\gamma_1,k}^{(\lambda_2,i)} &= \tilde{c}_{\gamma_1,k-1}^{(\lambda_2,i-1)} + \lambda\left(\tilde{c}_{\gamma_1,k}^{(\lambda_2,i-1)} - \tilde{c}_{\gamma_1,k-1}^{(\lambda_2,i)}\right)
\end{aligned}
\quad\left|\quad
\begin{aligned}
&i = -K_1,\ldots,-1,0 \\
&k = 0,1,\ldots,K_2 \\
&\lambda = \frac{\lambda_2-\lambda_1}{1-\lambda_1\lambda_2}.
\end{aligned}
\right.
\tag{2.142}
$$

Diese Rekursion ist gleich der Methode 5 der Mel-Transformation im Zeitbereich (Gleichungen (2.15), S. 12) und berechnet nach K_1 Schritten K_2 Koeffizienten mit der Frequenzachsenverzerrung λ_2 aus den K_1 gegebenen Koeffizienten mit dem Verzerrungsfaktor λ_1. Für den Fall, dass λ_1 Null ist, entspricht diese Transformation der Berechnung des MGC aus dem Generalized Cepstrum[74]. Im Anschluss an diese Transformation berechnet sich das gewünschte MGC in normierter Form nach Gleichung (2.126), wobei man die durch (2.142) erhaltenen Koeffizienten vorher nach Gleichung (2.134) normieren muss[75]:

$$
\tilde{c}_{\gamma_2,k}^{\prime(\lambda_2)} = \tilde{c}_{\gamma_1,k}^{\prime(\lambda_2,0)} + \sum_{n=1}^{k-1}\frac{n}{k}\left(\gamma_2\tilde{c}_{\gamma_1,n}^{(\lambda_2,0)}\tilde{c}_{\gamma_2,k-n}^{\prime(\lambda_2)} - \gamma_1\tilde{c}_{\gamma_2,n}^{\prime(\lambda_2)}\tilde{c}_{\gamma_1,k-n}^{\prime(\lambda_2,0)}\right)
\tag{2.143a}
$$

$$
\epsilon_0^{(\lambda_2)} = \left(\gamma_1\tilde{c}_{\gamma_1,0}^{(\lambda_2,0)}+1\right)^{1/\gamma_1}.
\tag{2.143b}
$$

Schließlich bestimmt man die Mel-Generalized Cepstrum Koeffizienten mit:

$$
\tilde{c}_{\gamma_2,0}^{(\lambda_2)} = \frac{\tilde{\epsilon}_0^{(\lambda_2)\gamma_2}-1}{\gamma_2}
\tag{2.144a}
$$

$$
\tilde{c}_{\gamma_2,k}^{(\lambda_2)} = \tilde{c}_{\gamma_2,k}^{\prime(\lambda_2)}\left(1+\gamma_2\tilde{c}_{\gamma_2,0}^{(\lambda_2)}\right).
\tag{2.144b}
$$

Aus diesen Gleichungen ergeben sich einige Spezialfälle dieser Transformation. In Abhängigkeit der gegebenen Koeffizienten und deren Parameter $\gamma_1 \in \{-1;0\}$ entstehen durch das Einsetzen in die Gleichungen (2.143) die gewünschten Koeffizienten mit deren Parameter $\gamma_2 \notin \{-1;0\}$.

Methode 2: Berechnung aus dem Mel-LPC: Die bereits auf die gewünschte Frequenzachsenverzerrung λ (um)transformierten Mel-LPC Koeffizienten (s. Seite 21ff) werden mit $\gamma_1 = -1$ und dem Zielparameter $\gamma_2 = \gamma$ in Gleichung (2.143) eingesetzt[76]. Da die Mel-LPC Koeffizienten im Sinne des Mel-Generalized Cepstrums bereits die normierte Form haben, kann man sie direkt verwenden:

$$
\tilde{c}_{\gamma,k}^{\prime} = \tilde{a}_k + \sum_{n=1}^{k-1}\frac{n}{k}\left(\gamma\tilde{a}_n\tilde{c}_{\gamma,k-n}^{\prime} + \tilde{c}_{\gamma,n}^{\prime}\tilde{a}_{k-n}\right).
\tag{2.145}
$$

---

[73] Transformation 14f in Tabelle 2.1 und Abbildung 2.1

[74] Transformation 14e in Tabelle 2.1 und Abbildung 2.1

[75] Vergleiche auch Transformationen 5cfg, 6cg, 9cdg, 10ef.

[76] Transformation 14c in Tabelle 2.1 und Abbildung 2.1

Der Verstärkungsfaktor $\tilde{\varepsilon}_0$ ist gleich dem des Mel-LPC berechnet nach Gleichung (2.40c). Die MGC-Koeffizienten werden nach Gleichung (2.144) entnormiert.

Methode 3: Berechnung aus dem Mel-Cepstrum: Zur Berechnung der Mel-Generalized Cepstrum Koeffizienten aus dem Mel-Cepstrum[77] werden diese nach einer eventuell notwendigen Transformation bezüglich des Verzerrungsfaktors (s. Seite 44ff) mit $\gamma_1 = 0$ und $\gamma_2 = \gamma$ in die Gleichung (2.143) eingesetzt.

$$\tilde{c}'_{\gamma,k} = \tilde{c}_k + \sum_{n=1}^{k-1} \frac{n}{k} \gamma \tilde{c}_n \tilde{c}'_{\gamma,k-n} \qquad (2.146a)$$

$$\tilde{c}_{\gamma,0} = \ln \tilde{\varepsilon}_0 = \tilde{c}_0 \qquad (2.146b)$$

In Abbildung 2.40 sind die Modellspektren der Mel-Generalized-Cepstren, berechnet anhand der obigen Transformationen (Gleichungen (2.145) und (2.146)), im Vergleich mit dem Modellspektrum des direkt aus dem Signalabschnitt berechneten MG-Cepstrums für verschiedene Werte von γ und für den Verzerrungsfaktor $\lambda = 0{,}47$ dargestellt. Zusätzlich ist das Mel-Spektrum des Signalabschnittes abgebildet.

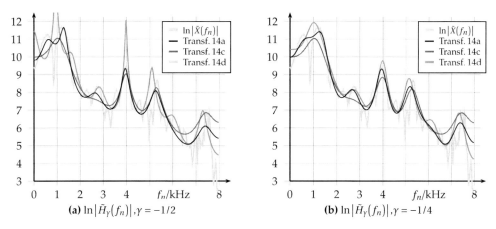

Abb. 2.40 Vergleich der Modellspektren der Mel-Generalized Cepstren ($K = 16$, $\lambda = 0{,}47$) berechnet nach den angegebenen Transformationen für verschiedene Werte des Parameters γ.

Rücktransformation

Die Rücktransformationen bilden sich aus den gleichen Spezialfällen wie oben, nur mit vertauschten Parametern $\lambda_1 \leftrightarrow \lambda_2$ und $\gamma_1 \leftrightarrow \gamma_2$. Demzufolge erfolgt die

Methode 4: Rücktransformation der MGC- in die MLPC-Koeffizienten: mit Gleichung (2.143) oder einfach durch Umstellen der Gleichung (2.145)[78]:

$$\tilde{a}_k = \tilde{c}'_{\gamma,k} - \sum_{n=1}^{k-1} \frac{n}{k} \left(\gamma \tilde{a}_n \tilde{c}'_{\gamma,k-n} + \tilde{c}'_{\gamma,n} \tilde{a}_{k-n} \right). \qquad (2.147)$$

---

[77] Transformation 14d in Tabelle 2.1 und Abbildung 2.1
[78] Transformation 6h in Tabelle 2.1 und Abbildung 2.1

Die hierbei benötigten normierten MGC-Koeffizienten berechnet man aus den MGC-Koeffizienten $\tilde{c}_{\gamma,k}$ mit Gleichung (2.134).

Rücktransformation des MGC in das Mel-Cepstrum: In gleicher Weise wird das Mel-Cepstrum aus dem Mel-Generalized-Cepstrum[79] durch Umstellen der Transformationsgleichungen (2.146) berechnet. Die Koeffizienten $\tilde{c}'_{\gamma,k}$ erhält man durch die Normierung nach Gleichung (2.134).

$$\tilde{c}_k = \tilde{c}'_{\gamma,k} - \sum_{n=1}^{k-1} \frac{n}{k} \gamma \tilde{c}_n \tilde{c}'_{\gamma,k-n} \tag{2.148a}$$

$$\tilde{c}_0 = \ln \tilde{\epsilon}_0 = \tilde{c}_{\gamma,0} \tag{2.148b}$$

Resynthese

Die Gleichung für die Resynthese des Mel-Generalized Cepstrums[80] im z-Bereich ist:

$$X(z) = \tilde{H}_\gamma(\tilde{z})\, E(z) = \tilde{\epsilon}_0 \tilde{D}_\gamma(\tilde{z})\, E(z) = \frac{\tilde{\epsilon}_0}{\tilde{C}_\gamma^n(\tilde{z})}\, E(z). \tag{2.149}$$

Für ganzzahlige positive Werte von $n = -1/\gamma \in \mathbb{N}$ ist diese Gleichung als Filter realisierbar. Das Filter, dargestellt in Abbildung 2.41, besteht aus einer Reihenschaltung

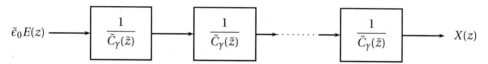

Abb. 2.41 Das Synthesefilter des MGC als Reihenschaltung von n Mel-LPC-Synthesefiltern.

von n Teilfiltern mit der Übertragungsfunktion $\tilde{C}_\gamma(\tilde{z})$. Die Teilfilter besitzen eine IIR-Struktur und können nach Abbildung 2.13b realisiert werden. Mit diesem Filter lässt sich darüber hinaus ein mel-transformiertes Signal synthetisieren, falls man den Verzerrungsfaktor λ verschieden von der Hintransformation wählt[81] oder das untransformierte G-Cepstrum anstelle des MG-Cepstrums verwendet[82].

2.1.14 Generalized Cepstrum-LSF

Die Generalized Cepstrum-Line Spectral Frequencies findet man in der Literatur ([72, 70, 71, 77]) implizit als Spezialfall der Mel-Generalized Cepstrum-LSF[83]. Die GC-LSF-Parameter werden aus den Generalized Cepstrum-Koeffizienten berechnet. Unter der Voraussetzung, dass die GC-Koeffizienten ein stabiles System bilden, kann man diese in gleicher Weise wie bei der LPC-LSF- und Cepstrum-LSF-Transformation in die GC-LSF-Parameter transformieren. Die GC-LSF-Parameter eignen sich aufgrund ihrer Eigenschaften besonders gut zur Sprachkodierung.

---

[79] Transformation 10j in Tabelle 2.1 und Abbildung 2.1

[80] Transformation 0j in Tabelle 2.1 und Abbildung 2.1

[81] Transformation 1k in Tabelle 2.1 und Abbildung 2.1

[82] Transformation 1j in Tabelle 2.1 und Abbildung 2.1

[83] In den angegebenen Literaturstellen werden die Parameter als MGC-LSP bezeichnet.

Transformation

Zur Berechnung der GC-LSF-Parameter $\omega_{\gamma,k}$ aus dem Generalized Cepstrum[84] bildet man das symmetrische und antisymmetrische Polynom $Q(z)$ bzw. $P(z)$ aus der Übertragungsfunktion

$$
\begin{aligned}
P(z) &= C_\gamma(z) - z^{-(K+1)} C_\gamma(z^{-1}) \\
&= 1 + \gamma\left(c'_{\gamma,1} - c'_{\gamma,K}\right) z^{-1} + \cdots + \gamma\left(c'_{\gamma,K} - c'_{\gamma,1}\right) z^{-K} - z^{-(K+1)} \\
&= 1 + \qquad p_1 \qquad z^{-1} + \cdots - \qquad p_1 \qquad z^{-K} - z^{-(K+1)}
\end{aligned}
\tag{2.150a}
$$

$$
\begin{aligned}
Q(z) &= C_\gamma(z) + z^{-(K+1)} C_\gamma(z^{-1}) \\
&= 1 + \gamma\left(c'_{\gamma,1} + c'_{\gamma,K}\right) z^{-1} + \cdots + \gamma\left(c'_{\gamma,K} + c'_{\gamma,1}\right) z^{-K} + z^{-(K+1)} \\
&= 1 + \qquad q_1 \qquad z^{-1} + \cdots + \qquad q_1 \qquad z^{-K} + z^{-(K+1)}.
\end{aligned}
\tag{2.150b}
$$

Nach dem Abspalten der Nullstellen bei ± 1 verringert sich die Ordnung von $P(z)$ und $Q(z)$ um eins auf K und man erhält die Polynome $P'(z)$ und $Q'(z)$.

$$
P'(z) = \frac{P(z)}{1-z^{-1}} = \sum_{k=0}^{\frac{K}{2}-1} p'_k z^{-k} + \sum_{k=\frac{K}{2}}^{K} p'_{K-k} z^{-k} = 0
\qquad
\begin{cases}
p'_k = \begin{cases} 1 & k=0 \\ p_k + p'_{k-1} & 1 \le k \le \frac{K}{2} \end{cases} \\[2mm]
p_k = \gamma \dfrac{c_{\gamma,k} - c_{\gamma,K+1-k}}{1 + \gamma c_{\gamma,0}}
\end{cases}
\tag{2.151a}
$$

$$
Q'(z) = \frac{Q(z)}{1+z^{-1}} = \sum_{k=0}^{\frac{K}{2}-1} q'_k z^{-k} + \sum_{k=\frac{K}{2}}^{K} p'_{K-k} z^{-k} = 0
\qquad
\begin{cases}
q'_k = \begin{cases} 1 & k=0 \\ q_k - q'_{k-1} & 1 \le k \le \frac{K}{2} \end{cases} \\[2mm]
q_k = \gamma \dfrac{c_{\gamma,k} + c_{\gamma,K+1-k}}{1 + \gamma c_{\gamma,0}}
\end{cases}
\tag{2.151b}
$$

Die GC-LSF-Parameter $\omega_{\gamma,k}$ sind dann die Winkel der Nullstellen r_k der Polynome $P'(z)$ und $Q'(z)$ entsprechend der Gleichung (2.47). Diese haben die gleiche Eigenschaft wie die LPC-LSF-Parameter: $0 < \omega_{\gamma,1} < \omega_{\gamma,2} < \cdots < \omega_{\gamma,K} < \pi$.

Zur effizienten Berechnung der Nullstellen der Polynome stehen die in Abschnitt 2.1.6, Seite 24ff, genannten Algorithmen zur Verfügung. Eine Entsprechung der Immitance Spectral Frequencies (ISF, vgl. (2.49), S. 26) ist für das Generalized Cepstrum denkbar und würde auf die GC-ISF-Parameter führen.

In der Abbildung 2.42 sind die Histogramme der GC-LSF-Parameter $\omega_{\gamma,k}$ für $\gamma = -1/2$ und $\gamma = -1/4$ dargestellt. An diesen Histogrammen kann man beobachten, dass die Parameter für γ-Werte näher an -1 (gleich LSF, s. Abbildung 2.15) weniger stark separiert sind als für γ-Werte näher an 0 (gleich Cepstrum-LSF, s. Abbildung 2.32).

Rücktransformation

Die Rücktransformation der GC-LSF in das Generalized Cepstrum[85] erfolgt analog der Rücktransformation der LSF-Parameter in die LPC-Koeffizienten aus Abschnitt

---

[84] Transformation 15a in Tabelle 2.1 und Abbildung 2.1
[85] Transformation 13f in Tabelle 2.1 und Abbildung 2.1

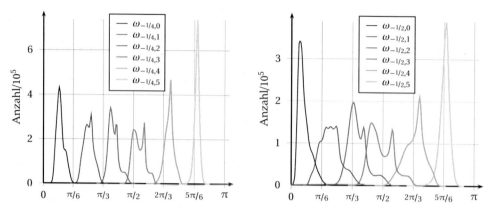

Abb. 2.42 Histogramme über die GC-LSF-Parameter ($\omega_{\gamma,k}$) mit unterschiedlichen γ, berechnet von der gleichen Datenbank wie in Abb. 2.15, 2.21, 2.32 und 2.35. Links: $\gamma = -1/4$, Rechts: $\gamma = -1/2$.

2.1.6. Neben dem Ausmultiplizieren des Polynoms $P'(z)$ und $Q'(z)$ nach Einsetzen der Nullstellen kann auch das Filter nach Abbildung 2.17 verwendet werden. Bei beiden Methoden erhält man das normierte Generalized Cepstrum, welches nach Gleichung (2.116) denormiert wird.

Resynthese

Wie wir bereits bei der Resynthese des Generalized Cepstrums in Abschnitt 2.1.12 festgestellt hatten, ist diese durch eine Reihenschaltung von n Teilfiltern mit AR-Charakter realisierbar, falls der Parameter γ bei der Analyse mit $\gamma = -1/n$ gewählt wurde. In Anlehnung an die LSF-Resynthese ist die GC-LSF-Resynthese durch die Reihenschaltung von n geschachtelten Teilfiltern durchführbar[86].

$$X(z) = \frac{\epsilon_0}{C_\gamma^n(z)} E(z) = \frac{\epsilon_0 E(z)}{\left(1 + \dfrac{1}{2}\left(\dfrac{P(z)-1}{z^{-1}} + \dfrac{Q(z)-1}{z^{-1}}\right)z^{-1}\right)^n} \tag{2.152}$$

Die äußere Struktur der Teilfilter ist ein IIR-Filter erster Ordnung nach Abbildung 2.18. Die inneren Filter realisieren die Rücktransformation der GC-LSF-Parameter in die G-Cepstrum-Koeffizienten und sind jeweils gleich dem Filter aus Abbildung 2.19. Einfach ausgedrückt heißt das, dass man das LSF-Resynthesefilter n mal anwendet mit den Filterkoeffizienten $-2r_k = -2\cos\omega_{\gamma,k}$, wobei die Ausgabe des aktuellen Filterschrittes das Eingangssignal des nächsten Schrittes ist.

2.1.15 Mel-Generalized Cepstrum-LSF

Die Mel-Generalized Cepstrum-LSF (MGC-LSF) sind die allgemeine Form der Merkmale, welche die (LPC-)LSF, Mel-(LPC-)LSF, Cepstrum-LSF, Mel-Cepstrum-LSF und die Generalized-Cepstrum-LSF einschließen. Eine graphische Darstellung der Relationen der MGC-LSF zu deren Spezialfällen ist in 2.43 abgebildet.

---

[86] Transformation 0k in Tabelle 2.1 und Abbildung 2.1

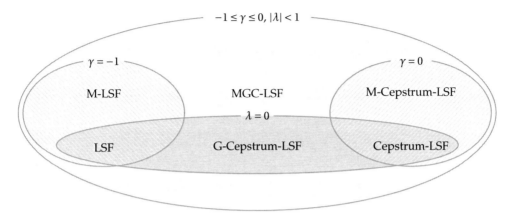

Abb. 2.43 Graphische Darstellung des Zusammenhangs der Mel-Generalized Cepstrum-LSF mit dessen eingeschlossenen Merkmalen bei entsprechender Wahl der Parameter γ und λ.

Die MGC-LSF vereinen die positiven Merkmale des GM-Cepstrums mit den für die Sprachsignalkodierung vorteilhaften Eigenschaften der LSF-Parameter. In der Literatur findet man die MGC-LSF hauptsächlich in Zusammenhang mit Sprachkodiermethoden [72, 70, 71, 73]. Eine umfassende Beschreibung der Merkmale findet man in [76] in japanischer Sprache und eine gekürzte englische Übersetzung in [77].

Transformation

Methode 1: Berechnung aus dem MG-Cepstrum: Die MGC-LSF-Parameter werden aus den Mel-Generalized Cepstrum Koeffizienten berechnet[87]. Voraussetzung für die Transformation ist, dass die MGC Koeffizienten ein stabiles System bilden [77]. Wie wir bereits bei der Berechnung der GC-LSF erfahren haben, bildet man zur LSF-Transformation ein symmetrisches und ein antisymmetrisches Polynom $\tilde{Q}(z)$ bzw. $\tilde{P}(z)$ so dass sich das GM-Cepstrum $\tilde{C}_\gamma(z)$ aus diesen ergibt mit:

$$\tilde{C}_\gamma(z) = \frac{\tilde{P}(z) + \tilde{Q}(z)}{2} \tag{2.153a}$$

$$\tilde{P}(z) = \tilde{C}_\gamma(z) - z^{-(K+1)}\tilde{C}_\gamma(z^{-1})$$

$$= 1 + \gamma\left(\tilde{c}'_{\gamma,1} - \tilde{c}'_{\gamma,K}\right) z^{-1} + \cdots + \gamma\left(\tilde{c}'_{\gamma,K} - \tilde{c}'_{\gamma,1}\right) z^{-K} - z^{-(K+1)} \tag{2.153b}$$

$$= 1 + \tilde{p}_1 \quad z^{-1} + \cdots - \tilde{p}_1 \quad z^{-K} - z^{-(K+1)}$$

$$\tilde{Q}(z) = \tilde{C}_\gamma(z) + z^{-(K+1)}\tilde{C}_\gamma(z^{-1})$$

$$= 1 + \gamma\left(\tilde{c}'_{\gamma,1} + \tilde{c}'_{\gamma,K}\right) z^{-1} + \cdots + \gamma\left(\tilde{c}'_{\gamma,K} + \tilde{c}'_{\gamma,1}\right) z^{-K} + z^{-(K+1)} \tag{2.153c}$$

$$= 1 + \tilde{q}_1 \quad z^{-1} + \cdots + \tilde{q}_1 \quad z^{-K} + z^{-(K+1)}.$$

---

[87] Transformation 16a in Tabelle 2.1 und Abbildung 2.1

Mit dem Abspalten der Nullstellen bei ±1 verringert sich die Ordnung der entstehenden Polynome $\tilde{P}'(z)$ und $\tilde{Q}'(z)$ auf K:

$$\tilde{P}'(z) = \frac{\tilde{P}(z)}{1-z^{-1}} = \sum_{k=0}^{\frac{K}{2}-1} \tilde{p}'_k z^{-k} + \sum_{k=\frac{K}{2}}^{K} \tilde{p}'_{K-k} z^{-k} = 0 \qquad \left| \begin{array}{l} \tilde{p}'_k = \begin{cases} 1 & k=0 \\ \tilde{p}_k + \tilde{p}'_{k-1} & 1 \le k \le \frac{K}{2} \end{cases} \\ \tilde{p}_k = \gamma \dfrac{\tilde{c}_{\gamma,k} - \tilde{c}_{\gamma,K+1-k}}{1+\gamma\delta} \end{array} \right. \qquad (2.154a)$$

$$\tilde{Q}'(z) = \frac{\tilde{Q}(z)}{1+z^{-1}} = \sum_{k=0}^{\frac{K}{2}-1} \tilde{q}'_k z^{-k} + \sum_{k=\frac{K}{2}}^{K} \tilde{p}'_{K-k} z^{-k} = 0 \qquad \left| \begin{array}{l} \tilde{q}'_k = \begin{cases} 1 & k=0 \\ \tilde{q}_k - \tilde{q}'_{k-1} & 1 \le k \le \frac{K}{2} \end{cases} \\ \tilde{q}_k = \gamma \dfrac{c_{\gamma,k} + \tilde{c}_{\gamma,K+1-k}}{1+\gamma\delta} . \end{array} \right. \qquad (2.154b)$$

Dabei ist δ der Normierungsfaktor aus Gleichung (2.134). Die MGC-LSF-Parameter sind die Winkel der Nullstellen $\tilde{r}_k = \cos\tilde{\omega}_{\gamma,k}$ der Polynome $\tilde{P}(z)$ und $\tilde{Q}(z)$ entsprechend der Gleichung (2.47). Die Parameter liegen zwischen 0 und π, sind aufsteigend sortiert und stammen wechselseitig von den Polynomen ab: $0 < \tilde{\omega}_{\gamma,1} < \tilde{\omega}_{\gamma,2} < \cdots \tilde{\omega}_{\gamma,K} < \pi$. Die Berechnung der MGC-LSF-Parameter kann effizient mit dem NEWTON-RAPHSON-Verfahren erfolgen. Dabei wird iterativ in jedem Schritt eine verbesserte Näherung der Nullstellen berechnet. Bei der Kurzzeitanalyse eines Signals eignen sich die Nullstellen der Analyse des vorangegangenen Signalabschnittes für den Startpunkt der Iteration zur Berechnung der Nullstellen des aktuellen Signalabschnittes.

Bildet man das symmetrische und das antisymmetrische Polynom nach Gleichung (2.49), entstehen bei der Analyse die MGC-ISF-Parameter. Diese stellen eine Entsprechung der Immitance Spectral Frequencies (vgl. Seite 26) im Bezug auf das Mel-Generalized-Cepstrum dar.

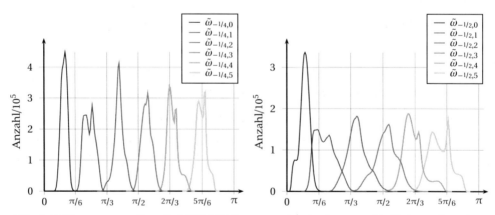

Abb. 2.44 Histogramme über die MGC-LSF-Parameter ($\tilde{\omega}_{\gamma,k}$) mit unterschiedlichen γ, berechnet von der gleichen Datenbank wie in Abb. 2.15, 2.21, 2.32, 2.35 und 2.42. Links: $\gamma = -1/4$, Rechts: $\gamma = -1/2$.

In Abbildung 2.44 sind die Histogramme der aus ca. zwanzig Stunden Sprachmaterial einer einzelnen Sprecherin und mit unterschiedlichen Faktoren γ berechneten MGC-LSF-Parameter dargestellt. An diesen Histogrammen wird wiederum deutlich, dass in Abhängigkeit des Parameters γ die MGC-LSF-Parameter weniger stark separiert sind, falls γ näher an -1 ($=$ M-LSF, s. Abbildung 2.21) ist oder stärker separiert sind, falls γ näher an 0 ($=$ MC-LSF, s. Abbildung 2.35) ist.

Methode 2: Berechnung aus den (M)GC-LSF: Nach dem gleichen Prinzip wie in [127], welches wir auch schon in den Abschnitten 2.1.7 (Seite 29) und 2.1.11 (Seite 52) kennengelernt haben, lassen sich die MGC-LSF-Parameter aus den GC-LSF-Parametern schätzen[88]. Mit dem speziellen MGC-LSF-Parametersatz $\bar{\omega}_{\gamma,k} = \frac{k+1}{K+1}\pi$, der ein konstantes Modellspektrum $\tilde{D}(z) = 1$ besitzt, berechnet man die Differenzen $\Delta\omega_{\gamma,k} = \omega_{\gamma,k} - \bar{\omega}_{\gamma,k}$. Dieser Differenzvektor enthält die spektrale Information, die transformiert werden soll. Anhand der Abbildungsfunktion 2.54b werden die Differenzen $\Delta\omega_{\gamma,k}$ mit (2.55a) auf Differenzen $\Delta\omega_{\gamma,\tilde{k}}$ mit transformiertem Index $\tilde{k}$ verschoben. Um die gewünschten MGC-LSF-Parameter zu erhalten, müssen die transformierten Differenzen mit den neutralen MGC-LSF-Parametern addiert werden. Da diesem Prinzip keine analytische Beschreibung des Transformationsproblems zu Grunde liegt, kann man mit dieser Transformation nur eine Schätzung der MGC-LSF mit betragsmäßig

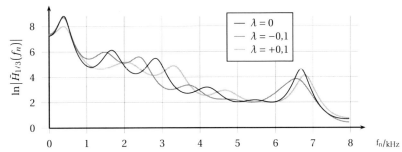

Abb. 2.45 Vergleich der Modellspektren repräsentiert durch die MGC-LSF-Parameter bei unterschiedlichen Werten des Transformationskoeffizienten λ.

kleinen Werten des Transformationsparameters λ erreichen. In Abbildung 2.45 sind zwei Beispiele von Modellspektren der mit diesem Prinzip berechneten MGC-LSF-Parameter dargestellt. Mit dieser Methode ist es auch möglich, eine Umtransformation bereits mit λ_T transformierter MGC-LSF-Parameter in neue Parameter mit λ_Z (vgl. Gleichung (2.41)) durchzuführen[89].

Rücktransformation

Methode 3: Rücktransformation in das (M)G-Cepstrum: Zur Berechnung des Mel-Generalized-Cepstrums aus den Mel-Generalized-LSF-Parametern[90] stehen zwei

---

[88] Transformation 16b in Tabelle 2.1 und Abbildung 2.1

[89] Transformation 16c in Tabelle 2.1 und Abbildung 2.1

[90] Transformation 14h in Tabelle 2.1 und Abbildung 2.1

Wege zur Verfügung. Zum Einen kann man die Polynome $\tilde{P}'(z)$ und $\tilde{Q}'(z)$ durch Ausmultiplizieren unter Verwendung der MGC-LSF-Parameter $\tilde{\omega}_{\gamma,k}$ berechnen:

$$
\begin{aligned}
\tilde{P}'(z) &= \prod_{\substack{k=1,\\k\in\mathbb{U}}}^{K-1}\left(1-2\tilde{r}_k z^{-1}+z^{-2}\right) & \mathbb{U} &= \{1,3,\dots\} \\
&& \mathbb{G} &= \{0,2,\dots\} \\
\tilde{Q}'(z) &= \prod_{\substack{k=0,\\k\in\mathbb{G}}}^{K-2}\left(1-2\tilde{r}_k z^{-1}+z^{-2}\right) & |\underline{\tilde{r}}_k| &= 1 \\
&& \tilde{r}_k = \mathrm{Re}(\underline{\tilde{r}}_k) &= \cos\tilde{\omega}_{\gamma,k}.
\end{aligned}
\tag{2.155}
$$

Anschließend fügt man die Nullstellen bei ± 1 hinzu und erhält $\tilde{P}(z)$ und $\tilde{Q}(z)$. Die Summe dieser beiden Polynome ergeben nach Gleichung (2.153a) die normierten MG-Cepstrum-Koeffizienten, welche man mit Gleichung (2.134) denormiert.

Der andere Weg ist die Verwendung des Filters aus Abbildung 2.23. Die Impuls-antwort dieses Filters ergibt ebenfalls die normierten MG-Cepstrum-Koeffizienten, wenn man zur Berechnung der Filterkoeffizienten $\tilde{r}'_k$ die MGC-LSF-Parameter ver-wendet. Wählt man für λ den entsprechenden Wert, lässt sich mit diesem Filter auch das G-Cepstrum[91] berechnen. Setzt man die GC-LSF-Parameter in das Filter ein und wählt $\lambda \neq 0$, erhält man das MG-Cepstrum[92].

Methode 4: Rücktransformation in die GC-LSF: Die Rücktransformation der mit dem Verzerrungsfaktor λ_T berechneten MGC-LSF-Parameter in die GC-LSF-Para-meter[93] ist mit der oben beschriebenen Methode 2 möglich, falls man $\lambda_\mathrm{Z} = 0$ setzt.

Resynthese

Die Konstruktion eines Resynthesefilters[94] führt über die Definition des MG-Ceps-trums und dessen Resynthesefilters nach Gleichung (2.149). Je nach Wahl von $\gamma = -1/n\,|\,n \in \mathbb{N}$, setzt sich das Resynthesefilter aus n hintereinander geschalteten Teil-filtern zusammen (s. Abbildung 2.41), die jeweils die Übertragungsfunktion $1/\tilde{C}_\gamma(\tilde{z})$ realisieren.

$$
X(z) = \frac{\tilde{\epsilon}_0}{\tilde{C}_\gamma^n(\tilde{z})}E(z) = \frac{\tilde{\epsilon}_0 E(z)}{\left(1+\dfrac{1}{2\tilde{\epsilon}_\lambda}\left(\dfrac{\tilde{P}(\tilde{z})-\tilde{\epsilon}_P}{z^{-1}}+\dfrac{\tilde{Q}(\tilde{z})-\tilde{\epsilon}_Q}{z^{-1}}\right)z^{-1}\right)^n}
\tag{2.156}
$$

Die Teilfilter haben eine IIR-Struktur und können mit dem Filter nach Abbildung 2.24 realisiert werden. Das Gesamtfilter erzeugt das Synthesesignal, wenn man die MGC-LSF-Parameter mit dem dazugehörigen Verzerrungsfaktor λ in das Filter einsetzt. Ein mel-transformiertes Synthesesignal entsteht, falls λ zu Null[95] gesetzt wird oder die GC-LSF-Parameter mit $\lambda \neq 0$ verwendet werden[96].

---

[91] Transformation 13g in Tabelle 2.1 und Abbildung 2.1

[92] Transformation 14g in Tabelle 2.1 und Abbildung 2.1

[93] Transformation 15b in Tabelle 2.1 und Abbildung 2.1

[94] Transformation 0l in Tabelle 2.1 und Abbildung 2.1

[95] Transformation 1m in Tabelle 2.1 und Abbildung 2.1

[96] Transformation 1l in Tabelle 2.1 und Abbildung 2.1

2.2 Akustische Synthese

In den vorangegangenen Abschnitten 2.1.4–2.1.15 haben wir von den Sprachsignalen Merkmale berechnet. Diese Merkmale haben gemein, dass sie jeweils ein Quelle-Filter-Modell des Eingangssignals bilden. Bei einem solchen Modell findet eine Trennung des Signals in eine Anregungs- und eine Bewertungsfunktion statt. Die berechneten Merkmale sind die Parameter des Bewertungsfilters und tragen bei idealer Trennung die spektralen Eigenschaften des Sprachsignals. Die Anregungsfunktion

(a) Analysefilter   (b) Synthesefilter

Abb. 2.46 Analyse- und Synthesefilter eines Quelle-Filter-Modells.

ist das Restsignal nach dem Herausfiltern der spektralen Eigenschaften durch eine inverse Filterung mit diesem Bewertungsfilter nach Abbildung 2.46a. In Abhängigkeit der bei der Analyse verwendeten Ordnung der Merkmale, d. h der Dimension der Merkmalvektoren, besitzt das Restsignal mehr oder weniger spektrale Anteile des Eingabesignals $X(z)$. Ein Sonderfall ist dabei $H(z) = 1$, bei dem das Rest- oder Anregungssignal $E(z)$ gleich dem Eingabesignal ist. Dieser Sonderfall ist interessant für die Einordnung der Synthesen in parametrische und zeitbasierte Verfahren, da aus der Sicht eines Quelle-Filter-Modells der Sprache die Grenze zwischen parametrischer und zeitbasierter Sprachsynthese verwischt und letztere als Spezialfall der parametrischen Synthese angesehen werden kann. Das hat zur Folge, dass alle zeitbasierten Verfahren, die auf das Sprachsignal selbst angewendet werden, bei der parametrischen Synthese auf das Anregungssignal angewendet werden können.

Die Aufgabe der akustischen Synthese eines Sprachsynthesesystems ist die Produktion eines Sprachsignals mit vorgegebenen prosodischen Eigenschaften. Diese Eigenschaften sind hauptsächlich die Dauer der Laute und der Grundfrequenzverlauf der Äußerung. Haben wir in den vorangegangenen Abschnitten das Sprachsignal analysiert, um die jeweiligen Parameter der Modelle und deren Anregungssignale nach Abbildung 2.46a zu berechnen und anschließend das Sprachsignal zum Zweck der Wiederherstellung nach Abbildung 2.46b resynthetisiert, sollen in diesem Abschnitt die Methoden der Manipulation zum Zweck der Änderung von prosodischen Parametern sowie der Manipulation der Stimmencharakteristik beschrieben werden.

2.2.1 Prosodiesteuerung

Bei der konkatenativen Synthese werden einzelne Sprachbausteine miteinander verkettet. Diese Bausteine sind kurze Sprachsequenzen, die als Zeitsignal oder in kodierter Form in einem Inventar abgelegt sind. Vor der Verkettung werden die Bausteine manipuliert, um die gewünschten prosodischen Eigenschaften aufzuprägen.

Bekanntermaßen verhalten sich Grundfrequenz- und Dauersteuerung konträr. Die Dauer T_j eines Lautes j ist die Summe der Periodendauern $T_{j,i}$, aus denen der Laut besteht. Entsprechend der Gleichung (2.157) kann die Grundfrequenz f_0, die im direkten Zusammenhang mit der Periodendauer steht, nicht unabhängig von der Lautdauer manipuliert werden.

$$T_j = \sum_{i=1}^{N_j} T_{j,i} = \sum_{i=1}^{N_j} \frac{1}{f_{j,i}} \tag{2.157}$$

Iterativ müssen Frequenz und Dauer in Richtung ihrer Zielwerte modifiziert werden. Im Regelfall sind zur Steuerung dieser prosodischen Parameter 4 Schritte notwendig (Abbildung 2.47a):

1. Berechnung der Dauer aller Perioden der Äußerung abhängig vom f_0-Zielverlauf,

2. Ermittlung der Lautdauern und Markierung der Perioden, die wiederholt oder ausgelassen werden sollen, um die Zieldauer zu realisieren,

3. erneute Dauerberechnung der verbleibenden Perioden zur Glättung des f_0-Verlaufs,

4. Verkettung der Perioden.

Hinsichtlich der skalierbaren akustische Synthese ergeben sich Nachteile dieser sequentiellen Verarbeitung beim Rechenzeitbedarf als auch beim Codeumfang. Der Algorithmus aus [37, 39, 36, 129] führt die Schritte 1, 2 und 4 des konventionellen Verfahrens zusammen (Abbildung 2.47b). In der Konsequenz wird nur eine einzi-

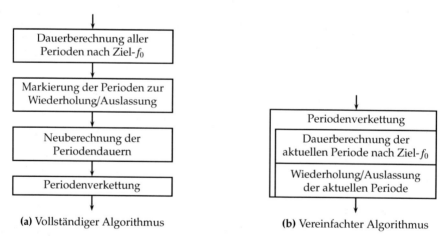

(a) Vollständiger Algorithmus   **(b)** Vereinfachter Algorithmus

Abb. 2.47 Vollständiger und vereinfachter Algorithmus zur Dauer- und Grundfrequenzsteuerung.

ge (die verkettende) Schleife durchlaufen. Als Eingabe erhält der Algorithmus die gewünschte Bausteinsequenz (z. B. Diphone) mit den Informationen über die Ziel-Lautdauern und den Grundfrequenzverlauf. Für jeden Baustein werden alle Perioden verarbeitet. Mittels einer Inventarbeschreibungstabelle wird die Dauer T_j des aktuellen Lautes j als Summe aller Periodendauern dieses Lautes berechnet. Dabei zählt der Algorithmus die Abtastwerte N_k bis zur nächsten f_0-Stützstelle k, um die Schrittweite für die f_0-Interpolation zu ermitteln. Die Schrittweite ist durch Gleichung (2.158) gegeben:

$$\Delta f_0 = \frac{f_{0,k+1} - f_{0,k}}{N_k}. \tag{2.158}$$

Die Grundfrequenz $f_{j,i}$ bei der aktuellen Periode i und des Lautes j ist somit definiert als:

$$f_{j,i} = f_{j,i-1} + \Delta f_0 N_j \frac{N_j^*}{N_j^+} = f_{j,i-1} + \Delta f_0 N_j \frac{N_j^*}{T_j^+ f_A}, \tag{2.159}$$

wobei N_j die Anzahl der aktuell geschriebenen Abtastwerte des Lautes, N_j^* die Abtastwerteanzahl im Inventar und N_j^+ die Zielgröße bezüglich der gewünschten Lautdauer T_j^+ bei der entsprechenden Abtastrate f_A bezeichnen. Nach jeder Ausgabeperiode werden die aktuelle Abtastwerteposition im Inventarlaut und die ausgegebene Abtastwerteanzahl für den Laut verglichen:

$$\frac{N_j}{N_j^+} \geq \frac{N_j^{**}}{N_j^+}. \tag{2.160}$$

N_j^{**} ist die Summe der Inventarabtastwerte derjenigen Perioden, welche tatsächlich für die Verkettung benutzt werden. Abhängig von der Position wird die aktuelle Periode wiederholt oder zur folgenden Periode gesprungen. Der Vorteil dieser schritthaltenden Verarbeitung liegt in der eingesparten Planungsphase vor einer Verkettung, wobei die fehlende Glättung des f_0-Verlaufs in Kauf genommen wird. Zum Vergleich der Algorithmen ist ein Beispiel einer mit dem vollständigen und mit dem vereinfachten Algorithmus erzeugten Prosodiekontur in Abbildung 2.48 dargestellt.

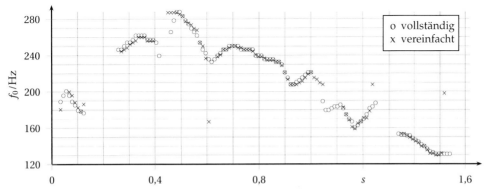

Abb. 2.48 f_0-Verläufe für die Syntheseäußerung „Die Vögel singen im Garten." nach der Prosodiemanipulation mit dem vollständigen und dem vereinfachten Algorithmus. Die Lautdauern und der Grundfrequenzverlauf stammen aus einer natürlichsprachlichen Äußerung. Die Ansteuerung der akustischen Synthese erfolgte mit zwei Grundfrequenz-Stützstellen pro Laut.

Pitch Synchronous Overlap Add (PSOLA)

Zur Produktion des Sprachsignals sind von einer konkatenativen akustischen Synthese drei Aufgaben zu erfüllen:

- das Aufprägen des f_0-Verlaufs durch Manipulation der Periodendauern,

- die Steuerung der Lautdauern durch Einfügen/Auslassen von Perioden und

- die Verkettung der Einheiten.

Diese Aufgaben sind alle mit dem Pitch Synchronous Overlap and Add (PSOLA) Verfahren lösbar. Es existieren drei Varianten des PSOLA Verfahrens, die sich hinsichtlich der Methode der Grundfrequenzmanipulation unterscheiden. Diese Verfahren sind ausführlich z. B. in [15, 110] und [96] beschrieben. Dennoch soll an dieser Stelle auf die Verfahren eingegangen werden, da eine für die skalierbare akustische Synthese interessante Variante des TD-PSOLA Algorithmus existiert.

Time Domain Pitch Synchronous Overlap Add (TD-PSOLA): Zur Steuerung der Grundfrequenz mit dem TD-PSOLA Verfahren wird das zu manipulierende Signal in Abschnitte variabler Länge, synchron zu den Perioden, aufgeteilt. Jeder Abschnitt besteht aus einer Periode. Die Abschnitte werden mit einer Fensterfunktion gewichtet und entsprechend der Zielperiodenlänge versetzt. Im Anschluss werden die Abtastwerte der gewichteten und verschobenen Abschnitte addiert. Abbildung 2.49a verdeutlicht den Vorgang. Im Prinzip ist die Wichtungsfunktion frei wählbar. Im Allgemeinen wird eine Funktion gewählt, deren Quadratsumme zu jedem Zeitpunkt eins ergibt [96]. Wählt man die Dreiecksfunktion, ergibt die Summe zu jedem Zeitpunkt eins und das Eingangssignal wird exakt rekonstruiert, falls man keine Grundfrequenzmanipulation vornimmt [22]. Aus der Abbildung 2.49a wird deutlich, dass erstens nach der Verschiebung der Abschnitte die (Quadrat-)Summe der Wichtungsfenster nicht mehr konstant über die Zeit ist und folglich das Ergebnis der Periodensummierung darauf normiert werden muss, und zweitens auf die Periodensummierung auch Abtastwerte von Nachbarperioden Einfluss haben können. Die Normierung erfordert zusätzlichen Rechenbedarf und der Einfluss der Nachbarperioden erhöht den Speicherbedarf durch das notwendige Vorhalten der entsprechenden Abtastwerte.

Der modifizierte Algorithmus nach Abbildung 2.49b umgeht diese beiden Eigenschaften des klassischen TD-PSOLA Verfahrens, indem die jeweiligen Wichtungsfunktionen der Abschnitte anhand der Zielperiodenlängen gewählt werden. Im Gegensatz zum klassischen Verfahren, bei dem die Verschiebung der Abschnitte erst nach der Wichtung erfolgt, werden beim modifizierten Verfahren die Abschnitte bereits vor der Wichtung verschoben. Die Wichtung ist daher nur in den sich überlappenden Teilen wirksam und Nachbarperioden werden ausgeblendet. Die Quadratsumme der Wichtungsfunktionen ist nach der Verschiebung über die Zeit konstant und zur Berechnung der Zielperioden werden ausschließlich Abtastwerte der Originalperiode verwendet.

Beide Varianten versagen bei zu großer Änderung der Periodendauer. Verlängert man die Periodendauer über die doppelte Länge hinaus, entstehen Pausen innerhalb der Zielperiode. Beim modifizierten Verfahren wird darüber hinaus bei Verdopplung

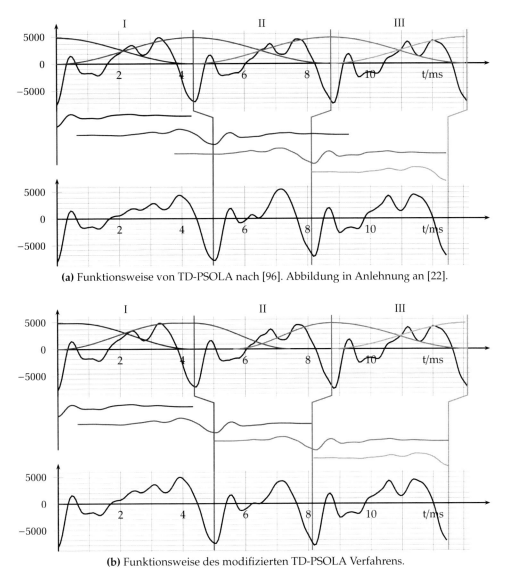

(a) Funktionsweise von TD-PSOLA nach [96]. Abbildung in Anlehnung an [22].

(b) Funktionsweise des modifizierten TD-PSOLA Verfahrens.

Abb. 2.49 TD-PSOLA Verfahren nach [96] und modifiziert. Die Länge der Periode I wird erhöht, die der Periode II verkürzt und Periodenlänge III bleibt erhalten.

der Periodendauer die Periode selbst gedoppelt und bei noch größerer Verlängerung können Signalsprünge entstehen.

Zur Steuerung der Phonemdauern fügt man Abschnitte ein bzw. überspringt man Abschnitte. Um das Signal um eine Periode zu kürzen, lässt man den Abschnitt, der die Perioden I und II umfasst, aus und verschiebt den folgenden Abschnitt an dessen Stelle (s. Abbildung 2.50a). Zum Einfügen einer Periode verdoppelt man einen Abschnitt und fügt diesen ein (s. Abbildung 2.50b).

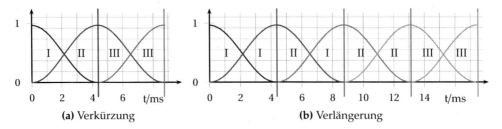

(a) Verkürzung   (b) Verlängerung

Abb. 2.50 Steuerung der Lautdauern mit TD-PSOLA. Verkürzung: Auslassen von Perioden (hier Periode I-II), Verlängerung: Einfügen von Perioden (hier Dopplung der Periode I-II).

Zum Verketten von Bausteinen bei der konkatenativen Synthese werden die jeweiligen Perioden an den Schnittstellen der Bausteine überlagert. Dadurch verkürzt sich das Signal, was durch Einfügen einer Periode kompensiert werden muss.

Linear Prediction Pitch Synchronous Overlap Add (LP-PSOLA): Aus der Sicht des Quelle-Filter-Modells kann man ein Zeitsignal als Ausgabe eines Filters mit Übertragungsfunktion 1 ansehen, dessen Anregungssignal das Zeitsignal selbst ist. Somit ist das TD-PSOLA Verfahren ein Spezialfall des LP-PSOLA Verfahrens, bei dem man das Anregungssignal mit TD-PSOLA manipuliert. Der Vorteil des Verfahrens ist der größere Bereich innerhalb dessen man die Periodenlänge ändern kann, ohne dass die spektralen Eigenschaften beeinträchtigt werden, da diese durch das Filter modelliert werden[97].

Frequency Domain Pitch Synchronous Overlap Add (FD-PSOLA): Beim FD-PSO-LA Verfahren wird die Manipulation des Sprachsignals im Frequenzbereich durchgeführt [14]. Wie bei TD-PSOLA ist das Ziel, die Länge einer Sprachperiode, welche direkt mit der Grundfrequenz zusammenhängt, gezielt zu steuern und dabei die hörbare Signalqualität so wenig wie möglich zu verringern. Die Manipulation umfasst folgende Schritte:

1. Berechnen des komplexen Spektrums der Signalperiode mittels DFT. Die Anzahl der Spektralkoeffizienten entspricht der Anzahl der Samples der Periode.

2. Vergrößern bzw. Verringern der Anzahl der Spektralkoeffizienten (je nach gewünschter Periodenlänge/Grundfrequenz) durch Interpolation zwischen den originalen Koeffizienten, getrennt für Real- und Imaginärteil.

3. Rücktransformation der neuen Spektralkoeffizienten mittels inverser DFT. Die Anzahl der Samples der entstehenden Signalperiode entspricht der Anzahl der Spektralkoeffizienten.

Der Vorteil von FD-PSOLA im Vergleich zu TD-PSOLA besteht in seiner sehr großen Manipulationsbreite bei geringer Signalqualitätsminderung, nachteilig ist der höhere Rechenaufwand. Anstatt der DFT kann auch eine FFT verwendet werden. Das rücktransformierte Signal muss dann entsprechend beschnitten werden. Trotz der Interpolation des Phasenfrequenzgangs ist ein abschließendes OLA notwendig, um Signalsprünge zu glätten.

---

[97] Vorausgesetzt die Filterordnung ist hoch genug.

Verkettungsfehler bei der konkatenativen Synthese

Die Signalqualität einer konkatenativen Sprachsynthese hängt wesentlich von den Bausteinen ab, welche beim Syntheseprozess verkettet werden. Längere Bausteine resultieren in weniger Verkettungsstellen und Bausteinalternativen verringern Signalstörungen an den Verkettungsstellen. Beides erfordert einen großen Bedarf an Speicher. Für ein Text-To-Speech Synthesesystem mit geringem Ressourcenbedarf ist man auf kurze Bausteine (Diphone) ohne Varianten beschränkt. Folgende Ursachen können der Grund für Artefakte an den Bausteingrenzen bei der Verkettung sein (s. Abbildung 2.51):

- Unterschiedliche Grundfrequenzen,

- Unterschiedliche Intensitäten,

- Formantsprünge,

- Unterschiedliche Gleichanteile des Signals,

- Phasensprünge,

- Periodenmarkenfehler.

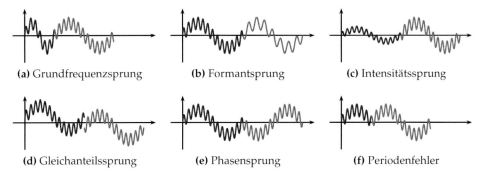

(a) Grundfrequenzsprung (b) Formantsprung (c) Intensitätssprung

(d) Gleichanteilssprung (e) Phasensprung (f) Periodenfehler

Abb. 2.51 Stilisierte Darstellung von Grenzen benachbarter Bausteine, welche zu Artefakten bei der Verkettung führen können. Dargestellt ist jeweils die letzte Periode des vorausgehenden und die erste des nachfolgenden Bausteins.

Ein Teil der genannten Fehler kann durch besondere Sorgfalt bei der Aufnahme der Synthesestimme reduziert werden. Andere Fehler entstehen durch Ungenauigkeiten der automatischen Werkzeuge zur Erstellung des Syntheseinventars, welche aus Aufwandsgründen unumgänglich sind. Die meisten Fehler sind aufgrund der Beschränkung eines „low resource"-Systems auch nach manueller Nachbearbeitung nicht vollständig zu beseitigen.

Phasensprünge entstehen durch Inkonsistenzen bei der automatischen Berechnung der Periodenmarken. Die Berechnung der Marken eines Bausteins erfolgt am Trägerwort, welches den Baustein enthält. Dabei gilt die Regel, dass die Periodenmarke am Energiemaximum gesetzt wird. Bei korrekter Polarität des Sprachsignals ist das Energiemaximum ein Signalminimum, welches mit dem geschlossenen Zustand der

Stimmlippen korreliert. Die Forderung nach einer gewissen Glattheit des Grundfrequenzverlaufs führt dazu, dass die Periodenmarke nicht immer genau im Minimum
liegt. Ein Baustein wird immer synchron zu den Periodenmarken aus dem Trägerwort geschnitten.

Abbildung 2.52 zeigt schematisch einen weiteren Effekt bei der Verkettung von in-
konsistent periodenmarkierten Bausteinen mittels TD-PSOLA. Die Periodenlängen

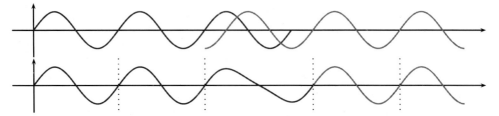

Abb. 2.52 Schematische Darstellung der Verkettung zweier Bausteine mittels PSOLA mit einem
Phasenfehler an der Verkettungsstelle. Oben: linker Baustein und rechter Baustein. Unten: Ergebnis
nach der Verkettung. Sichtbar ist der Periodenlängenfehler der mittleren Periode.

beider Bausteine sind gleich, nur die Phasenlage der Perioden der Bausteine ist jeweils unterschiedlich (Phasenunterschied $= \pi/4$). Nach der Verkettung (unteres Bild)
tritt eine Verlängerung der Verkettungsperiode ein. Bei negativem Phasenunterschied
verkürzt sich diese Periode. Hörbar ist dieser Artefakt als dumpfer Schlag.

Alternative Anregungssignale

In den vorangegangenen Abschnitten dieses Kapitels haben wir als Anregungssignal
der Synthesefilter immer das Restsignal des inversen Filters verwendet. Hat man dieses nicht, kann man alternativ erzeugte Anregungssignale verwenden. Gebräuchlich
sind z. B. Impulsfolgen, glottale Anregungsfunktionen ([111, 159]) und Multiband
Anregung (MBE). Bei allen genannten Verfahren wird zwischen stimmhaften und
stimmlosen Abschnitten des zu synthetisierenden Sprachsignals unterschieden. Für
stimmlose Abschnitte wird eine Rauschquelle zur Generierung des Anregungssignals verwendet. Es muss demnach zusätzlich zur Grundfrequenz die Information zur
Stimmhaftigkeit bereitgestellt werden. Im Fall der MBE wird darüber hinaus auch für
stimmhafte Abschnitte die Information zur Stimmhaftigkeit von Frequenzbändern
des Spektrums benötigt.

Bei dem in [125, 126] beschriebenen Generierungsverfahren muss nicht zwischen
stimmhaften und stimmlosen Abschnitten unterschieden werden. Die Anregung des
Synthesefilters mit einer Impulsfolge resultiert in Signalen, deren Energie am Anfang
jeder Syntheseperiode konzentriert ist. Das führt zu einem summenden Klang im
synthetisierten Signal. Bei konstantem Betragsspektrum des Anregungssignals unterscheiden sich Anregungen stimmhafter Abschnitte von denen stimmloser Abschnitte
hauptsächlich durch die Phase φ_n der n-ten Harmonischen. Setzt man $\varphi_n = 0, \forall n$, entsteht eine Impulsfolge. Setzt man die einzelnen Phasen auf gleichverteilte zufällige
Werte im Bereich $0 \leq \varphi_n \leq 2\pi$, entsteht ein weißes Rauschen. Die Stimmhaftigkeit

des Signals kann demnach durch die Einschränkung des Intervalls der zufälligen Phasenwerte der einzelnen Harmonischen bestimmt werden. Die Intervallgrenzen $r(n)$ können für jede Harmonische einzeln festgelegt werden. Wählt man die Intervallgrenzen nach der Funktion aus Gleichung 2.161a bzw. Abbildung 2.53, überwiegt im unteren Frequenzbereich Stimmhaftigkeit, während zum oberen Frequenzbereich der stimmlose Charakter zunimmt.

$$r(n) = \frac{2\pi}{1 + e^{-\alpha\left(\frac{4(n-\beta)}{N} - 1\right)}} \quad 0 < n \leq \frac{N}{2} \tag{2.161a}$$

Die Parameter α und β bestimmen den Anstieg bzw. die Verschiebung der Kurve. N ist die Anzahl der Harmonischen und n die Nummer der Harmonischen. Die Phase der n-ten Harmonischen berechnet man für jede Anregungsperiode neu mit:

$$\varphi_n = \begin{cases} 0 & n = 0 \\ \mathrm{rand}(r(n)) & 0 < n \leq \frac{N}{2} \\ -\varphi_{N-i} & \frac{N}{2} < n < N. \end{cases} \tag{2.161b}$$

Die Funktion rand($r(n)$) generiert gleichverteilte Zufallswerte im Bereich $[0,r(n))$. Beispielverläufe der Funktion $r(n)$ mit unterschiedlichen Werten von α und β sind in Abbildung 2.53 dargestellt. Das Anregungssignal für jede einzelne Syntheseperiode

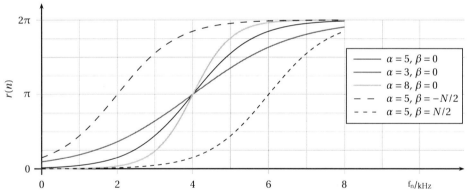

Abb. 2.53 Funktion $r(n)$ nach Gleichung (2.161a), welche die Intervallgrenzen für die gleichverteilten Zufallsphasen φ_n bestimmt.

erhält man mit der inversen DFT:

$$e(n) = F^{-1}\left\{e^{j\varphi_n}\right\}, \quad 0 \leq n \leq N = N_\mathrm{P}, \tag{2.162}$$

wobei N_P die Länge der Anregungsperiode ist, welche durch den zu realisierenden Grundfrequenzverlauf festgelegt ist. Diese Art der Generierung des Anregungssignals kann man auch für stimmlose Bereiche anwenden, da stimmlose Laute im Allgemeinen sehr wenig Energie in den Frequenzbereichen unterhalb von 4 kHz besitzen und damit dieser Bereich im Anregungssignal durch das Synthesefilter unterdrückt wird. Ein Ausschnitt eines mit diesem Verfahren erzeugten Anregungssignals und dessen Spektrogramm ist in Abbildung 2.54 dargestellt.

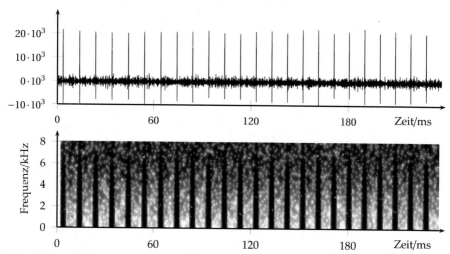

Abb. 2.54 Beispielhafter Ausschnitt eines nach Gleichung (2.162) berechneten Anregungssignals (oben) und dessen Spektrogramm (unten).

Parameterglättung und -interpolation

Bei der Generierung des Sprachsignals durch eine konkatenative Sprachsynthese entstehen im Allgemeinen Artefakte durch Diskontinuitäten im Sprachsignal. Diese Artefakte werden durch die Verkettung der Bausteine und durch die Verdopplung oder Auslassung von Signalabschnitten bei der Dauersteuerung hervorgerufen. Die Diskontinuitäten treten dabei sowohl im Zeit- (Signalsprünge) als auch im Frequenz- bereich (Formantsprünge) auf. Verwendet man bei der konkatenativen Synthese Sprachsignalabschnitte als Bausteine zur Verkettung, bewirkt der PSOLA Algorith- mus bereits eine Glättung der Diskontinuitäten. Der Bereich der Glättung beschränkt sich dabei auf eine Länge der Größenordnung einer Grundfrequenzperiode. Zur Per- formanz des PSOLA Algorithmus bei Verkettungsfehlern siehe Abschnitt 2.2.1.

Liegen die Bausteine der konkatenativen Synthese parametrisch vor, lassen sich For- mantverläufe benachbarter Bausteine über längere Abschnitte als beim PSOLA Algo- rithmus aneinander anpassen. Dazu werden die Parameter zeitlich geglättet. Beson- ders gut zur Glättung eignen sich die LSF-Parameter [22]. Diese haben im Vergleich zur Glättung der LPC-Koeffizienten den Vorteil, dass die manipulierten Parameter garantiert ein stabiles Synthesefilter erzeugen.

Die Erhöhung der Phonemdauer erreicht man bei der zeitbasierten Synthese durch Verdopplung von Perioden. Bei der parametrischen Synthese hingegen können zu- sätzliche Parametersätze durch lineare Interpolation benachbarter Parametersätze erzeugt werden. Die Abbildung 2.55 zeigt beispielhaft interpolierte Modellspek- tren von linear interpolierten LPC-Koeffizienten bzw. LSF-Parametern. Während bei der Interpolation der LPC-Koeffizienten eine Formantüberhöhung bei 2 kHz auftritt, zeigt die Interpolation der LSF-Parameter einen glatteren Formantverlauf. Auch im Bereich um 1,5 kHz und 6 kHz erkennt man einen glatteren Verlauf des Modellspek- trums bei den interpolierten LSF-Parametern.

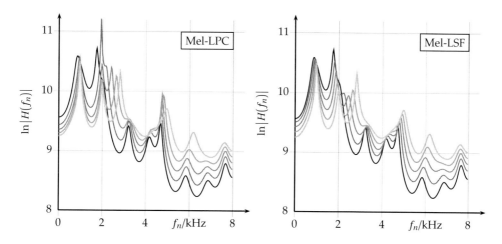

Abb. 2.55 Modellspektren, erzeugt durch lineare Interpolation zwischen zwei Parametersätzen. Links: Interpolation von M-LPC-Koeffizienten; Rechts: Interpolation von M-LSF-Parametern.

2.2.2 Stimmenkonvertierung

Eine weitere wichtige Funktion der Sprachsignalmanipulation, die durch die akustische Synthese umgesetzt wird, ist die Stimmenkonvertierung. Dabei muss zwischen zwei Arten unterschieden werden, die beide häufig in der Literatur unter Stimmenkonvertierung zu finden sind. Diese unterscheiden sich dahingehend, dass in einem Fall ein Zielsprecher festgelegt wird, dessen Stimmcharakteristik durch die Konvertierung angenähert werden soll [3]. Im anderen Fall wird lediglich die Stimmcharakteristik geändert mit dem Ziel, eine von der Ausgangsstimme unterscheidbare Stimme zu erhalten [17]. In dieser Arbeit wird ausschließlich auf den zweiten Fall eingegangen.

Zur Änderung der Stimmcharakteristik sind hauptsächlich zwei Manipulationen vorzunehmen. Das sind die Änderung der mittleren Sprechergrundfrequenz, um die Tonlage der Stimme zu verändern und die Änderung der spektralen Einhüllenden, um Unterschiede in der Vokaltraktlänge zu simulieren. Während die Manipulation der Sprechergrundfrequenz auch ohne Stimmenkonvertierung von der akustischen Synthese vorgenommen wird, kann die Manipulation der spektralen Hülle mit der bereits aus Abschnitt 2.1 bekannten bilinearen Frequenztransformation realisiert werden. Die Frequenztransformation kann dabei sowohl an den Parametern einer parametrischen Synthese [25, 127] als auch im Zeitbereich [136] durchgeführt werden. In der Praxis bedeutet die Änderung der Stimmcharakteristik durch Manipulation der Sprachparameter mittels bilinearer Frequenztransformation nichts Anderes als die Erzeugung des Sprachsignals mit einem entsprechenden Synthesefilter bei unterschiedlichen Verzerrungsfaktoren λ_T der Analyse und λ_Z der Synthese nach Gleichung (2.41). Wählt man $\lambda_Z < \lambda_T$, simuliert man einen verlängerten Vokaltrakt und zusammen mit einer abgesenkten mittleren Grundfrequenz wirkt die Stimme männlicher. Umgekehrt erreicht man eine weiblichere Stimmcharakteristik mit $\lambda_Z > \lambda_T$ und erhöhter mittlerer Grundfrequenz. Sehr kurze Vokaltraktlängen, wie sie bei Kindern vorkommen, lassen sich ebenfalls simulieren: $\lambda_Z \gg \lambda_T$.

Kapitel 3

Akustische Synthese mit kodierten Inventaren

Das Ziel der Forschung, deren Ergebnis mit dieser Arbeit vorliegt, ist die Entwicklung einer akustischen Synthese als Teil eines Sprachsynthesesystems mit hoher Qualität und geringem Ressourcenbedarf. Die Basis, auf der die Arbeit aufbaut, ist ein diphonbasiertes konkatenatives Synthesesystem. Die Inventare bestehen dabei aus Signalsegmenten, den Diphonen, welche in genau einer Realisierung abgelegt sind. Die im Zuge der Arbeit entwickelten Algorithmen sind flexibel gestaltet, sodass die Bausteingröße variabel ist und z. B. Phoneme, Silben, Triphone oder ganze Wörter sein können. In Tabelle 1.2 sind die in dieser Arbeit verwendeten Inventare mit ihrem jeweiligen Speicherbedarf aufgelistet. Diese Inventare bilden den Ausgangspunkt zu deren Komprimierung.

Im Kapitel 2 haben wir die Methoden der Berechnung von Merkmalen aus Sprachsignalen, deren Resynthese und der Synthese mit prosodischer Manipulation kennengelernt. Diese bilden das Handwerkszeug für die praktische Umsetzung der akustischen Synthese mit kodierten Inventaren, die in diesem Kapitel beschrieben werden soll.

Das Kapitel teilt sich in zwei Abschnitte. Der erste Abschnitt behandelt die Generierung verschieden kodierter Inventare. Der zweite Abschnitt beschäftigt sich mit der akustischen Synthese unter Verwendung dieser Inventare.

3.1 Inventarkodierung

Die Größe eines unkodierten Inventars ist abhängig von der Abtastrate, der Auflösung der Werte, der Anzahl der Diphone sowie deren Dauer. Die Diphone setzen sich aus zwei jeweils halben Phonemen zusammen. Die Anzahl der Diphone in einem Inventar ist abhängig von der Sprache[1]. Als Beispiel eines Inventarbausteins ist in Abbildung 3.1 das Diphon /Sa:/ aus dem „joerg"-Inventar mit Periodenmarken dargestellt. Neben den reinen Sprachdaten besteht ein Inventar aus Inventarbeschrei-

---

[1] Einen Sonderfall bilden Sprachen, welche nicht auf Phonemen basieren, z. B. Amharisch oder Mandarin. Für Mandarin werden anstatt Diphonen Silben verwendet, wobei jede Silbe in fünf Tönen kombiniert mit fünf Kontexten vorliegen kann.

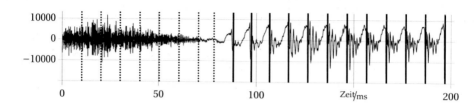

Abb. 3.1 Beispiel eines Inventarbausteins. Dargestellt ist das Diphon /Sa:/ mit den Periodenmarken. Die gepunkteten Linien sind stimmlose Pseudoperiodenmarken.

bungsdaten. Darin enthalten sind im Allgemeinen die Bezeichnung der Laute, aus denen das Diphon besteht, die Lautgrenze, die Periodenlängen (deren Summe die Länge des Diphones ergibt) sowie die Stimmhaft-/Stimmlos-Information der einzelnen Perioden.

Zur Einschätzung der Größenverhältnisse zwischen Sprachdaten und Beschreibungsdaten der Inventare soll dieses hier exemplarisch am „joerg"-Inventar dargestellt werden: Die Sprachdaten bilden einen Block aus den sequentiell abgelegten Diphonen und haben bei 16 kHz Abtastrate eine Größe von 5048 kByte. Im Schnitt sind die Diphone für dieses Inventar 130 ms lang. Die mittlere Anzahl der Periodenmarken pro Diphon hängt von der mittleren Grundfrequenz ab und beträgt für die 1212 Diphone 13 (mittlere Grundfrequenz 100 Hz). Insgesamt besitzt das Inventar 16126 Periodenmarken, die sich jeweils mit einem Byte[2] Auflösung darstellen lassen. Hinzu kommt die Lautbeschreibung der Diphone mit 8 Byte[3] pro Diphon, ein Byte zur Markierung der Periode an der sich die Lautgrenze befindet sowie ein 4 Byte-Zeiger auf die Position des Diphones im Sprachdatenblock. Damit haben die Inventarbeschreibungsdaten eine Größe von ca. 32 kByte[4].

Eine Möglichkeit, das Speichern der Periodenmarken im Inventar zu umgehen, ist in [122] beschrieben. Dabei werden alle Diphone des Inventars in der Weise manipuliert, dass alle Perioden die gleiche Länge haben, z. B. entsprechend der mittleren Grundfrequenz. Diese Manipulation kann mit dem PSOLA Verfahren nach Abschnitt 2.2.1 erfolgen.

Alle in dieser Arbeit angegebenen Inventargrößen sind inklusive Inventarbeschreibungsdaten.

3.1.1 Inventarkodierung mit standardisierten Kodierern

Bei der Inventarkodierung mit standardisierten Kodierern wird jeder Baustein einzeln kodiert. Die Kodierer haben im Allgemeinen drei Parameter, die sich auf die Größe des kodierten Inventars auswirken. Das sind die Bitrate, die Verzögerung

---

[2] Darin enthalten sind sieben Bit für die Differenz aus Periodenlänge und mittlerer Periodenlänge plus ein Bit für die stimmhaft/stimmlos Information.

[3] Diese setzen sich aus vier ASCII-Symbolen pro Laut des Diphones zusammen.

[4] Diese Abschätzung basiert auf den genannten Parametern. Im Einzelfall ist eine weitere Reduktion möglich.

der Kodier- und Dekodierstrecke sowie die Einschwingzeit des Dekodierers. Die Verzögerung ist dabei nicht zu verwechseln mit der Verzögerung, die durch die Verarbeitungszeit des Algorithmus entsteht und eine Eigenschaft der Komplexität und Implementierung des Kodieralgorithmus ist. Die Verarbeitungszeit des Enkoders ist für die Erstellung des kodierten Inventars nicht relevant, da diese „offline" erfolgt. Die Verzögerung der Kodier- und Dekodierstrecke und die Einschwingzeit des Dekodierers sind Eigenschaften des Kodieralgorithmus. Um eine geringe Differenz zwischen Originalsignal und dekodiertem Signal zu erreichen, ist es notwendig, den Bausteinen ein Vorlaufsignal mit einer gewissen Länge, die sich nach dieser Verzögerung und Einschwingzeit richtet, zuzufügen. Dieses Vorlaufsignal muss nach der Dekodierung wieder beseitigt werden. Steht das tatsächliche Signal vor Beginn des originalen Bausteins nicht zur Verfügung, kann man die erste Signalperiode des Bausteins entsprechend oft vor den Baustein kopieren. Durch die Verlängerung des Bausteins steigt auch die Größe des kodierten Bausteins. Je größer die Verzögerung und Einschwingzeit, desto geringer wird die Kompressionsrate des kodierten Inventars bei gleicher Bitrate.

ADPCM

Ein erster Schritt zur Reduktion des Speicherbedarfs des Inventars ist die Komprimierung mit dem 4 bit-Adaptive Differential Puls-Code Modulation (ADPCM) Verfahren [36, 37, 31]. Das Verfahren ist als ITU-T G.721 [104] bzw. ITU-T G.726 [106] standardisiert. Es handelt sich dabei um eine Erweiterung der Differential Pulse-Code Modulation (DPCM). Hierbei werden die Differenzen benachbarter Abtastwerte quantisiert und übertragen. Die Quantisierungsstufen werden dabei adaptiv zum Dekodierfehler umgeschaltet. Das Verfahren ist standardisiert für eine Abtastrate von 8 kHz. Die Kompressionsrate liegt bei 4:1 bei einer Bitrate von 32 kBit/s. Das Verfahren wurde unverändert auch zur Kompression der 32 und 16 kHz-Inventare verwendet. Das dekodierte Signal ist im Vergleich zum Originalsignal nicht verzögert. Aufgrund der Arbeitsweise des Kodierers werden große Signalsprünge schlecht verarbeitet. Das ist insbesondere für die Kodierung der Bausteine von Nachteil, da diese gemäß dem Zeitpunkt des Glottalverschlusses am jeweiligen Minimum vor dem größten Anstieg des Signals innerhalb der Periode geschnitten sind [134].
Geht man von dem ungünstigen Fall einer Sprungfunktion auf dem Maximalwert aus, so ist erst nach 10 Abtastwerten (=1,25 ms bei 8 kHz Abtastrate) die Differenz zwischen Originalsignal und dekodiertem Signal verschwunden. Bei der Kodierung der Inventare wurde daher ein Vorlauf von 10 Abtastwerten eingestellt. Die resultierenden Inventargrößen sind in den Tabellen 3.1, 3.2 und 3.3 aufgelistet.

G.722.1

Der G.722.1 Kodierer [105] basiert auf der Huffman-Kodierung von Parametern im Frequenzbereich und benutzt zur Transformierung die Modulated Lapped Transform (MLT) Methode. Er verarbeitet Signale mit einer Bandbreite von 7 kHz bei 16 kHz Abtastrate sowie mit einer Bandbreite von 14 kHz bei 32 kHz Abtastrate.

Tab. 3.1 Speicherbedarfe und Störabstände der kodierten 8 kHz Inventare sortiert nach der Bitrate.

Bitrate kBit/s	Kodie-rung	Größe der kodierten Inventare in kByte														SNR dB
		I01	I02	I03	I04	I05	I06	I07	I08	I09	I10	I11	I12	I13	I14	
128,00	PCM	2372	3827	1909	2131	2166	1196	2575	4300	3713	2303	3263	3502	14564	8289	–
32,00	ADPCM	635	1024	521	575	586	326	688	1152	997	622	880	937	3833	2186	18,89
24,60	Speex	614	995	533	588	590	340	686	1120	974	631	886	914	3378	1917	1,80
18,20	Speex	468	759	408	448	451	260	522	854	743	482	676	696	2566	1458	1,80
15,00	Speex	395	640	346	379	381	220	440	721	627	407	571	587	2160	1229	1,79
12,20	AMRNB	320	520	281	305	309	177	355	584	509	330	463	475	1759	1003	20,28
11,00	Speex	304	492	268	291	294	170	337	554	483	314	440	451	1653	942	1,77
10,20	AMRNB	276	447	244	263	267	154	305	503	439	285	399	409	1509	861	19,02
8,00	Speex	231	374	206	222	225	130	255	421	368	239	336	343	1247	713	1,74
7,95	AMRNB	226	366	201	216	219	127	250	413	360	234	328	335	1227	702	16,42
7,40	AMRNB	214	346	191	204	208	120	235	390	340	221	310	316	1159	663	16,10
6,70	AMRNB	198	321	178	189	193	112	218	362	316	206	288	293	1072	614	14,80
5,95	Speex	186	301	167	179	182	106	205	339	296	194	271	275	995	570	1,65
5,90	AMRNB	181	292	162	173	176	102	198	329	288	188	262	267	972	558	13,38
5,15	AMRNB	164	265	149	157	160	93	180	299	262	171	239	242	878	504	12,35
4,75	AMRNB	155	251	141	149	152	88	170	283	248	162	226	229	828	476	10,88
3,95	Speex	140	226	128	135	138	81	153	255	223	146	204	207	740	426	1,64
2,15	Speex	104	167	97	100	103	61	112	189	166	109	152	152	537	311	-1,88

Laut [105] arbeitet der Kodierer mit einer Bitrate von 32 kBit/s oder 24 kBit/s bei 16 kHz und zusätzlich 48 kBit/s bei 32 kHz Abtastrate. Der an der zitierten Stelle hinterlegte Programmcode lässt aber auch Zwischenbitraten in 0.8 kBit/s Schritten zu und das nicht nur innerhalb der angegebenen Grenzen, sondern bis 8 kBit/s bei 32 kHz und bis 5,6 kBit/s bei 16 kHz Abtastrate.

Laut [105] hat der Kodierer eine verfahrensbedingte Verzögerung von 40 ms. Die Einschwingzeit ist gleich der Fensterfortsetzrate (20 ms) des Dekodierers und kleiner als die Verzögerung. Damit ist der notwendige Vorlauf, der vor jeden Baustein kopiert werden muss, gleich der Verzögerung und beträgt 40 ms. Die Größen der mit diesem Kodierer komprimierten Inventare sind in Tabelle 3.2 und 3.3 aufgelistet.

Während der ADPCM- und der G.722.1-Kodierer unabhängig vom Inhalt das Signal kodieren, sind die folgenden Kodierer auf die Kodierung von Sprachsignalen spezialisiert.

AMR-NB

Der Adaptive Multi-Rate-Narrowband (AMR-NB) Sprachkoder ist in [2] beschrieben. Er basiert auf dem *code-excited linear predictive* (CELP) Modell, d. h. aus dem Signal werden die Parameter eines LPC-basierten Quelle-Filter-Modells berechnet und in kodierter Form übertragen.

Der AMR-NB Kodierer verarbeitet Signale mit einer Abtastrate von 8 kHz und besitzt die Möglichkeit mit verschiedenen Kompressionsstufen bzw. Datenraten zu arbeiten. Einstellbar sind acht verschiedene Stufen (12,2; 10,2; 7,95; 7,4; 6,7; 5,9; 5,15 und 4,75 kBit/s). Unabhängig von der Datenrate hat der Dekodierer eine Einschwingzeit von 20 ms. Das entspricht der Rahmenlänge, mit welcher der Kodierer arbeitet. Zusätzlich wird das rekonstruierte Signal um 5 ms verzögert. Demnach beträgt der Vorlauf, der den einzelnen Bausteinen zugefügt werden muss, 200 Abtastwerte oder

25 ms. In Tabelle 3.1 sind die Inventargrößen der AMR-NB-kodierten Inventare aufgelistet.

AMR-WB

Der Adaptive Multi-Rate-Wideband (AMR-WB) Sprachkoder ist in den ITU-Recommendations [1] als G.722.2 standarisiert. Der AMR-WB Kodierer arbeitet prinzipiell wie der AMR-NB Kodierer nach dem CELP-Modell. Obwohl der Kodierer Signale mit einer Abtastrate von 16 kHz verarbeitet, werden im Enkoder die Signale auf 12,8 kHz umgetastet.
Die Parameter des Quelle-Filter-Modells werden von diesem auf 6,4 kHz bandbegrenzten Signal berechnet und in kodierter Form an den Dekodierer übertragen. Dieser rekonstruiert das bandbegrenzte Signal und führt eine Umtastung auf 16 kHz durch. Die fehlenden Frequenzen im Frequenzband 6,4-7,0 kHz werden unter anderem aus den Parametern für das untere Frequenzband geschätzt [1].

Der AMR-WB Kodierer lässt sich mit neun verschiedenen Datenraten betreiben. Diese sind: 23,85; 23,05; 19,85; 18,25; 15,85; 14,25; 12,65; 8,85 und 6,6 kBit/s. Der Kodierer hat ebenfalls, wie der AMR-NB, eine Einschwingzeit von 20 ms und die Verzögerung von 5 ms. Zusätzlich wird das rekonstruierte Signal, aufgrund der Umtastung der Abtastrate (16 ↔ 12,8 kHz), noch um weitere 15 Abtastwerte verzögert. Damit wird eine Vorlaufzeit von 320+80+15 = 415 Abtastwerten für die einzelnen Inventarbausteine notwendig. Die mit diesem Kodierer erreichten Inventargrößen sind in Tabelle 3.2 aufgelistet.

Speex

Wie die beiden AMR-Kodierer basiert der Speex-Kodierer[153] ebenfalls auf dem Code Excited Linear Prediction (CELP) Prinzip. Der Speex-Kodierer ist hauptsächlich für die Verarbeitung von Sprachsignalen der Bandbreiten 4 kHz, 8 kHz und 16 kHz entwickelt. Zur Kodierung der Signale sind 8 (8 kHz) bzw. 11 (16 und 32 kHz) verschiedene Kompressionsstufen einstellbar. Abhängig von der Bandbreite der Signale werden Bitraten von 2,15-24,6 kBit/s für 4 kHz, 3,95-42,2 kBit/s für 8 kHz und 4,15-44 kBit/s für 16 kHz Bandbreite erreicht.
Die Kodierung von 8 kHz abgetasteten Signalen erfolgt ähnlich dem AMR-NB-Kodierer. Unterschiede bestehen zum AMR-WB bei der Kodierung von 16 kHz abgetasteten Signalen. Die Einschwingzeit des Dekoders ist gleich der Rahmenlänge und beträgt 20 ms. In Abhängigkeit der Abtastrate verzögert der Kodierer das rekonstruierte Signal um 10 ms bei 8 kHz, 13,9375 ms bei 16 kHz und 15,90625 ms bei 32 kHz. Demnach beträgt die Länge des Vorlaufs, der bei den einzelnen Inventarbausteinen realisiert werden muss, 240 Abtastwerte = 30 ms (8 kHz), 543 Abtastwerte = 33,9375 ms (16 kHz) bzw. 1149 Abtastwerte = 35,90625 ms (32 kHz).

Die mit diesem Kodierer komprimierten Inventare sind in den Tabellen 3.1, 3.2 und 3.3 für die jeweiligen Abtastraten zusammen mit dem Störabstand zwischen dem originalen und dekodierten Inventar aufgelistet. Die auffällig geringen Störabstände[5]

---

[5] Störabstände in dieser Größenordnung werden auch von den kodierereigenen Testmodulen erreicht.

Tab. 3.2 Speicherbedarfe und Störabstände der kodierten 16 kHz Inventare sortiert nach der Bitrate.

Bitrate kBit/s	Kodierung	I01	I02	I03	I04	I05	I06	I07	I08	I09	I10	I11	I12	I13	I14	SNR dB
256,00	PCM	4696	7580	3772	4216	4283	2363	5100	8516	7351	4556	6457	6938	28914	16451	–
64,00	ADPCM	1218	1966	988	1097	1117	619	1320	2210	1909	1187	1681	1799	7433	4235	22,13
42,20	Speex	1038	1688	898	994	996	573	1164	1894	1645	1067	1502	1545	5691	3224	6,37
34,20	Speex	852	1385	739	816	818	471	954	1554	1351	876	1233	1267	4664	2644	6,35
32,00	G.722.1	816	1330	717	787	790	456	920	1493	1297	848	1191	1218	4429	2508	19,70
31,20	G.722.1	797	1299	700	769	771	446	898	1458	1267	829	1163	1189	4325	2449	19,66
30,40	G.722.1	778	1267	683	750	753	435	876	1423	1236	809	1135	1160	4220	2390	19,60
29,60	G.722.1	759	1236	667	732	735	425	854	1388	1206	789	1107	1132	4116	2331	19,55
28,80	G.722.1	740	1205	650	713	716	414	833	1353	1176	769	1080	1103	4011	2272	19,49
28,00	G.722.1	721	1174	634	695	698	403	811	1319	1145	749	1052	1075	3907	2213	19,44
27,80	Speex	703	1142	611	673	676	389	786	1283	1115	724	1018	1045	3843	2180	6,32
27,20	G.722.1	702	1143	617	676	679	393	789	1284	1115	730	1024	1046	3802	2154	19,36
26,40	G.722.1	682	1111	600	658	661	382	768	1249	1085	710	996	1017	3698	2096	19,29
25,60	G.722.1	663	1080	584	640	642	371	746	1214	1054	690	968	989	3593	2037	19,20
24,80	G.722.1	644	1049	567	621	624	361	724	1179	1024	670	940	960	3489	1978	19,12
24,00	G.722.1	625	1018	551	603	606	350	703	1144	994	650	913	932	3385	1919	19,01
23,85	AMRWB	583	948	507	554	562	323	649	1069	929	600	842	868	3241	1842	8,91
23,80	Speex	610	991	531	584	587	338	681	1113	968	628	883	907	3330	1890	6,28
23,20	G.722.1	606	987	534	584	587	340	681	1109	963	630	885	903	3280	1860	18,90
23,50	AMRWB	566	919	492	537	544	313	629	1036	900	581	816	841	3140	1785	8,92
22,40	G.722.1	587	955	517	566	569	329	659	1074	933	611	857	875	3176	1801	18,78
21,60	G.722.1	568	924	501	547	551	318	637	1039	903	591	829	846	3071	1742	18,60
20,80	G.722.1	549	893	484	529	532	308	616	1004	872	571	801	818	2967	1683	18,48
20,60	Speex	535	870	467	513	516	298	597	977	850	552	776	796	2919	1658	6,24
20,00	G.722.1	529	862	468	510	514	297	594	969	842	551	773	789	2862	1624	18,30
19,85	AMRWB	494	803	431	470	476	274	549	905	787	509	714	735	2740	1558	8,85
19,20	G.722.1	510	831	451	492	495	287	572	934	812	531	745	760	2758	1565	18,15
18,40	G.722.1	491	800	434	474	477	276	551	899	781	511	717	732	2653	1506	17,91
18,25	AMRWB	459	745	401	436	442	254	509	840	730	472	663	682	2539	1445	8,82
17,60	G.722.1	472	768	418	455	458	265	529	864	751	492	690	703	2549	1447	17,69
16,80	G.722.1	453	737	401	437	440	255	507	829	721	472	662	674	2444	1388	17,43
16,80	Speex	442	718	388	424	427	246	492	807	702	456	641	657	2406	1368	6,05
16,00	G.722.1	434	706	385	418	422	244	486	794	690	452	634	646	2340	1329	17,15
15,85	AMRWB	405	658	355	385	392	225	449	743	646	417	586	602	2238	1275	8,72
15,20	G.722.1	415	675	368	400	403	234	464	759	660	432	606	617	2235	1270	16,85
14,40	G.722.1	396	644	351	381	385	223	442	724	630	412	578	589	2131	1211	16,53
14,25	AMRWB	370	600	325	351	358	206	409	677	589	381	535	549	2038	1162	8,65
13,60	G.722.1	377	612	335	363	366	212	420	689	599	393	550	560	2026	1152	16,17
12,80	G.722.1	357	581	318	344	348	202	399	654	569	373	522	532	1922	1093	15,79
12,80	Speex	349	567	308	334	338	195	388	638	555	361	507	518	1893	1078	5,95
12,65	AMRWB	334	542	294	318	324	186	369	612	533	345	483	496	1837	1048	8,55
12,00	G.722.1	338	550	302	326	330	191	377	619	539	353	494	503	1817	1035	15,38
11,20	G.722.1	319	519	285	307	311	181	356	584	508	333	467	475	1713	976	15,40
10,40	G.722.1	300	488	268	289	293	170	334	549	478	313	439	446	1608	917	14,44
9,80	Speex	285	461	253	273	276	160	315	520	453	295	414	422	1535	876	5,61
9,60	G.722.1	281	456	252	271	274	159	312	514	448	293	411	417	1504	858	13,89
8,85	AMRWB	249	404	222	237	243	140	274	457	398	258	362	370	1362	779	7,96
8,80	G.722.1	262	425	235	252	256	149	290	479	417	274	383	389	1399	799	13,29
8,00	G.722.1	243	394	219	234	238	138	269	444	387	254	355	360	1295	740	12,58
7,75	Speex	238	385	212	227	231	134	262	434	378	247	346	352	1277	730	5,39
7,20	G.722.1	224	363	202	215	219	127	247	409	357	234	327	332	1190	681	11,72
6,60	AMRWB	199	322	179	189	195	113	218	365	318	207	289	295	1079	619	7,19
6,40	G.722.1	204	332	185	197	201	117	225	374	326	214	300	303	1086	622	10,59
5,75	Speex	192	310	173	184	187	109	210	350	305	199	279	283	1022	586	4,71
5,60	G.722.1	185	301	169	178	182	106	204	339	296	194	272	274	982	563	9,12
3,95	Speex	145	234	132	138	142	83	157	264	231	151	211	213	764	440	-1,82

bedeuten nicht, dass der Kodierer eine besonders schlechte Sprachqualität aufweist. Vielmehr ist die Rekonstruktion der Phasenlage unzureichend, sodass der Störabstand als Maß für die Abweichung auf Signalebene nur wenig zur Beurteilung der erreichten Sprachqualität geeignet ist.

Tab. 3.3 Speicherbedarfe und Störabstände der kodierten 32 kHz Inventare sortiert nach der Bitrate.

Bitrate kBit/s	Kodierung	I02	I03	I04	I05	I06	I08	I09	I10	I11	I12	I13	I14	SNR dB
512,00	PCM	15081	7492	8384	8514	4695	16941	14622	9059	12839	13803	57592	32763	–
128,00	ADPCM	3844	1920	2140	2177	1203	4320	3731	2315	3279	3518	14617	8321	26,89
48,00	G.722.1	1958	1051	1158	1161	670	2198	1908	1248	1752	1793	6537	3699	19,39
47,20	G.722.1	1927	1035	1139	1142	659	2163	1878	1228	1724	1765	6432	3640	19,36
46,40	G.722.1	1896	1018	1121	1124	649	2128	1847	1208	1697	1736	6328	3581	19,33
45,60	G.722.1	1865	1002	1102	1105	638	2093	1817	1188	1669	1708	6223	3522	19,32
44,80	G.722.1	1833	985	1084	1087	627	2058	1787	1168	1641	1679	6119	3463	19,28
44,00	G.722.1	1802	968	1066	1069	617	2023	1756	1149	1613	1650	6014	3404	19,25
44,00	Speex	1769	943	1044	1046	605	1989	1725	1121	1576	1619	5946	3368	6,43
43,20	G.722.1	1771	952	1047	1050	606	1988	1726	1129	1585	1622	5910	3345	19,23
42,40	G.722.1	1740	935	1029	1032	596	1953	1696	1109	1557	1593	5805	3286	19,17
41,60	G.722.1	1709	918	1010	1013	585	1918	1665	1089	1529	1565	5701	3227	19,15
40,80	G.722.1	1678	902	992	995	574	1884	1635	1069	1501	1536	5596	3168	19,11
40,00	G.722.1	1646	885	973	977	564	1849	1605	1050	1474	1508	5492	3109	19,08
39,20	G.722.1	1615	869	955	958	553	1814	1575	1030	1446	1479	5387	3050	19,04
38,40	G.722.1	1584	852	936	940	542	1779	1544	1010	1418	1450	5283	2991	18,95
37,60	G.722.1	1553	836	918	921	532	1744	1514	990	1390	1422	5179	2932	18,94
36,80	G.722.1	1522	819	899	903	521	1709	1483	970	1362	1393	5074	2873	18,90
36,00	G.722.1	1490	802	881	884	511	1674	1453	950	1334	1365	4970	2815	18,86
36,00	Speex	1464	782	864	866	501	1645	1428	928	1304	1339	4914	2785	6,41
35,20	G.722.1	1459	786	863	866	500	1639	1423	931	1307	1336	4865	2756	18,82
34,40	G.722.1	1428	769	844	848	489	1604	1393	911	1279	1308	4761	2697	18,79
33,60	G.722.1	1397	752	826	829	479	1569	1362	891	1251	1279	4656	2638	18,74
32,80	G.722.1	1366	736	807	811	468	1534	1332	871	1223	1250	4552	2579	18,67
32,00	G.722.1	1334	719	789	792	458	1499	1301	851	1195	1222	4447	2520	18,62
31,20	G.722.1	1303	703	770	774	447	1464	1271	831	1167	1193	4343	2461	18,55
30,40	G.722.1	1272	686	752	756	436	1429	1241	812	1139	1165	4238	2402	18,49
29,60	G.722.1	1241	670	733	737	426	1394	1211	792	1111	1136	4134	2343	18,41
29,60	Speex	1219	653	719	722	418	1371	1190	773	1087	1115	4088	2319	6,38
28,80	G.722.1	1210	653	715	719	415	1359	1180	772	1084	1108	4029	2284	18,34
28,00	G.722.1	1178	636	697	700	405	1324	1150	752	1056	1079	3925	2225	18,25
27,20	G.722.1	1147	620	678	682	394	1289	1119	732	1028	1050	3820	2166	18,16
26,40	G.722.1	1116	603	660	664	383	1254	1089	713	1000	1022	3716	2107	18,06
25,60	G.722.1	1085	586	641	645	373	1219	1059	693	972	993	3611	2048	17,96
25,60	Speex	1066	572	629	632	366	1199	1041	677	951	975	3572	2027	6,35
24,80	G.722.1	1054	570	623	627	362	1184	1029	673	944	965	3507	1989	17,84
24,00	G.722.1	1023	553	604	608	352	1149	998	653	916	936	3403	1930	17,71
23,20	G.722.1	991	537	586	590	341	1114	968	633	888	907	3298	1871	17,57
22,40	G.722.1	960	520	567	572	330	1079	937	614	861	879	3194	1812	17,42
22,40	Speex	943	507	557	560	324	1061	922	600	842	863	3159	1794	6,31
21,60	G.722.1	929	504	549	553	320	1044	907	594	833	850	3089	1753	17,25
20,80	G.722.1	898	487	530	535	309	1009	877	574	805	822	2985	1695	17,07
20,00	G.722.1	867	470	512	516	299	974	847	554	777	793	2880	1636	16,87
19,20	G.722.1	835	454	494	498	288	939	816	534	749	765	2776	1577	16,65
18,60	Speex	807	435	476	480	278	908	789	513	721	737	2696	1533	6,08
18,40	G.722.1	804	437	475	480	277	904	786	514	721	736	2671	1518	16,42
17,60	G.722.1	773	421	457	461	267	869	755	495	694	707	2567	1459	16,16
16,80	G.722.1	742	404	438	443	256	834	725	475	666	679	2462	1400	15,89
16,00	G.722.1	711	387	420	424	245	799	695	455	638	650	2358	1341	15,59
15,20	G.722.1	679	371	401	406	235	764	665	435	610	622	2253	1282	15,26
14,60	Speex	653	354	386	390	226	736	640	417	585	597	2180	1241	5,99
14,40	G.722.1	648	354	383	388	224	729	634	415	582	593	2149	1223	14,90
13,60	G.722.1	617	338	364	369	214	694	604	395	554	565	2044	1164	14,51
12,80	G.722.1	586	321	346	351	203	659	573	376	526	536	1940	1105	14,09
12,00	G.722.1	555	304	328	332	192	625	543	356	498	507	1835	1046	13,62
11,60	Speex	531	290	313	318	184	599	521	339	476	485	1767	1008	5,76
11,20	G.722.1	523	288	309	314	182	589	513	336	471	479	1731	987	13,09
10,40	G.722.1	492	271	291	295	171	555	483	316	443	450	1627	928	12,48
9,60	G.722.1	461	255	272	277	161	520	452	296	415	422	1522	869	11,73
9,55	Speex	454	249	268	272	158	512	445	290	407	415	1507	861	5,44
8,80	G.722.1	430	238	254	259	150	485	422	276	387	393	1418	810	10,75
8,00	G.722.1	399	221	235	240	139	450	391	257	359	365	1313	751	9,45
7,55	Speex	378	209	223	228	132	427	372	243	340	345	1250	716	4,73
4,15	Speex	256	145	151	156	91	290	253	166	231	233	838	483	-1,87

Aufgrund der jeweiligen Verzögerungen und Einschwingzeiten der einzelnen Kodierer und der dadurch notwendigen Expansion der Signale der Einheiten, entspricht das Verhältnis der Bitraten zwischen unkodierten und kodierten Inventaren nur grob dem Verhältnis der Inventargrößen (Kompressionsrate). Abbildung 3.2 zeigt den Zusammenhang zwischen Bitrate und Kompressionsrate.

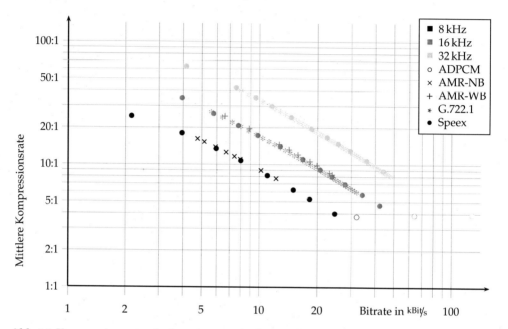

Abb. 3.2 Kompressionsraten der Inventare gemittelt über alle Sprecher, dargestellt in Abhängigkeit der eingestellten Bitrate. Bei gleicher Bitrate liegen die Inventargrößen unabhängig von der Abtastrate in der gleichen Größenordnung (s. Tabellen 3.1, 3.2 und 3.3). Die Kompressionsraten dagegen sind von der Abtastrate abhängig, da sie auf die Größe der (unkodierten) PCM-Inventare der jeweiligen Abtastrate bezogen sind. Kleine Unterschiede der Kompressionsraten bei gleicher Abtastrate sind auf die vom Kodierer abhängigen Einschwingzeiten und Verzögerungen zurückzuführen.

3.1.2 Inventarkodierung mit eigenen Kodierungen

Die Aufgabe von standardisierten Kodierern, wie den oben genannten, ist die Kompression eines Sprachsignals eines beliebigen Sprechers und seiner Rekonstruktion mit minimaler Differenz zum Originalsignal. Letzteres setzt voraus, dass der Phasenfrequenzgang ebenfalls rekonstruiert werden muss. Bei der Sprachsynthese dagegen ist die Ausgabe im Allgemeinen sprecherabhängig, d. h. es wird ein konkreter Sprecher synthetisiert. Außerdem ist das Ziel der Sprachsynthese ein verständliches und qualitativ hochwertiges Sprachsignal zu erzeugen, wobei darüber hinaus keine Anforderungen an den Phasenfrequenzgang bestehen. Für eine konkatenative akustische Synthese stellen daher angepasste Kodierverfahren eine Möglichkeit zur weiteren Kompression der Inventare dar.

Im Zuge dieser Arbeit wurden die beiden im Folgenden beschriebenen Verfahren entwickelt. Das sind die kodbuchbasierte und die HMM-basierte Kodierung der Inventare.

Kodbuchbasierte Kodierungen

In gleicher Weise wie bei der Kompression mit den standardisierten Kodierern, werden die Bausteine des Inventars bei dieser Kodierung einzeln verarbeitet. Jeder Baustein j wird periodensynchron in überlappende Abschnitte der Länge von I_N Perioden unterteilt. Die Überlappung der Abschnitte beträgt I_R Perioden. Von den mit einer Fensterfunktion gewichteten Abschnitten werden die Merkmale berechnet. In [126] wurden die MC-LSF (s. Abschnitt 2.1.11) sowie die M-LSF (Abschnitt 2.1.7) als Merkmale zur Kodierung verwendet. Die so gewonnenen Merkmalvektoren aller Bausteine werden verwendet, um ein Kodbuch zu erzeugen. Dazu werden die Merkmale z. B. mit dem Linde-Buzo-Gray-Algorithmus (LBG) nach [87] oder dem Partition Around Medoids Algorithmus (PAM) nach [65] quantisiert.

In [126] wurde dazu ein Skalarquantisierer (SQ) verwendet. Dieser quantisiert die Komponenten des Merkmalvektors einzeln und voneinander unabhängig. Die Anzahl der Kodbucheinträge ist damit abhängig von der Dimension der Merkmalvektoren p und der Zahl der Quantisierungsstufen der einzelnen Komponenten. Die Bitrate bestimmt sich danach aus der Summe der eingestellten Bitraten pro Merkmalvektorkomponente und der Überlappungslänge der Analyseabschnitte. Da hier eine periodensynchronen Analyse verwendet wurde, variiert die Anzahl der Analyseabschnitte bei gleicher Bausteinlänge und die Bitrate ist nicht konstant.
Die resultierenden Größen der getesteten Inventare sind in Tabelle 3.4 aufgelistet, wobei sich die angegebenen Bitraten in kBit/s auf die mittlere Abschnittslänge (Framelänge) beziehen.

Eine weitaus effektivere Kodierung erreicht man mit der Vektorquantisierung (VQ). Dazu wird der Merkmalvektorraum in 2^B Cluster unterteilt, deren Mittelwertvektoren (Zentroiden des LBG-Algorithmus) bzw. deren Repräsentanten (Medoiden des PAM-Algorithmus) das Kodbuch bilden. Die Bitrate ist dann unabhängig von der Dimension der Merkmalvektoren p und beträgt B Bit/Frame. Da hier ebenfalls eine periodensynchrone Analyse verwendet wurde, sind die Anzahl der Abschnitte (Frames) nicht konstant mit der Länge der Bausteine verbunden. Die mit der Vektorquantisierung geclusterten Inventare sind in Tabelle 3.5 zusammen mit ihren Größen und Bitraten angegeben.

Die HMM-basierte Kodierung

Die Abfolge der Merkmalvektoren ist, wegen der Art und Weise der menschlichen Sprachsignalerzeugung, nicht willkürlich. Besonders in vokalischen Abschnitten sind aufeinander folgende Merkmalvektoren sehr ähnlich. Ein Nachteil des vorherigen Verfahrens ist, dass diese Abhängigkeiten zwischen den Merkmalvektoren unbeachtet bleiben, indem ein einziges Kodbuch aus allen Merkmalvektoren des

Tab. 3.4 Inventargrößen der 16 und 8 kHz SQ-kodierten Inventare bei verschiedenen Bitraten, wobei p die Merkmalvektordimension, I_N die Abschnittslänge sowie I_R die Überlappung in Perioden sind.

	Bitrate kBit/s	$\frac{\text{Bit}}{\text{Frame}}$	I_N	I_R	p	Größe der kodierten Inventare in kByte													
						I01	I02	I03	I04	I05	I06	I07	I08	I09	I10	I11	I12	I13	I14
8 kHz Inventare	8,95	102	2	2	20	169	308	192	115	190	110	134	383	306	209	291	292	1026	660
	7,19	82	2	2	20	141	257	160	99	159	92	115	318	254	175	243	243	844	541
	5,44	62	2	2	20	113	206	128	82	128	75	95	253	204	141	196	194	664	432
	4,74	54	2	2	17	102	185	115	77	115	68	88	227	183	127	176	175	591	375
	3,16	54	3	3	17	77	138	86	62	87	51	70	167	136	95	132	130	425	267
	2,72	62	4	4	20	69	123	77	55	78	46	62	149	122	85	118	116	380	236
	2,11	36	3	3	17	60	107	67	53	68	41	58	129	106	75	103	100	317	196
	1,58	36	4	4	17	52	91	57	48	59	36	53	109	90	64	89	85	262	160
	1,32	30	4	4	14	48	84	53	43	54	33	48	99	83	59	82	78	238	143
	1,05	24	4	4	11	44	76	48	42	50	30	47	90	75	54	75	71	208	125
16 kHz Inventare	17,72	202	2	2	40	306	564	349	196	345	197	230	706	559	380	529	535	1931	1253
	14,22	162	2	2	40	250	460	285	164	282	161	192	576	456	310	432	437	1568	1015
	12,11	138	2	2	34	217	400	248	144	245	140	168	498	396	270	376	379	1351	873
	9,12	104	2	2	34	170	312	193	116	192	110	135	388	309	211	294	295	1042	671
	6,08	104	3	3	34	121	220	137	86	137	79	100	272	218	150	209	208	723	462
	5,03	86	3	3	28	105	191	119	79	119	69	90	235	189	131	182	180	616	393
	3,77	86	4	4	28	85	153	96	66	96	57	75	187	152	106	147	145	483	306
	2,98	68	4	4	22	73	131	82	59	82	49	67	159	129	90	125	123	404	253
	2,54	58	4	4	28	67	119	75	54	76	45	62	144	118	83	115	112	359	224
	2,02	46	4	4	22	59	104	66	50	67	40	56	125	103	73	101	98	307	189

Tab. 3.5 Größe der VQ-kodierten Inventare bei unterschiedlicher Bitrate / Merkmaldimension p.

	Bitrate kBit/s	$\frac{\text{Bit}}{\text{Frame}}$	p	Größe der kodierten Inventare in kByte													
				I01	I02	I03	I04	I05	I06	I07	I08	I09	I10	I11	I12	I13	I14
8 kHz	1,75	10	20	94	135	100	87	101	77	93	154	134	107	132	129	318	211
	1,58	9	20	71	111	77	66	78	55	71	128	110	84	108	105	281	179
	1,40	8	20	59	95	64	54	65	43	59	111	94	70	93	90	252	157
	1,23	7	20	51	86	56	48	57	37	53	101	85	62	84	81	231	141
	1,05	6	20	46	79	51	44	52	33	49	92	78	57	77	74	210	127
16 kHz	1,75	10	28	110	151	116	103	117	93	109	170	150	123	148	145	334	227
	1,58	9	28	79	119	85	74	86	63	79	136	118	92	116	113	289	187
	1,40	8	28	63	99	68	58	69	47	63	115	98	74	97	94	256	161
	1,23	7	28	53	88	58	50	59	39	55	103	87	64	86	83	233	143
	1,05	6	28	47	80	52	45	53	34	50	93	79	58	78	75	211	128
32 kHz	1,75	10	32	–	159	124	111	125	101	–	178	158	131	156	153	342	235
	1,58	9	32	–	123	89	78	90	67	–	140	122	96	120	117	293	191
	1,40	8	32	–	101	70	60	71	49	–	117	100	76	99	96	258	163
	1,23	7	32	–	89	59	51	60	40	–	104	88	65	87	84	234	144
	1,05	6	32	–	80	52	46	54	34	–	94	79	58	79	75	212	129

Sprechers gebildet wird. Der Nachteil besteht dabei weniger in der Qualität des Kodbuchs, als vielmehr in der Bitanzahl, welche zur Übertragung der Indizes benötigt wird. Im Gegensatz zur Sprachkodierung, bei der die Lautfolge bei der Kodierung bereits festgelegt ist (und damit in gewisser Weise mit übermittelt werden muss), wird bei der Sprachsynthese diese Lautfolge erst während der Synthese festgelegt. Zur besseren Veranschaulichung des Sachverhalts dient ein einfaches konstruiertes Beispiel. Angenommen, die Sprachdaten eines Sprechers bestehen aus zwei Lauten („a" und „b") und es wurde daraus ein Kodbuch mit vier Einträgen trainiert. Würden wir eine Äußerung, z. B. „abab" kodieren, übertragen und dekodieren, würden zur Übertragung zwei Bit pro Laut benötigt. Wenn wir für jeden der zwei Laute ein Kodbuch mit jeweils zwei Einträgen trainieren, müssten ebenfalls zwei Bit pro Laut übertragen werden. Das sind ein Bit für den Laut und ein Bit für den Kodbucheintrag. Da aber nun bei der akustischen Synthese, im Gegensatz zur klassischen Sprachkodierung, die Lautfolge nicht rekonstruiert wird, muss diese Information auch nicht übertragen werden und man spart im genannten Beispiel dieses eine Bit bei der Übertragung ein. An diesem Beispiel zeigt sich der prinzipielle Unterschied zwischen der Sprachkodierung und der akustischen Synthese mit kodierten Inventaren, d. h. der damit verbundenen Möglichkeiten der noch stärkeren Komprimierung der Sprachdaten. Hingewiesen sei in diesem Zusammenhang auf die in gleicher Weise nutzlose Übertragung der Grundfrequenz bzw. Periodenmarken. Für die akustische Synthese mit kodbuchbasiert kodierten Inventaren bietet es sich an, für jeden Laut ein Kodbuch zu generieren, um die Übertragung der für die Sprachsynthese nutzlosen Information über die ursprüngliche Lautfolge einzusparen. Das Trainieren von Laut-HM-Modellen bietet genau diese Art der Clusterung.

Das in [131] und [124] vorgestellte Kompressionsverfahren beruht auf der HMM-basierten Kodierung der Inventare. Im Gegensatz zum oben beschriebenen Verfahren wird das Kodbuch durch die Clusterung der Merkmale beim Trainieren der HM-Modelle erzeugt. Die Vorteile des Verfahrens liegen in der automatischen Erzeugung und Kodierung der Inventare aus annotierten Sprachsignalen (einschließlich der Erstellung des Kodbuchs, der Detektion der Bausteine und deren Kodierung) sowie im Erreichen sehr hoher Kompressionsraten. Nachteilig ist die, im Vergleich zum oben beschriebenen VQ-Verfahren, etwas geringere Synthesequalität, welche auf die Erzeugung des Kodbuchs zurückzuführen ist. Beim VQ-Verfahren wird das Kodbuch ausschließlich aus den Merkmalvektoren des unkodierten Inventars berechnet, während bei der HMM-basierten Kodierung das Kodbuch durch das Trainieren der HM-Modelle aus einer im Allgemeinen größeren Merkmalvektoranzahl erzeugt wird. Je größer die Trainingsdatenmenge ist, desto generalisierter und unnatürlicher sind die Kodbuchvektoren.

Das Verfahren unterteilt sich in zwei Varianten, die sich hinsichtlich der verwendeten HM-Modelle unterscheiden. Diese sind einerseits die Kodierung mit sprecherabhängig trainierten Modellen und andererseits die Kodierung mit sprecherunabhängigen Modellen, wie sie bei der Spracherkennung Verwendung finden. Die Erstellung der kodierten Inventare beider Varianten ist in Abbildung 3.3 schematisch dargestellt.

Die sprecherabhängige Variante: Unter Verwendung von Sprachsignalen *eines* Zielsprechers werden (sprecherabhängige) HM-Modelle trainiert. Im Gegensatz zum HM-Training der Spracherkennung zielt das Training hierbei auf eine Überadaption der Modelle ab. Das bedeutet, dass die Größe der Trainingsdatenmenge klein sein kann, aber jedes Diphon mindestens in einer Variante vorliegen muss. Als Trainingsdatenbank sehr geeignet sind z. B. die Sprachsignale der Trägerwörter der Diphone, welche man zur Generierung eines konventionellen Diphoninventars benötigt. Im Anschluss an das Training werden für die Zieldiphone, welche in den Trägerwörtern enthalten sind, die optimalen Zustandsfolgen eines HMM-Erkenners ermittelt. Die Folge der Indizes der den Zuständen zugeordneten Normalverteilungen (Gaussians) pro Diphon werden gespeichert und bilden zusammen mit den Normalverteilungen

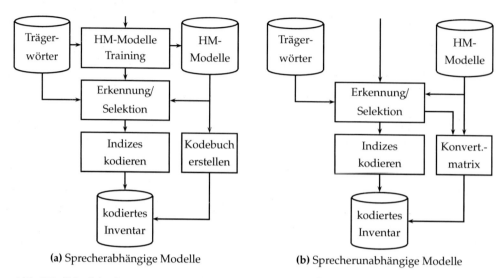

(a) Sprecherabhängige Modelle   (b) Sprecherunabhängige Modelle

Abb. 3.3 Ablauf der Inventargenerierung mit sprecherabhängigen und -unabhängigen Modellen

das kodierte Inventar. Dieses Prinzip entspricht einer Kodbuch-basierten Kodierung der Einheiten, wobei das Kodbuch für jedes Inventar/jeden Sprecher durch die Mittelwerte der Normalverteilungen der trainierten HM-Modelle bestimmt wird. Die Größe der Inventare bestimmt sich einerseits aus der Größe der kodierten Einheiten und andererseits aus der Anzahl und Dimension der Kodbuchvektoren.

Die sprecherunabhängige Variante: Ein besonderer Vorteil ergibt sich bei Applikationen, in denen neben einer Sprachsynthese auch eine (HMM-basierte) Spracherkennung integriert wird [132]. In diesem Fall nutzt man die HM-Modelle der Spracherkennung, d. h. deren Normalverteilungen. Da diese Modelle im Allgemeinen sprecherunabhängig sind, ist eine zusätzliche Konvertierung zum Zielsprecher notwendig. Diese erreicht man entweder durch Adaption der HM-Modelle [161] oder durch eine Konvertierung der Mittelwerte der Normalverteilungen in Anlehnung an [132]. Das Kodbuch muss nicht Bestandteil des Inventars sein, falls während der Synthese der Zugriff auf die Normalverteilungen des HMM-Erkenners gewährleistet ist. Das Inventar besteht dann aus den Indexfolgen der Diphone sowie aus den Konvertierungsdaten.

Das Kodierprinzip: Die Erstellung eines HMM-kodierten Diphoninventars erfolgt vollautomatisch. Voraussetzung ist eine mit Phonemen annotierte Sprachdatenbank (Trägerwörter) des Zielsprechers. Es sind die folgenden Schritte notwendig:

1. Trainieren der HM-Modelle (nur bei sprecherabhängigen HM-Modellen),

2. Erkennerlauf über alle Trägerwörter zur Bestimmung der optimalen Folgen der Normalverteilungen (Gaußfolgen) und Selektieren der Diphone mit maximaler Erkennungssicherheit,

3. Kodieren des Inventars:

- Komprimieren der Folge von Indizes der Normalverteilungen pro selektiertem Diphon,

- Komprimieren der Kodbuchvektoren (nur bei sprecherabhängigen HM-Modellen) oder Berechnen und Komprimieren der Konvertierungsdaten (nur bei sprecherunabhängigen HM-Modellen).

Am Beispiel der zwei deutschen Inventare „simone" (I10) und „joerg" (I07) wird im Folgenden näher auf das Kodierprinzip eingegangen.

Das HMM-Training: Im Gegensatz zum HMM-Training eines Spracherkenners ist das Ziel des Trainings für die Inventarkodierung die Adaption der HM-Modelle an die Trainingsdaten des Zielsprechers. Die Trainingsdaten müssen mindestens jeweils eine Realisierung aller Diphone enthalten. Die beiden deutschen Inventare haben jeweils 42 Phoneme. Die Phonem-HM-Modelle besaßen jeweils zwei Zustände. Den Zuständen sind jeweils eine Mischung von 2^N Normalverteilungen zugeordnet. Als primäre Merkmale verwenden wir das Mel-Cepstrum (Ordnung M), berechnet von den Diphon-Trägerwörtern mittels des *Unbiased Estimator of Log Spectrum* (UELS, [53], s. Abschnitt 2.1.9ff). Diese Merkmale werden um die dynamischen Merkmale erweitert und nach einer Hauptkomponentenanalyse auf einen 24-dimensionalen Merkmalvektor reduziert. Die nach dem Training in den Modellen enthaltenen primären Merkmalvektoren bilden das Kodbuch. Die maximale Parameteranzahl P_{max} des Kodbuchs bestimmt sich aus der Anzahl der Phoneme plus Pausenphonem (=Anzahl der Phonem-HM-Modelle) bzw. der sich daraus ergebenden Anzahl der Zustände ($= 43 \cdot 2$), der Dimension der primären Merkmalvektoren M und der Anzahl der Normalverteilungen 2^N:

$$P_{\mathrm{max}} = K_{\mathrm{max}} \cdot M = 43 \cdot 2 \cdot 2^N \cdot M = 43 \cdot 2^{N+1} \cdot M. \tag{3.1}$$

Für die sprecherunabhängige Kodierung wurden die Modelle des Spracherkenners verwendet. Die Anzahl der Zustände pro Laut ist durch die beim Training der Modelle des Erkenners gewählte Einstellung festgelegt. Im Unterschied zur sprecherabhängigen Kodierung bestehen hier die Modelle aus drei Zuständen pro Laut. Außerdem sind die primären Merkmale das logarithmische Mel-Filter-Spektrum (s. Methode 4 im Abschnitt 2.1.3 auf Seite 15). Trainiert wurden die Modelle mit der ca. 60 h großen *Verbmobil*-Datenbank [156], bestehend aus Sprachdaten von ca. 800 männlichen und weiblichen deutschen Sprechern.

Das Bestimmen der Gaußfolgen und Selektieren der Diphone: In diesem Schritt werden von allen Trägerwörtern des Zielsprechers unter Verwendung der genannten (sprecherabhängigen oder -unabhängigen) HM-Modelle die optimalen Folgen der Normalverteilungen bestimmt. Für jeden Analysemerkmalvektor der Eingabefolge (Fensterlänge $F_{\mathrm{L}} = 25\,\mathrm{ms}$, Fortsetzrate $F_{\mathrm{R}} = 10\,\mathrm{ms}$) erhält man den Index einer Normalverteilung sowie dessen logarithmische Ausgabewahrscheinlichkeit als Maß für die Erkennungssicherheit. Da die Phonemfolge der Trägerwörter bekannt ist und damit der Suchraum eingeschränkt werden kann, entspricht dieses Vorgehen einer erzwungenen Phonemerkennung.

Für unsere Experimente nutzen wir die Ausgabewahrscheinlichkeit zur automatischen Selektion der Diphone. Alternativ können die Diphone manuell ausgewählt und aus den Trägerwörtern herausgeschnitten werden. Zur automatischen Selektion wird von allen Realisierungen eines Diphones die Erkennungssicherheit durch Mittelung der Ausgabewahrscheinlichkeit berechnet. Von allen Diphonen werden diejenigen Realisierungen, welche die maximale Erkennungssicherheit aufweisen, ausgewählt und herausgeschnitten. Anschaulich wird das am Beispiel der errechneten Indexfolge des Diphones „e:n" bei der Kodierung des „joerg"-Inventars:

$$393 \quad 393 \quad 393 \quad 404 \quad 404 \quad 404 \quad 405 \quad 405 \quad 405 \quad 775 \quad 772 \quad 772 \quad 772 \quad 793.$$

Das Diphon hat eine Länge von 0,14 s, was bei einer Fortsetzrate von $F_R = 10\,\text{ms}$ 14 Indizes erzeugt (neun für den Laut „e:" und fünf für „n"). Die Anzahl der Normalverteilungen pro Zustand war dabei $2^{N=4} = 16$, was zu einer maximalen Anzahl an Normalverteilungen von $K_{max} = 43 \cdot 2^5 = 1376$ führt. Tatsächlich werden aber nur $K = 1040$ Normalverteilungen verwendet und deren Mittelwerte im Kodbuch gespeichert.

Die Inventarkodierung: Die im vorherigen Schritt berechneten Indexfolgen pro Diphon können bei der Inventarerstellung komprimiert werden. Die erzwungene Phonemerkennung ist vorteilhaft für die Kompression der Indizes, weil der Bereich der Indizes eingeschränkt ist und bei entsprechend sortiertem Kodbuch weniger Bits zur Darstellung gebraucht werden. Das wird am oben angegebenen Beispiel deutlich: bei einer Anzahl von $K_P = 2 \cdot 2^{N=4} = 32$ Kodbuchvektoren pro Phonem liegen die Indizes des Lautes „e:" im Bereich 328-356 und die des Lautes „n" im Bereich 642-670. Die Indizes lassen sich demnach mit einer Breite von $B = 5\,\text{Bit}$ kodieren. Die im Inventar abgelegte Sequenz ist demnach:

$$9 \quad 9 \quad 9 \quad 20 \quad 20 \quad 20 \quad 21 \quad 21 \quad 21 \quad 7 \quad 4 \quad 4 \quad 4 \quad 22.$$

Mit einer Fortsetzrate von $F_R = 10\,\text{ms}$ werden bei einer Abtastrate von 16 kHz pro Index 160 Abtastwerte synthetisiert. Das entspricht einer Bitrate von 0,5 kBit/s.
Im Falle der kombinierten Erkennung und Synthese sind die Kodbuchvektoren bereits Bestandteil der HM-Modelle des Erkenners, andernfalls müssen diese zusätzlich zu den komprimierten Indexfolgen im Inventar gespeichert werden. Ausreichend für die Genauigkeit ist eine Speicherung der Parameter der Kodbuchvektoren mit einer Bitbreite von 16 Bit. Bei $2^{N=3}$ Normalverteilungen pro Zustand und einer Dimension der sekundären Merkmale von $M = 24$ beträgt nach Gleichung (3.1) der Speicherbedarf dann maximal $K_{max} \cdot 2\,\text{Byte} = 48\,\text{kByte}$. Die Anzahl der im Kodbuch gespeicherten Vektoren K verringert sich allerdings, falls nicht alle der trainierten Normalverteilungen bei den selektierten Diphonen verwendet werden.
Sind die HM-Modelle des Erkenners bei einem kombinierten System sprecherunabhängig trainiert, ist es erforderlich, eine Stimmenkonvertierung vorzunehmen. Wie in [132] beschrieben, kann dies durch eine lineare Transformation der Kodbuchvektoren erreicht werden. Dazu werden zur Laufzeit der Synthese die zu synthetisierenden, sprecherabhängigen Sprachparameter $\tilde{\mathbf{P}}_D$ durch eine Multiplikation der Folge der (sprecherunabhängigen) Kodbuchvektoren $\mathbf{P}_I$ mit einer sprecherabhängigen Transformationsmatrix $\mathbf{C}_D$ erzeugt.

$$\tilde{\mathbf{P}}_D = \mathbf{P}_I \mathbf{C}_D \tag{3.2a}$$

Die Transformationsmatrix $\mathbf{C}_D$ schätzen wir aus den Folgen der Kodbuchvektoren $\mathbf{P}_I$, welche sich entsprechend der Indexfolgen aller Diphone des Inventars ergeben und den dazugehörigen originalen Merkmalvektoren $\mathbf{P}_D$ der Trägerwörter:

$$\mathbf{C}_D = \left(\mathbf{P}_I{}^T \mathbf{P}_I\right)^{-1} \mathbf{P}_I{}^T \mathbf{P}_D. \tag{3.2b}$$

In unserem kombinierten System verwenden wir für $\mathbf{P}_I$ das PCA-transformierte logarithmische Mel-Filter-Spektrum und das Mel-Cepstrum als Syntheseparameter $\mathbf{P}_D$. Bei beiden Analysearten korrespondiert das erste Element des Merkmalvektors mit der Intensität. Um die Schätzung der Syntheseparameter $\tilde{\mathbf{P}}_D$ zu verbessern, ersetzen wir jeweils den ersten Koeffizienten der Vektorfolge $\mathbf{P}_I$ mit dem ersten Koeffizienten von $\mathbf{P}_D$. Dieser Intensitätsverlauf wird als zweite Spur an die Folge der Indizes angefügt und im Inventar gespeichert. Einerseits erreicht man damit bereits eine Glättung der geschätzten Syntheseparameter $\tilde{\mathbf{P}}_D$, andererseits sichert man das Synthesesignal vor Übersteuerung. Das Inventar für unser kombiniertes System besteht damit aus den mit 5 + 16 Bit kodierten zwei Spuren der Diphone, sowie der mit 16 Bit kodierten und 30×23 großen Konvertierungsmatrix.

Zur Skalierung der Inventargröße variiert man die Parameter M und N. Mit diesem Kodierprinzip wurden verschiedene Inventare erstellt und evaluiert [131]. Die getesteten Inventare und deren Größe sind in Tabelle 4.2 aufgelistet.

Die Auflösung: 16 Bit vs. 8 Bit: Durch weitere Untersuchungen zeigte sich, dass die Speicherung der Werte des Kodbuchs im Inventar mit einer Auflösung von 8 statt 16 Bit einen nur geringen Qualitätsverlust zur Folge hat. In Tabelle 3.6 sind beispiel-

Tab. 3.6 Speicherbedarfe der „simone"-Inventare mit HMM-basierter Kodierung in Abhängigkeit der Abtastrate, der Anzahl M an Mel-Cepstralkoeffizienten und der Anzahl 2^N an Normalverteilungen. Der Wert für K gibt die Anzahl der Kodbuchvektoren an. Diese sind im Inventar als Festkommawerte mit einer Bitbreite von entweder 16 oder 8 bit gespeichert. Die Tabellen enthalten zusätzlich die Fehlermaße RMSE und SNR zur Quantifizierung der Abweichung zwischen den Signalen synthetisiert mit den 8 und 16 bit-Inventaren.

(a) 32 kHz							(b) 16 kHz							(c) 8 kHz						
M	N	K	Größe/kB 16bit	8bit	RMSE	SNR dB	M	N	K	Größe/kB 16bit	8bit	RMSE	SNR dB	M	N	K	Größe/kB 16bit	8bit	RMSE	SNR dB
32	4	804	72,0	46,8	223	26,30	28	4	844	67,9	44,9	263	26,08	20	4	1008	61,2	41,5	301	26,07
32	3	589	56,4	38,0	245	25,56	28	3	608	53,0	36,4	278	25,71	20	3	653	45,2	32,4	305	25,84
32	2	340	39,2	28,5	249	25,29	28	2	340	36,4	27,1	276	25,71	20	2	344	31,2	24,5	308	25,63
32	1	172	25,4	20,0	239	25,44	28	1	172	24,0	19,3	283	25,27	20	1	172	21,4	18,0	312	25,35
32	0	86	17,2	14,5	283	23,34	28	0	86	16,5	14,1	235	26,12	20	0	86	15,1	13,4	261	26,27

haft die Speicherbedarfe der kodierten Inventare der Sprecherin „simone" bei verschiedenen Einstellungen der Parameter für die beiden Bitbreiten aufgelistet. Resynthetisiert man die Trägerwörter, aus denen die 16 Bit- und 8 Bit-Inventare generiert wurden, so beträgt das quadratische Mittel der Abweichungen (RMSE[6]) zwischen den Signalwerten $s_{16}(n)$ und $s_8(n) \in [-2^{15}, 2^{15})$ 274, der mittlere Signal-Rausch-Ab-

---

[6] engl.: Root Mean Square Error

stand (SNR^7) 25,1 dB. Die beiden Abstandsmaße sind definiert nach Gleichung (3.3) und (3.4)).

$$\text{RMSE} = \sqrt{\frac{1}{N} \sum_{n=0}^{N-1} \left(s_{16}(n) - s_8(n)\right)^2} \tag{3.3}$$

$$\text{SNR} = 10 \lg \frac{P_{\text{Signal}}}{P_{\text{Fehler}}} \qquad \left| \quad \begin{aligned} P_{\text{Signal}} &= \frac{1}{N} \sum_{n=0}^{N-1} s_8^2(n) \\ P_{\text{Fehler}} &= \frac{1}{N} \sum_{n=0}^{N-1} \left(s_8(n) - s_{16}(n)\right)^2 \end{aligned} \right. \tag{3.4}$$

Für die Kompression der Inventare aus Tabelle 1.2 mit der sprecherabhängigen HMM-basierten Inventarkodierung ergeben sich die in Tabelle 3.7 aufgelisteten Inventargrößen.

Tab. 3.7 Inventargrößen der 8 bit-HMM-kodierten Inventare bei unterschiedlichen Bitraten, wobei p die Merkmalvektordimension ist.

| | Bitrate | | p | | | | | Größe der kodierten Inventare in kByte | | | | | | |
	kBit/s	$\frac{\text{Bit}}{\text{Frame}}$		I01	I02	I03	I04	I05	I06	I07	I08	I09	I10	I11	I12
8 kHz	0,5	5	20	38,0	57,6	37,3	42,4	40,9	29,3	40,4	63,0	56,9	41,5	54,9	52,7
	0,4	4	20	28,9	42,8	29,1	30,0	32,3	19,9	31,0	46,0	42,2	32,4	41,2	38,3
	0,3	3	20	21,7	33,0	22,8	22,3	24,6	15,0	23,0	35,4	32,4	24,5	31,9	29,2
	0,2	2	20	16,6	24,7	17,3	16,8	18,2	11,0	17,1	27,2	24,7	18,0	23,8	22,2
	0,1	1	20	12,5	18,2	13,3	13,6	13,1	8,2	12,7	19,7	18,0	13,4	17,8	16,3
16 kHz	0,5	5	28	49,0	63,9	41,4	51,5	54,9	33,7	42,4	70,9	64,2	44,9	61,6	60,0
	0,4	4	28	32,7	48,1	32,8	34,9	37,0	22,1	35,0	51,7	47,7	36,4	46,2	43,3
	0,3	3	28	23,9	36,0	25,1	24,9	27,4	16,8	25,6	38,5	35,4	27,1	34,9	31,8
	0,2	2	28	17,7	26,2	18,5	18,1	19,7	11,9	18,3	28,6	26,1	19,3	25,3	23,5
	0,1	1	28	13,0	19,0	13,9	14,2	13,9	8,7	13,3	20,4	18,8	14,1	18,6	17,0
32 kHz	0,5	5	32	–	76,6	50,1	56,0	58,0	36,0	–	75,9	68,4	46,8	63,9	64,0
	0,4	4	32	–	51,1	34,4	37,3	38,4	25,9	–	54,8	50,4	38,0	48,4	45,9
	0,3	3	32	–	37,5	25,1	26,1	28,8	17,7	–	39,9	36,8	28,5	36,2	33,2
	0,2	2	32	–	27,0	19,2	18,7	20,5	12,4	–	29,3	26,9	20,0	26,1	24,2
	0,1	1	32	–	19,4	13,3	14,5	14,2	9,0	–	20,8	19,1	14,5	19,0	17,3

Alle für die Synthese benötigten Inventardaten sind als statische Felder in der Programmiersprache C umgesetzt. Die Indexfolgen der Verteilungsdichten sind mit der jeweiligen minimalen Bitbreite B, das Kodbuch und die Konvertierungsmatrix mit jeweils 8 Bit oder 16 Bit im Programmcode abgelegt. Die in den Tabellen 3.6(a)-(c) und 3.7 angegeben Inventargrößen sind dementsprechend die Größe des (gestrippten) Objektcodes[8].

---

[7] engl.: Signal-to-Noise Ratio

[8] Übersetzt mit gcc, Version 4.7.1., Optionen: `-m32  -Os`

3.2 Akustische Synthese

In den vorangegangenen Abschnitten ist die Erzeugung komprimierter Inventare durch deren Kodierung mit verschiedenen Methoden beschrieben. Ist das kodierte Inventar erzeugt, kann es bei der akustischen Synthese verwendet werden, um das Sprachsignal anhand der gewünschten Phonemfolge und der gewünschten prosodischen Eigenschaften zu synthetisieren. In den folgenden Abschnitten werden die akustischen Synthesen der entsprechenden Kodiermethoden beschrieben.

3.2.1 Akustische Synthese mit standardisiert kodierten Inventaren

Eine Reihe von Sprachkodierern basieren auf einem Quelle-Filter-Modell des Signals, z. B. der AMR-NB-, der ARM-WB- und der Speex-Kodierer. Dieses Merkmal lässt sich bei der akustischen Synthese mit entsprechend kodierten Inventaren ausnutzen. Im trivialen Fall wird während der Synthese zuerst der geforderte Baustein vollständig dekodiert, sodass der Baustein im 16 Bit PCM-Format vorliegt. Anschließend können die prosodischen Manipulationen (Grundfrequenzsteuerung, Phonemdaueranpassung) mit den Methoden aus Abschnitt 2.2 durchgeführt werden. Die akustische Synthese ist dann in zwei Stufen aufgeteilt: Dekodierung und Manipulation (zweistufiger Ansatz, Abbildung 3.4a). Eine andere Methode, die bei den Quelle-Filter-

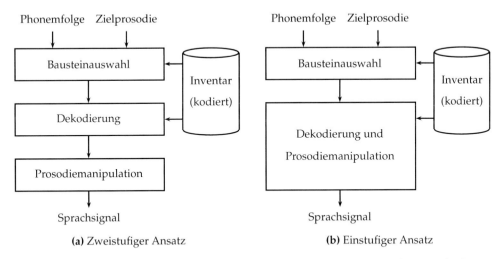

(a) Zweistufiger Ansatz   **(b)** Einstufiger Ansatz

Abb. 3.4 Schematische Darstellung der zwei Varianten der akustischen Synthese mit kodierten Inventaren. Beim einstufigen Ansatz ist die akustische Synthese in den Dekoder des Kodierers integriert.

Modell basierenden Kodierern angewendet werden kann, ist die Verschmelzung des Dekodierprozesses mit der prosodischen Manipulation (einstufiger Ansatz, Abbildung 3.4b). Es ist möglich, die prosodischen Manipulationen am Anregungssignal des Synthesefilters innerhalb des Dekodierers durchzuführen [122, 127].

ADPCM

Die Bausteine des Inventars liegen ADPCM-kodiert vor. Da ADPCM eine Signalform-kodierung ist und nicht auf einem Quelle-Filter-Modell basiert, beschränkt sich die akustische Synthese lediglich auf das Dekodieren des momentan gewünschten Bau-steins, der anschließenden prosodischen Manipulation des dekodierten Bausteins und dessen Verkettung mit dem vorherigen Baustein (zweistufiger Ansatz nach Ab-bildung 3.4a).

G.722.1

Ebenso wie bei den ADPCM-kodierten Inventaren, beschränkt sich die akustische Synthese mit den G.722.1-kodierten Inventaren auf den zweistufigen Ansatz nach Abbildung 3.4a. Im Prinzip basiert der G.722.1 Kodierer auf der Kompression der Parameter des Kurzzeitspektrums, genauer der Parameter der Modulated Lapped Transform (MLT, [113, 103]). Es erfolgt damit keine Trennung von Anregung und Bewertung gemäß dem Quelle-Filter-Modell. Bei der Dekodierung der einzelnen Bausteine ist darauf zu achten, dass der verfahrensbedingte Vorlauf (s. Abschnitt 3.1.1) abgeschnitten und die ursprüngliche Länge des Bausteins wiederhergestellt wird.

AMR-NB

Der AMR-NB-Kodierer basiert auf einem Quelle-Filter-Modell des Sprachsignals. Beim zweistufigen Ansatz nach Abbildung 3.6a werden die Bausteine des kodier-ten Inventars zum Zeitpunkt der Verwendung dekodiert, der Zielprosodie folgend manipuliert und verkettet. Nach der Dekodierung der Bausteine muss der verfah-rensbedingte Vorlauf (s. Abschnitt 3.1.1) beseitigt und die ursprüngliche Länge des Bausteins wiederhergestellt werden.
Neben dem zweistufigen Ansatz können bei diesem Kodierer die prosodischen Ma-nipulationen zur Umsetzung der Zielprosodie in den Dekodierer des AMR-NB in-tegriert werden [32, 122]. Zur Erläuterung, wie das geschieht, folgt an dieser Stelle eine kurze Darstellung der Arbeitsweise des AMR-NB-Dekodierers.
Je nach Kompressionsstufe werden verschiedene Parameter vom Enkoder berechnet und an den Dekodierer paketweise übergeben. Ein Paket enthält die Information zur Dekodierung eines Signalabschnittes der festen Länge 20 ms bestehend aus vier Blöcken (Subframes) gleicher Länge (40 Abtastwerte $\cong$ 5 ms). Diese Parameter sind bei-spielsweise für den 12,2 kBits Modus:

- die Indizes der kodbuchquantisierten Line Spectral Pairs (LSP), berechnet aus den Linear Predictive Coding (LPC) Koeffizienten,

- die Pitch-Verzögerung (pitch delay) p_d,

- die Indizes des adaptiven (p_i) und festen Kodbuchs (c_i) und

- die Verstärkungsfaktoren (g_p, g_c) des adaptiven und festen Kodbuchs.

Mittels dieser Parameter werden das Anregungssignal $e(n)$ und die Filterkoeffizienten a_k des LPC-Synthesefilters extrahiert und die 40 Abtastwerte des aktuellen Signalblocks:

$$s'(n) = e(n) - \sum_{k=1}^{10} a_k s'(n-k) = g_p v(n) + g_c c(n) - \sum_{k=1}^{10} a_k s(n-k) \qquad \Big| \qquad n = 0, \cdots, 39 \qquad (3.5)$$

synthetisiert. Die Pitch-Verzögerung p_d dient zur Berechnung des aktuellen adaptiven Kodbuchvektors $v(n)$ aus dem, um die Verzögerung p_d verschobenen, Kodbuchvektor. Eine abschließende Nachbearbeitung:

$$S(z) = H_t(z)\, H_f(z)\, S'(z) \qquad \Big| \qquad H_f(z) = \frac{A(z/\gamma_n)}{A(z/\gamma_d)}, \; H_t(z) = 1 - \mu z^{-1} \qquad (3.6)$$

führt eine perzeptuale Gewichtung durch, die das Quantisierungsrauschen maskiert und die Formanten anhebt.

Wie in Abbildung 3.5 dargestellt, wird das Sprachsignal durch Filtern des Anregungs-

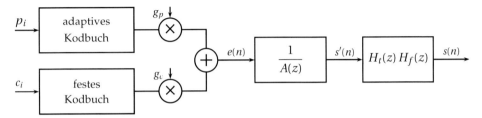

Abb. 3.5 Vereinfachtes Schema des AMR-NB Dekodierers. T_0 – Pitch Verzögerung, c, g_p, g_c – Kodierparameter, $e(n)$ – Anregungssignal, $A(z)$ – LPC-Filterkoeffizienten, $s'(n)$, $s(n)$ – Synthesesignale.

signals $e(n)$ mit den LPC-Filterkoeffizienten $A(z)$ synthetisiert (s. Gleichung 3.5). Trotz der unterschiedlichen Berechnung von $e(n)$ und $A(z)$ ist dieser Schritt für alle Modi äquivalent. Das Aufprägen der Zielprosodie erfolgt nun direkt vor dem Synthesefilter des Dekodierers (s. Abbildung 3.6b) durch Manipulieren des Anregungssignals synchron zu den Periodenmarken des Bausteins. Das ursprüngliche Anregungssignal mit konstanter Blocklänge ($N = 40$) muss gepuffert werden, um die variablen Abschnitte, korrespondierend zu den Längen T_0^i der Perioden des Bausteins, zu erhalten. Zur Aufprägung der Zielgrundfrequenz wird die Periode i in ihrer Länge auf $T_0^{i,\text{Ziel}}$ geändert. Eine Methode zur Streckung bzw. Stauchung der Periode sind Overlap-and-Add (OLA) Verfahren (z. B. TD-PSOLA, FD-PSOLA). Einfaches Auffüllen mit Nullen bzw. Beschneiden der Periode ist ebenfalls möglich. Die Steuerung der Phonemdauern D erfolgt durch Verdopplung bzw. Löschung einzelner Perioden des Anregungssignals. Eine effiziente Methode dafür ist in [36] beschrieben.

Für die Manipulation der Grundfrequenz wurden vier Algorithmen untersucht [130]:

1. TD-PSOLA am Anregungssignal (=LP-PSOLA),

2. FD-PSOLA am Anregungssignal,

3. Abschneiden bzw. Auffüllen (zero padding) des Anregungssignals,

4. Umtastung (Resampling) des Anregungssignals.

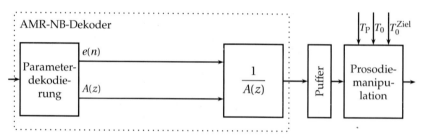

(a) Prosodiemanipulation nach dem AMR-NB-Dekoder beim zweistufigen Ansatz.

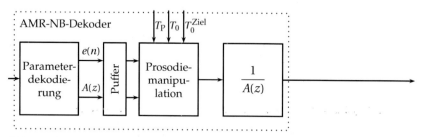

(b) Prosodiemanipulation integriert im AMR-NB-Dekoder beim einstufigen Ansatz.

Abb. 3.6 Vereinfachte Verarbeitungskette der akustischen Synthese mit AMR-NB-kodierten Inventaren. T_{P} – Lautdauer, T_0 – Periodenlänge, T_0^{Ziel} – Zielperiodenlänge.

Zur Untersuchung der oben genannten Methoden der Manipulation des Anregungssignals des einstufigen Ansatzes der akustischen Synthese mit AMR-NB kodierten Inventaren wurden jeweils zwei Beispielsätze mit unterschiedlichen Grundfrequenzverläufen resynthetisiert. Jeder Satz wurde mit dem originalen Grundfrequenzverlauf und mit konstanten Verläufen (0,6-fache (120 Hz) und doppelte (400 Hz) mittlere Grundfrequenz) der Sprecherin erzeugt. Folgende Aussagen konnten getroffen werden):

- Es gibt keine hörbaren Unterschiede bei allen vier Methoden bei originalem Grundfrequenzverlauf. Dies war zu erwarten, da kaum Manipulationen am Anregungssignal vorgenommen werden.

- Die Resampling-Methode erzeugt schlechtere Synthesequalität bei konstantem Grundfrequenzverlauf bei 400 Hz. Aufgrund des Vorhandenseins von spektralen Anteilen (Formanten) im Anregungssignal und deren Verschiebung durch das Umtasten des Signals im Zeitbereich, kommt es zu Formantverstärkung bzw. -auslöschung beim Filterprozess des Dekodierers.

- Bei der Aufprägung eines konstanten Grundfrequenzverlaufs in der Nähe der halben mittleren Grundfrequenz der Sprecherin (120 Hz) kommt es zu hörbaren Qualitätseinbußen bei der Resampling-Methode (aus oben genannten Gründen) und der TD-PSOLA (=LP-PSOLA) Methode. Aus dem gleichen Grund wie bei TD-PSOLA am Sprachsignal ist diese Methode schlecht geeignet, die Grundfrequenz stark abzusenken.

- Es gibt kaum hörbare Unterschiede zwischen der FD-PSOLA Methode und der

Methode, das Anregungssignal auf die Zielperiodenlänge zu beschneiden bzw. durch Auffüllen mit Nullen zu verlängern.

Die Periodenlängen T_0^i der einzelnen Bausteine müssen zum Synthesezeitpunkt vorliegen. Methoden des Zugriffs auf T_0^i sind:

1. Zufügen der Periodenmarken des unkodierten zum kodierten Inventar. Damit stehen zum Synthesezeitpunkt die exakten Periodenlängen zur Verfügung. Der Nachteil ist der Mehrbedarf an Speicher für das kodierte Inventar.

2. Berechnung der Periodenlängen aus der Pitch-Verzögerung p_d^j. Diese Verzögerung wird vom Enkoder offline berechnet und steht bei der Dekodierung für jeden Subframe j zur Verfügung. p_d^j korrespondiert zur Sprechergrundfrequenz, ist aber optimiert für die Rekonstruktion des Anregungssignals. Die auftretenden Abweichungen zur tatsächlichen Grundfrequenz resultieren in Fehlern bei der prosodischen Manipulation und damit in einer Verschlechterung des Synthesesignals. Die originalen Periodenmarken des unkodierten Inventars werden nicht verwendet und müssen daher nicht im kodierten Inventar gespeichert werden.

3. Vereinheitlichung aller Periodenlängen vor der Inventarkodierung. Die vorherige Monotonisierung des Inventars kann durch eines der OLA-Verfahren oder durch periodenweises Umtasten der Originalperioden erreicht werden. Die entstehenden Artefakte sind geringer, je monotoner das Originalinventar bereits war. Ein besonderer Vorteil entsteht, falls die nun konstante Sprechergrundfrequenz mit der Subframelänge des Kodierers korrespondiert ($f_0 = 1/T_0 = 20\,\text{ms} = 40\,\text{Abtastwerte}$). In diesem Fall ist keine Pufferung des Anregungssignals nötig. Das Speichern der originalen Periodenmarken des unkodierten Inventars in das kodierte Inventar entfällt.

Neben dem Aufprägen der Zielprosodie ist eine Änderung der Stimmcharakteristik (voice conversion) in den Dekoder integrierbar[9] [24]. Da die Parameter der Übertragungsfunktion $A(z)$ als LSF-Koeffizienten vorliegen, ist dazu die Transformation nach Methode 2 des Abschnitts 2.1.7 auf Seite 29 geeignet. Zusätzlich zur Konvertierung der spektralen Stimmeigenschaften muss die Sprechergrundfrequenz angepasst werden, um z. B. eine männliche aus einer weiblichen oder einer kindlichen Stimme und umgekehrt zu erhalten.

AMR-WB

Der wesentliche Unterschied zwischen dem AMR-NB- und AMR-WB-Dekoder ist die Bandbreite des Ausgabesignals. Erzeugt der AMR-NB ein auf 4 kHz bandbegrenztes Signal, so ist das beim AMR-WB auf 6,4 kHz begrenzt und wird erst nach der Dekodierung auf 8 kHz erweitert. Zu dieser Erweiterung werden die fehlenden

---

[9] Die Integration der Stimmenkonvertierung in den Dekoder ist aus der Sicht des Autors besonders interessant, da das genannte Kodierverfahren in vielen Telefongeräten zur Anwendung kommt. Vorstellbar wäre dann ein Einstellknopf am Gerät (Hardware) oder ein wählbarer Parameter (Software, evtl. auch abhängig vom Anrufer), um während des Anrufs (der Dekodierung) direkt die Stimmencharakteristik entsprechend dieses Parameters zu ändern.

spektralen Anteile aus den vorhanden Anteilen geschätzt.

Die akustische Synthese mit AMR-WB-kodierten Inventaren erfolgt in gleicher Weise, wie die Synthese mit AMR-NB-kodierten Inventaren, beschrieben im vorangegangenen Abschnitt. Beim zweistufigen Ansatz wird die gewünschte Zielprosodie nach dem Dekodieren der einzelnen Bausteine und nach Abtrennen des Vorlaufsignals aufgeprägt (s. Abbildung 3.7a).

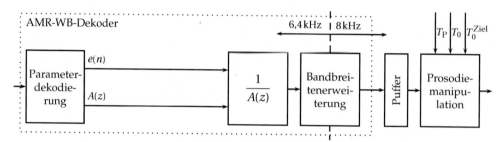

(a) Prosodiemanipulation nach dem AMR-WB-Dekoder beim zweistufigen Ansatz.

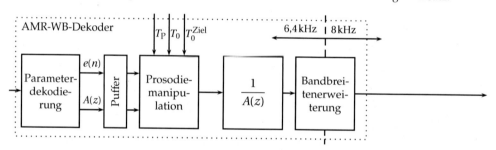

(b) Prosodiemanipulation integriert im AMR-WB-Dekoder beim einstufigen Ansatz.

Abb. 3.7 Vereinfachte Verarbeitungskette der akustischen Synthese mit AMR-WB-kodierten Inventaren. T_P – Lautdauer, T_0 – Periodenlänge, T_0^Ziel – Zielperiodenlänge.

Beim einstufigen Ansatz werden die prosodischen Manipulationen in den Dekoder integriert ([122], Abbildung 3.7b). Dazu wird das Anregungssignal, das vom Dekoder anhand der übermittelten Parameter aus den Anregungskodbüchern berechnet wird, mit einem OLA Verfahren manipuliert. Im Unterschied zum AMR-NB ist beim AMR-WB der Nachverarbeitungsschritt stärker abhängig vom Signal am Ausgang des LPC-Synthesefilters. Manipulationen am Anregungssignal und somit am 12,8 kHz-Synthesesignal bewirken größere Signalstörungen im 16 kHz-Synthesesignal. Die zahlreichen Filter des Nachverarbeitungsschrittes mit ihren Speicherzuständen korrespondieren weniger zu den vorhergehenden Verarbeitungsschritten des AMR-WB, je stärker die prosodischen Manipulationen sind. Im Prinzip lässt sich auch beim AMR-WB eine Stimmenkonvertierung in den Dekoder integrieren. Dazu transformiert man die LSF-Parameter nach Methode 2 auf Seite 29 und passt gleichzeitig die Zielprosodie entsprechend an. Die Stimmenkonvertierung führt aber zu weiteren Qualitätseinbußen im Synthesesignal, aufgrund der genannten Arbeitsweise der nachträglichen Bandbreitenerweiterung.

Speex

Im Gegensatz zum AMR-WB teilt der Speex-Kodierer das Sprachsignal in zwei Frequenzbänder (0-4 kHz und 4-8 kHz) und kodiert das untere Band äquivalent zur Kodierung von 4 kHz bandbegrenzten Signalen, während das obere Frequenzband in gleicher Weise kodiert wird, mit dem Unterschied, dass keine Pitch-Parameter berechnet und übertragen werden. Für die Verarbeitung von 16 kHz bandbegrenzten Signalen werden diese in drei Frequenzbänder geteilt (0-4 kHz, 4-8 kHz und 8-16 kHz). Die beiden unteren Bänder werden äquivalent der Kodierung von 8 kHz bandbegrenzten Signalen und das obere Band äquivalent der Kodierung des mittleren Bandes kodiert. Die Folge dieser Arbeitsweise ist die Möglichkeit der Dekodierung von 4 kHz bandbegrenzten Signalen aus den Kodierparametern eines 8 kHz oder 16 kHz bandbegrenzten Signals oder die Dekodierung eines 8 kHz bandbegrenzten Signals anhand der Parameter des kodierten 16 kHz bandbegrenzten Sprachsignals.

Zur akustischen Synthese mit Speex-kodierten Inventaren mit dem zweistufigen Ansatz werden die geforderten Bausteine zur Laufzeit dekodiert, der bei der Kodierung erforderliche Vorlauf abgetrennt und im Anschluss daran manipuliert, um die prosodischen Zielwerte im Synthesesignal zu realisieren (Abbildung 3.8a).

Aufgrund der Arbeitsweise des Speex-Kodierers ist die Integration der akustischen Synthese in den Speex-Dekodierer (einstufiger Ansatz) aufwändiger als bei der Integration in den AMR-WB-Kodierer. Die Algorithmen der akustischen Synthese (Grundfrequenz- und Dauersteuerung) müssen für jedes Frequenzband gesondert angepasst werden. Abbildung 3.8b zeigt den vereinfachten Aufbau des Dekodierers mit integrierter akustischer Synthese. Die übertragenen Parameter werden dekodiert, je nach Bandbreite des Originalsignals entstehen dabei die Anregungssignale ($e_{1,2,3}(n)$) und LPC-Koeffizienten ($A_{1,2,3}(z)$) der Frequenzbänder 1 (0-4 kHz), 2 (4-8 kHz) und 3 (8-16 kHz). Zum Aufprägen der Grundfrequenz werden die Anregungssignale periodensynchron manipuliert, zur Dauersteuerung muss zusätzlich der Strom der LPC-Koeffizienten an die Auslassungen und Einfügungen von Anregungsperioden angepasst werden. Nach der Filterung werden die Signale umgetastet und gemischt. Die Ausgänge entsprechen den dekodierten Sprachsignalen der Bandbreiten 4, 8 und 16 kHz. Die Integration einer Stimmenkonvertierung in den Dekoder ist, wie schon am Beispiel des AMR-NB- und AMR-WB-Dekoders gezeigt, ebenfalls möglich.

3.2.2 Akustische Synthese mit eigenkodierten Inventaren

Im vorangegangen Abschnitt wurde die akustische Synthese mit standardisiert kodierten Inventaren, einschließlich der verschiedenen Möglichkeiten der notwendigen prosodischen Manipulation, erläutert. Vergleichsweise trivial ist die akustische Synthese mit den eigenkodierten Inventaren, die in diesem Abschnitt beschrieben wird.

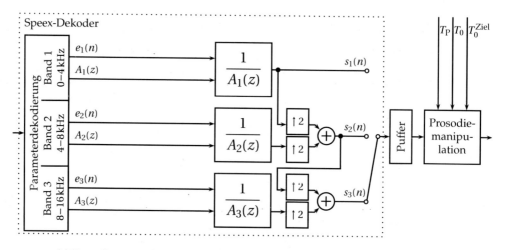

(a) Prosodiemanipulation integriert im Speex-Dekoder beim einstufigen Ansatz.

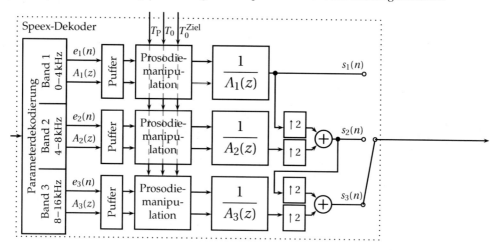

(b) Prosodiemanipulation integriert im Speex-Dekoder beim einstufigen Ansatz.

Abb. 3.8 Vereinfachte Verarbeitungskette der akustischen Synthese mit Speex-kodierten Inventaren. T_P – Lautdauer, T_0 – Periodenlänge, T_0^{Ziel} – Zielperiodenlänge.

Kodbuchbasierte Kodierung

Die akustische Synthese erzeugt das Sprachsignal anhand der Ansteuerinforma-
tionen, die von der Graphem-zu-Phonem-Konvertierung und der Prosodiegenerierung produziert werden. Die Ansteuerung besteht aus der Folge von Phonemen,
die synthetisiert werden sollen sowie aus den Zieldauern dieser Phoneme und deren
Grundfrequenzverläufen. Mittels der Phonemfolge werden aus dem Inventar die kodierten Indexfolgen der entsprechenden Diphone gesucht, dekodiert und verkettet.
An dieser Stelle erfolgt bereits die Steuerung der Phonemdauern, indem Indizes der
Folge verdoppelt (Dauererhöhung) oder gelöscht (Dauerminderung) werden. Mit
der entstandenen Indexfolge wird die Folge der Syntheseparameter durch Ersetzen

der Indizes mit den dazugehörigen Einträgen im Kodbuch generiert. Zur Synthese des Sprachsignals verwenden wir das *Mel-Log-Spectrum-Approximation* (MLSA) Filter (Abschnitt „Resynthese", Seite 46) nach [26]. Das Anregungssignal des Synthesefilters berechnen wir entsprechend der vorgegebenen Prosodiekontur nach dem im Abschnitt „Alternative Anregungssignale", Seite 80, bzw. in [126] beschriebenen Algorithmus. Die Komponenten der zu synthetisierenden Mel-Cepstrum-Vektoren sind die Filterkoeffizienten des Synthesefilters. Die Folge dieser Vektoren wird vor der Filterung mit einem perzeptiven Wichtungsfilter nach [75] und anschließend mit einem Tiefpass erster Ordnung komponentenweise geglättet. Dieses Syntheseprinzip entspricht der Abbildung 3.9a.

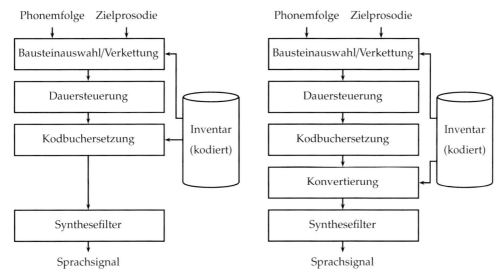

(a) Akustische Synthese mit sprecherabhängigen Modellen.

(b) Akustische Synthese mit sprecherunabhängigen Modellen.

Abb. 3.9 Schematische Darstellung der akustischen Synthese mit sprecherabhängig und sprecherunabhängig kodierten Inventaren. Das Inventar der sprecherabhängigen Kodierung besteht aus den Indexfolgen der Einheiten und dem Kodbuch. Das Inventar der sprecherunabhängigen Kodierung besteht aus den Indexfolgen der Einheiten und der Konvertierungsmatrix, während als Kodbuch die HM-Modelle des Erkenners verwendet werden.

HMM-basierte Kodierung

Die akustische Synthese mit den HMM-basiert kodierten Inventaren ist für die sprecherabhängige Variante (vgl. Seite 95) sehr ähnlich der akustischen Synthese mit kodbuchbasiert kodierten Inventaren und ist in Abbildung 3.9a schematisch dargestellt.

Für die sprecherunabhängige Variante (vgl. Seite 96) unterscheidet sich diese bei der Generierung der synthetisierbaren Parametervektorfolge aus der Indexfolge. Diese Indexfolge wird ebenfalls durch Verketten der im Inventar abgelegten Indexfolgen der erforderlichen Diphone gewonnen. Zur Bestimmung der Folge der Syntheseparametervektoren müssen die der Indexfolge zugeordneten Merkmalvektoren (Mel-Filter-Spektrum) der (externen) sprecherunabhängigen HM-Modelle des Erkenners mit Gleichung (3.2a) in die sprecherabhängigen Syntheseparameter (Mel-Cepstrum) konvertiert werden (vgl. Abbildung 3.9b). Die Multiplikation der sprecherunabhängigen Merkmale mit der sprecherabhängigen Konvertierungsmatrix wandelt einerseits den mittleren Sprecher, welcher durch die sprecherunabhängigen HM-Modelle repräsentiert wird, in den Zielsprecher. Andererseits wandelt diese Konvertierung das Mel-Filter-Spektrum in das Mel-Cepstrum um. Die so gewonnene Folge der Syntheseparameter wird dann in gleicher Weise wie bei der sprecherabhängigen Variante verarbeitet, um das Synthesesignal zu erhalten.

Das Syntheseprinzip nach Abbildung 3.9b einschließlich der Konvertierung der Parameter wurde für den Fall entwickelt, dass auf der Zielplattform parallel zur Synthese ein HMM-basierter Erkenner implementiert wird [132, 20, 21]. Setzt man die Konvertierung auch bei der sprecherabhängigen Variante ein, könnten folgende Aufgaben realisiert werden:

- **Sprecherkonvertierung**: Verwendet man zur Inventarkodierung HM-Modelle eines Sprechers S_1 und Sprachdaten eines zweiten Sprechers S_2 und erzeugt eine entsprechende Konvertierungsmatrix P_{12}, so erhält man bei der Synthese ohne Konvertierung Sprachsignale der Stimme von Sprecher S_1 und mit Konvertierung Sprachsignale der Stimme von Sprecher S_2. Im Prinzip könnte man Konvertierungsmatrizen weiterer Sprecher im Inventar ablegen, um verschiedene Stimmen zu synthetisieren. Im Bezug auf die Inventargröße wäre das sehr effektiv, da die Datenmenge einer Konvertierungsmatrix im Vergleich zur Datenmenge der Einheiten (Diphone) des Inventars viel geringer ist.

- **Bandbreitenerweiterung**: Lassen sich mit der Konvertierung verschiedenartige Parameter ineinander umwandeln, z. B. das Mel-Filter-Spektrum in das Mel-Cepstrum, so kann man auch in Parameter unterschiedlicher Dimension konvertieren, z. B. ein 8 kHz Mel-Cepstrum mit 12 Koeffizienten in ein 16 kHz Mel-Cepstrum mit 24 Koeffizienten. Die Größe des Inventars ändert sich allerdings nur geringfügig, da man zwar eine Einsparung bei der Größe des Kodbuchs erreicht, dafür aber zusätzlich die Konvertierungsmatrix im Inventar ablegen muss.

- **Sprachkonvertierung**: Ähnlich wie bei der Sprecherkonvertierung ist auch eine Sprachkonvertierung vorstellbar. Voraussetzung hierfür wäre ein sinnvolles Mapping der Phoneme der betreffenden Sprachen.

Kapitel 4

Evaluation

Im vorangegangenen Kapitel haben wir verschiedene Methoden der Kompression von Inventaren sowie die akustische Synthese mit diesen kodierten Inventaren kennengelernt. In diesem Kapitel werden die verschiedenen Kompressionsmethoden hinsichtlich der Synthesequalität und Inventargröße evaluiert. Zur Bestimmung der Synthesequalität ist das subjektive Urteil des Menschen ausschlaggebend. Im Allgemeinen verwendet man den Mean Opinion Score (MOS) als Maß für die Synthesequalität. Dieser wird in einem Hörtest ermittelt. Da die in dieser Arbeit vorgestellten Kodiermethoden in Kombination mit ihren jeweiligen Kompressionsraten eine sehr große Anzahl zu evaluierender Systeme ergeben, wurden auch instrumentelle Maße zur Beurteilung verwendet. Eine instrumentelle Methode zu Qualitätsbestimmung von Sprachkodierern ist in der Literatur unter dem Namen „Perceptual Speech Quality Measure" (PSQM, [107]) oder dessen Nachfolger: „Perceptual Evaluation of Speech Quality" (PESQ, [108]) bekannt. Dieser Algorithmus schätzt das MOS-Maß durch den Vergleich der Spektren des betreffenden Sprachsignals und des Referenzsignals. Dieses Qualitätsmaß wurde nicht zur Evaluierung eingesetzt, da sich die Entwickler leider dazu entschlossen haben, dessen Verwendung selbst für wissenschaftliche Zwecke nicht lizenzfrei zu erlauben. Weitere instrumentelle Maße sind der Störabstand, der spektrale und der cepstrale Abstand.

4.1 Instrumentelle Evaluation

Je größer der Signal-Rausch-Abstand ist, desto geringer ist die mittlere Differenz zwischen Originalsignal und rekonstruiertem Signal. Ein hoher SNR-Wert ist verbunden mit einer hohen subjektiven Qualität. Dagegen sind geringe SNR-Werte nicht gleichzusetzen mit geringer subjektiver Qualität, da für die Berechnung der SNR-Werte das Phasenspektrum von großer Bedeutung ist. Das Phasenspektrum hat dagegen nur einen geringen Einfluss auf die subjektive Qualität. Speziell das schlechte Abschneiden des Speex beim SNR ist auf die schlechte Rekonstruktion des Phasenganges zurückzuführen und bedeutet nicht, dass der Speex eine überaus geringe subjektive

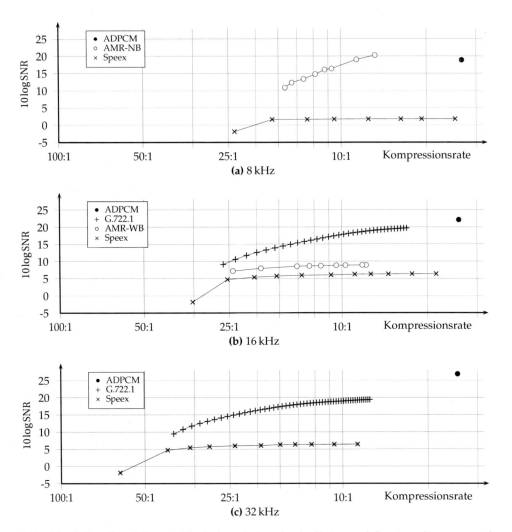

Abb. 4.1 Mittlere Signal-Rausch-Abstände zwischen den kodierten und dem jeweiligen zugrunde liegenden PCM-Inventar in Abhängigkeit der Kompressionsrate für verschiedene Kompressionsverfahren bei verschiedenen Abtastraten.

Qualität besitzt. Die mittleren Störabstände zwischen den mit standarisierten Kodierern komprimierten Inventaren und den Originalinventaren sind in den Tabellen 3.1, 3.2 und 3.3 angegeben sowie in den Abbildungen 4.1 graphisch dargestellt.

Ein anderes instrumentelles Maß ist der mittlere spektrale Abstand [155]:

$$\text{SD} = \frac{1}{M} \sum_{m=0}^{M-1} \sqrt{\frac{1}{N} \sum_{n=0}^{N-1} \left(20 \log \frac{S_m^O(n)}{S_m^R(n)} \right)^2}. \tag{4.1}$$

Zu dessen Berechnung werden das Originalsignal (O) und das rekonstruierte Signal (R) jeweils in K (überlappende) Abschnitte geteilt und von jedem Abschnitt m das Betragsspektrum S_m^O bzw. S_m^R durch eine N-Punkte FFT berechnet, davon die logarithmische Differenz gebildet und quadratisch aufsummiert. Der spektrale Abstand ist gleich dem cepstralen Abstand, was sich leicht unter Verwendung der PARSEVALschen Gleichung zeigen lässt:

$$\text{CD} = \frac{1}{M} \sum_{m=0}^{M-1} \frac{20}{\ln 10} \sqrt{\sum_{k=0}^{K-1} \left(c_{m,k}^{O} - c_{m,k}^{R} \right)^2}. \tag{4.2}$$

Die Gleichheit gilt, wenn das Cepstrum nicht geliftet ist: $N = K$. Die Maße SD oder CD sind

- größer, je stärker sich die Grundfrequenzverläufe unterscheiden,
- größer, je unterschiedlicher die Lautstärken der Signale sind und
- nicht an die hörgerechte Frequenzachsenverzerrung angepasst.

Um die verschiedenen Kompressionsalgorithmen besser vergleichen zu können, wurde der zur Sprachqualitätsbeurteilung vorgeschlagene ([83]) cepstrale Abstand $\widetilde{\text{CD}}_K$ nach Gleichung (4.3) verwendet.

$$\widetilde{\text{CD}}_K = \frac{1}{M} \sum_{m=0}^{M-1} \frac{20}{\ln 10} \sqrt{\sum_{k=1}^{K-1} \left(\tilde{c}_{m,k}^{O} - \tilde{c}_{m,k}^{R} \right)^2} \qquad K = \begin{cases} 30 & f_A = 8\,\text{kHz} \\ 60 & f_A = 16\,\text{kHz} \\ 120 & f_A = 32\,\text{kHz} \end{cases} \tag{4.3}$$

Das Maß verwendet das gelifterte Mel-Cepstrum ohne den nullten Koeffizienten $\tilde{c}_0$. Damit unterdrückt man den Einfluss unterschiedlicher Grundfrequenz- und Energieverläufe auf das nun hörgerechte Maß. Der Effekt der Unterdrückung der Grundfrequenz durch diese cepstrale Glättung ist in den Abbildungen 4.3a und 4.3b dargestellt. Deutlich sichtbar sind die waagerechten Linien im Spektrogramm des Signals, die an den Vielfachen der Grundfrequenz auftreten. Im Gegensatz dazu sind im Modellspektrogramm des gelifterten Mel-Cepstrums keine Linien sichtbar.

Ein ähnliches Maß findet man in [138], wo es als Abstandsmaß für die Spracherkennung dient. Die Berechnung des cepstralen Abstandes weist Ähnlichkeiten zum PESQ-Algorithmus auf. Beide führen eine Frequenzachsenverzerrung zur hörgerechten Anpassung durch, sind unabhängig von der Lautstärke der Signale und verwenden die spektrale Hülle als Basis.

Die cepstralen Abstände zwischen allen kodierten Inventaren und den (unkodierten) PCM-Inventaren sind in den Abbildungen 4.2a-4.2c für die verschiedenen Kompressionsalgorithmen bei den entsprechenden Abtastraten dargestellt. Die dazugehörigen Werte sind in den Tabellen im Abschnitt D im Anhang aufgelistet. Die Ergebnisse beziehen sich auf die Differenzen zwischen den originalen (PCM) und den dekodierten Inventaren. Das entspricht nicht dem Einsatzszenario. Deshalb wurden zusätzlich die cepstralen Abstände zwischen synthetisierten und natürlich gesprochenen Sprachsignalen gemessen. Verwendet wurde dazu das deutsche Inventar I10, mit dem 200 zufällig ausgewählte Trägerwörter der „simone"-Datenbank mit einer Gesamtdauer von 4,5 Minuten synthetisiert und evaluiert wurden. Zur Veranschaulichung der Unterschiede zwischen Originalsignal und synthetischem Signal sind in Abbildung 4.3 die Spektrogramme des Trägerwortes „Synthese" dargestellt. Die

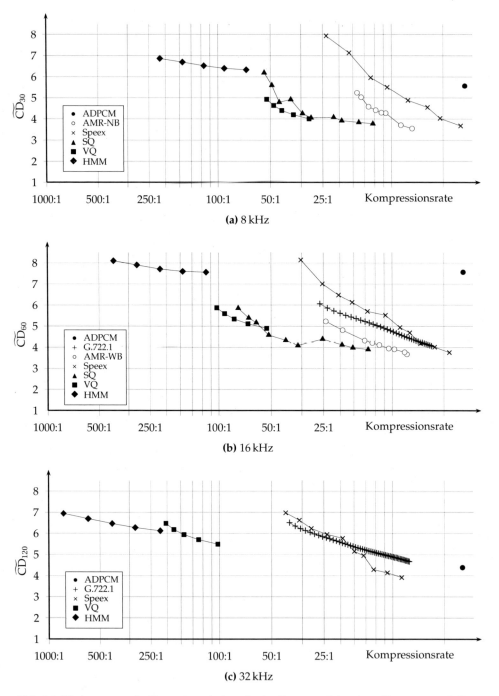

Abb. 4.2 Mittlere cepstrale Abstände zwischen den kodierten und dem jeweiligen zugrunde liegenden PCM-Inventar in Abhängigkeit der Kompressionsrate für verschiedene Kompressionsverfahren bei verschiedenen Abtastraten.

mittleren cepstralen Abweichungen über alle Trägerwörter für die verschiedenen Kodierungen bei den entsprechenden Abtastraten sind in Abbildung 4.4 dargestellt. Zur Beurteilung der Ergebnisse sind die folgenden Aussagen hilfreich:

- Die Einheiten (Diphone) aller Inventare, mit Ausnahme des HMM-Inventars, basieren auf denselben Diphonen des entsprechenden PCM-Inventars. Die Einheiten des HMM-Inventars wurden in einem vollautomatischen Prozess aus den Trägerwörtern (in Abhängigkeit der Erkennungssicherheit) geschnitten und kodiert, während bei allen anderen Inventaren die bereits geschnittenen Einheiten des PCM-Inventars kodiert wurden.

- Die cepstralen Abstände nach Gleichung (4.3) sind ein Maß für die Ähnlichkeit der cepstral geglätteten Spektren (Hüllkurven) und damit ein Maß für die Qualität der reproduzierten Formanten und deren Verlauf. Die Information über die Qualität der Anregung fließt nicht in das Maß ein. Es lässt daher eher Aussagen über die Verstehbarkeit als über die Natürlichkeit der synthetisierten Sprache zu.

- In den Inventaren ist jedes Diphon mit genau einer Realisierung abgespeichert. An den Verkettungsstellen der Diphone lassen sich daher Inkonsistenzen kaum vermeiden. Bei allen 2-Schritt-Synthesevarianten (getrennte Dekodierung und Verkettung) einschließlich der akustischen Synthese mit PCM-Inventaren erfolgt die Verkettung mit dem PSOLA Algorithmus, bei dem eine Glättung der Verkettungsstelle im Zeitbereich durch Ein- und Ausblenden des Signals innerhalb einer Grundfrequenzperiode realisiert wird. Bei den 1-Schritt-Varianten wird die Glättung in stimmhaften Abschnitten an den benachbarten Filterparametersätzen der Verkettungsstelle vorgenommen, was zu einer Anpassung des Formantverlaufes in diesem Bereich führt. Die akustische Synthese mit den HMM-kodierten Inventaren führt eine Glättung der Filterparameter über alle Parametersätze stimmhafter Abschnitte mittels einer komponentenweisen Tiefpassfilterung durch.

- Für die akustische Synthese der Trägerwörter wurde die Prosodie (Grundfrequenzverlauf und Lautdauern) vom natürlich gesprochenen Signal verwendet. Da aufgrund der perioden- bzw. abschnittsweisen Verarbeitung der Synthese die Lautdauern nicht exakt eingehalten werden können, wurden zur Bestimmung der cepstralen Abstände das Synthesesignal und das natürliche Referenzsignal zeitlich synchronisiert.

- Die 200 Trägerwörter enthalten insgesamt 1905 Diphone, von denen 303 Bestandteil der HMM-Inventare bzw. 358 Bestandteil aller anderen Inventare sind. Das heißt, der überwiegende Anteil der zu synthetisierenden Diphone sind in der natürlichsprachlichen Referenz anders realisiert, was zu einer Erhöhung der mittleren cepstralen Abstände im Vergleich zu den Werten aus Abbildung 4.2 führt. Bildlich gesprochen wird die „Hüllkurve" eines Apfels mit der einer Birne verglichen. Dabei kann nicht ausgeschlossen werden, dass eine aufgrund der höheren Kompressionsrate schlechter rekonstruierte Birnenhüllkurve dennoch näher an der Apfelhüllkurve liegt, als eine besser rekonstruierte.

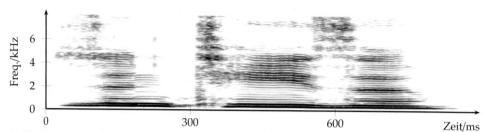

(a) Spektrogramm des natürlich gesprochenen Wortes „Synthese". Das Sprachsignal ist Teil der Trägerwörter der „simone"-Datenbank aus denen das Inventar I10 generiert wurde.

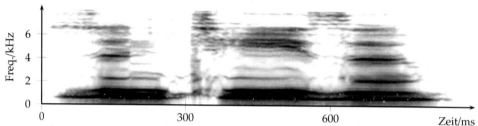

(b) Modellspektrogramm des gelifterten Mel-Cepstrums berechnet vom natürlich gesprochenen Wort „Synthese", dessen Spektrogramm oben abgebildet ist.

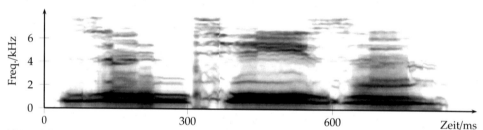

(c) Modellspektrogramm des gelifterten Mel-Cepstrums berechnet vom synthetisierten Wort „Synthese". Synthetisiert wurde mit dem (unkodierten) 16 kHz I10-PCM-Inventar (Größe 4556 kByte).

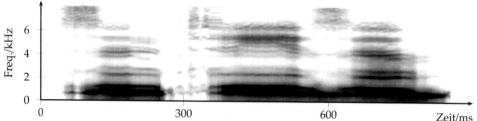

(d) Modellspektrogramm des gelifterten Mel-Cepstrums berechnet vom synthetisierten Wort „Synthese". Synthetisiert wurde mit dem 16 kHz HMM-kodierten I10-Inventar. (Größe 34,4 kByte).

Abb. 4.3 Vergleich der Modellspektrogramme des mit dem (c) PCM und (d) einem HMM-kodierten 16 kHz I10-Inventar synthetisierten Wortes „Synthese" mit dem (b) Modellspektrogramm des natürlich gesprochenem Wortes. Auffällig ist der, insbesondere an den Verkettungsstellen, deutlich glattere zeitliche Verlauf des Modellspektrogramms der Synthese mit dem HMM-kodierten Inventar im Vergleich zur Synthese mit dem PCM-Inventar. Der cepstrale Abstand $\widehat{CD}_{60}$ spiegelt sich in der Abweichung der Modellspektren (c) bzw. (d) zum Modellspektrum (b) wider. Zum Vergleich der Modellspektrogramme ist in (a) das originale Spektrogramm abgebildet.

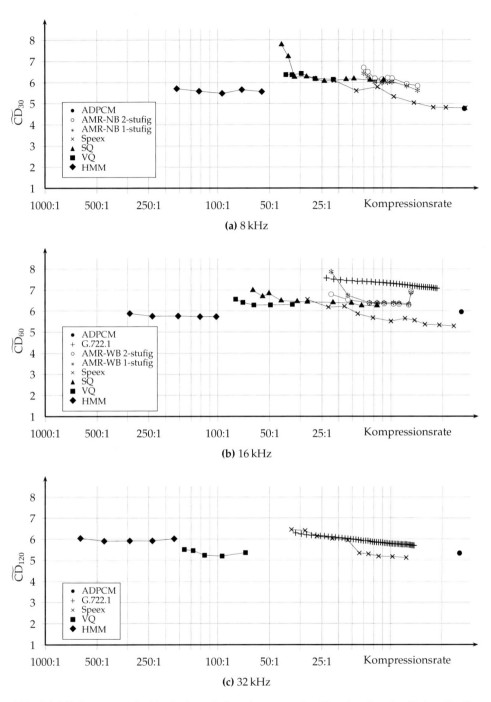

Abb. 4.4 Mittlere cepstrale Abstände zwischen den erzeugten Signalen der akustischen Synthese der unkodierten (PCM) und der kodierten I10-Inventare. Synthetisiert wurden 198 Trägerwörter mit einer Gesamtdauer von 4,5 Minuten unter Verwendung der natürlichen Prosodie dieser Wörter, gesprochen vom Sprecher des Inventars I10.

4.2 Subjektive Evaluation

Zweifelsfreie Aussagen über die Qualität von Sprachsynthesen lassen sich nur mit Hörtests treffen. Zur Evaluation der akustischen Synthese mit den in dieser Arbeit vorgestellten kodierten Inventaren müssten mehr als 200 verschiedene Varianten getestet werden und das jeweils mit mehreren Beispielsätzen. Im Laufe der Entwicklung der Kodiermethoden wurden deshalb einzelne kleinere Hörtests durchgeführt.

Zur Evaluierung der integrierten akustischen Synthese der AMR-kodierten Inventare wurde ein Mean Opinion Score (MOS) Hörtest durchgeführt [122]. Dabei wurden drei natürlich gesprochene Sätze derselben Sprecherin ausgewählt, welche ihre Stimme für die Erstellung des Inventars bereitstellte. Um ausschließlich den Einfluss der akustischen Synthese zu evaluieren wurden die Phonemfolge und die prosodischen Parameter (Grundfrequenzverlauf und Phonemdauern) aus diesen drei Sätzen extrahiert und zur Ansteuerung der Synthese verwendet. Neben der Originalsprache (16 kHz und 8 kHz) wurden den Hörern folgende Synthesevarianten präsentiert:

1. Synthese mit dem originalen 8 kHz-PCM-Inventar,

2. Synthese mit dem originalen 16 kHz-PCM-Inventar,

3. Synthese (1-stufig) mit dem AMR-WB (23,85 kBit/s) kodierten Inventar (16 kHz),

4. Synthese (1-stufig) mit dem AMR-NB (12,2 kBit/s) kodierten Inventar (8 kHz).

In Abbildung 4.5 sind die Ergebnisse graphisch dargestellt. Die geringe Anzahl von 21 Hörern (10 Experten und 11 Laien) lässt nur einen ersten Eindruck von den Unterschieden der einzelnen Synthesen zu. Auffällig ist der geringe Wert bei der AMR-WB Synthese, was auf die in Abschnitt 3.2.1 genannten Gründe zurückzuführen sein dürfte.

Tab. 4.1 Ergebnisse des MOS-Hörtests zur Evaluation der 1-stufigen akustischen Synthese mit AMR-kodierten Inventaren, einschließlich der 95 %-Vertrauensintervalle.

	natürliche Sprache		akustische Synthese			
			PCM		AMR-WB	AMR-NB
	16 kHz	8 kHz	16 kHz	8 kHz	16 kHz	8 kHz
Experten	4,93±0,04	4,33±0,14	2,50±0,33	2,64±0,32	2,24±0,41	2,41±0,32
Laien	4,82±0,09	4,15±0,37	2,75±0,48	2,58±0,52	2,19±0,35	2,42±0,44
Gesamt	4,88±0,05	4,24±0,19	2,64±0,29	2,60±0,30	2,20±0,26	2,41±0,27

Zur vorläufigen Einschätzung der Qualität der akustischen Synthese mit Speex- und HMM-kodierten Diphoninventaren wurde ein zweiter Mean Opinion Score (MOS) Hörtest durchgeführt. Am Hörtest nahmen insgesamt 30 Hörer teil, davon bezeichneten sich 16 Teilnehmer als Experten und 14 als Laien. Für den Hörtest wurden drei deutsche Sätze mit zwölf sprecherabhängigen HMM-Inventaren (H-01 bis H-12) unterschiedlicher Konfiguration und einem sprecherunabhängigen HMM-

Tab. 4.2 Auflistung aller getesteten Inventare (Abtastrate: 16 kHz) mit Art der Kodierung und der der die Größe bestimmenden Parameter sowie deren Ergebnis beim Hörtest. Dabei ist: Typ = Art der zur Kodierung verwendeten Merkmale (LSF–Line Spectrum Frequencies, MC–Mel-Cepstrum, MF–Mel-Filter-Spektrum), M = Ordnung der kodierten Merkmale, Bitrate = Bitrate mit der die Diphone kodiert sind, 2^N = Anzahl der Normalverteilungen pro Zustand, K_{max} = maximale Anzahl der Kodbuchvektoren, K = Anzahl der im Inventar tatsächlich gespeicherten Kodbuchvektoren, C_D = Anzahl der Parameter der im Inventar gespeicherten Konvertierungsmatrix.

Name	Kodierung	Typ	M	Bitrate kBit/s	\multicolumn{4}{Kodbuch & Konv-matrix} N	K_{max}	K	C_D	Größe kByte	MOS-Bewertung Experten	Laien	Gesamt
REF	PCM	–	–	256,00	–	–	–	–	–	4,97±0,02	4,86±0,04	**4,92±0,02**
PCM	PCM	–	–	256,00	–	–	–	–	4500	3,28±0,12	3,54±0,12	**3,40±0,08**
AMR	AMR-WB	LSF	16	8,85	–	–	–	–	258	2,72±0,10	3,07±0,12	**2,88±0,07**
S-02	Speex	LSF	18	7,75	–	–	–	–	248	2,28±0,12	2,89±0,14	**2,57±0,09**
S-01	Speex	LSF	18	5,75	–	–	–	–	200	1,41±0,07	2,14±0,11	**1,75±0,07**
S-00	Speex	LSF	18	3,95	–	–	–	–	151	1,06±0,03	1,57±0,10	**1,30±0,05**
H-01	HMM	MC	24	0,50	3	1024	974	–	68	2,97±0,09	2,75±0,11	**2,87±0,07**
H-02	HMM	MC	24	0,40	2	512	509	–	44	2,91±0,09	2,71±0,11	**2,82±0,07**
H-03	HMM	MC	24	0,30	1	256	256	–	30	2,50±0,09	2,54±0,11	**2,52±0,07**
H-04	HMM	MC	24	0,20	0	128	128	–	21	2,62±0,10	2,36±0,12	**2,50±0,07**
H-05	HMM	MC	20	0,50	3	1024	978	–	60	2,66±0,10	2,68±0,09	**2,67±0,07**
H-06	HMM	MC	20	0,40	2	512	508	–	40	2,75±0,10	2,68±0,12	**2,72±0,07**
H-07	HMM	MC	20	0,30	1	256	256	–	28	2,69±0,09	2,57±0,12	**2,63±0,07**
H-08	HMM	MC	20	0,20	0	128	128	–	20	2,25±0,08	2,29±0,12	**2,27±0,07**
H-09	HMM	MC	16	0,50	3	1024	967	–	52	2,50±0,10	2,29±0,10	**2,40±0,07**
H-10	HMM	MC	16	0,40	2	512	508	–	36	2,34±0,08	2,36±0,12	**2,35±0,07**
H-11	HMM	MC	16	0,30	1	256	256	–	26	2,47±0,11	1,89±0,11	**2,20±0,08**
H-12	HMM	MC	16	0,20	0	128	128	–	19	2,19±0,08	2,04±0,12	**2,12±0,07**
H-13	HMM	MF	30	2,10	3	1024	785	30×23	109	2,56±0,09	2,79±0,12	**2,67±0,07**
H-14	HMM	MF	30	2,10	–	–	–	30×23	60	2,25±0,08	2,39±0,11	**2,32±0,06**
H-15	HMM	MF	30	0,50	3	1024	785	–	68	1,47±0,07	1,75±0,10	**1,60±0,06**
H-16	HMM	MF	30	0,50	–	–	–	–	21	1,00±0,00	1,32±0,08	**1,15±0,03**

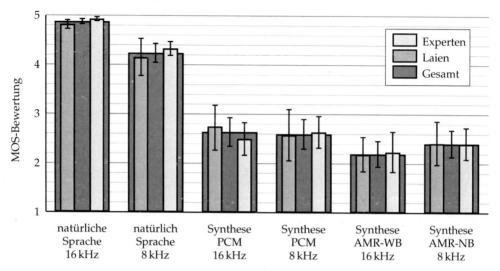

Abb. 4.5 Graphische Darstellung der Ergebnisse des MOS-Hörtests zur Evaluation der 1-stufigen akustischen Synthese mit AMR-kodierten Inventaren nach Tabelle 4.1, einschließlich der 95 %-Vertrauensintervalle.

Inventar (H-14) synthetisiert. Die genaue Konfiguration ist in Tabelle 4.2 aufgelistet. Die Ansteuerinformation für die akustische Synthese (Phonemfolge, Phonemdauer und Grundfrequenzverlauf) wurden jeweils von den natürlich gesprochenen Sprachsignalen (16 kHz Abtastrate) des Inventarsprechers berechnet. Diese natürlichen Sprachsignale sind als Referenz (R) ebenfalls Bestandteil des Hörtests gewesen. Zum Vergleich mit anderen Arten der Inventarkodierung präsentierten wir zusätzlich ein (unkodiertes) PCM, ein AMR-WB-kodiertes sowie drei Speex-kodierte Inventare (Kompressionsraten und Inventargrößen siehe Tabelle 4.2) beim Hörtest. Die HM-Modelle der Inventare H-01 bis H-12 sowie H-15 wurden mit der Datenbank der Zielsprecherin trainiert. Grundlage der Inventare H-14 und H-16 war die Verbmobil-Datenbank [156] mit ca. 800 deutschen Sprechern und Sprecherinnen. Im Gegensatz zur akustischen Synthese mit dem H-16 Inventar wurde bei der Synthese mit dem H-14 Inventar eine Konvertierung zur Zielsprecherin durchgeführt. Die Synthesen mit den Inventaren H-13, H-15 und H-16 dienten zur Evaluation des Qualitätsgewinnes der Stimmenkonvertierung. Die Ergebnisse des Hörtests sind in Tabelle 4.2 aufgelistet und in Abbildung 4.6 graphisch dargestellt.

An den Ergebnissen der Inventare H-01 bis H-04, H-05 bis H-08 sowie H-09 bis H-12 erkennt man den Trend der Verschlechterung der Qualität durch die Verringerung der Ordnung M des Mel-Cepstrums. Ebenfalls erkennbar ist die Qualitätsabnahme durch die Reduzierung der Anzahl K der Kodbuchvektoren. Die Synthese mit dem Inventar H-01, mit einer Größe von 68 kByte[1], erreichte die gleiche Bewertung wie die Synthese mit dem 258 KByte großen AMR-WB-kodierten Inventar. Im Vergleich mit dem HMM-kodierten sprecherabhängigen Inventar H-01 erhielt das sprecherunabhängige Inventar H-14, dessen Kodbuch Bestandteil der Modelle des HMM-

---

[1] Bei diesem Hörtest wurde noch mit den 16 Bit-HMM-Inventaren gearbeitet. Die Größe des entsprechenden 8 Bit-HMM-Inventars beträgt 44 kByte

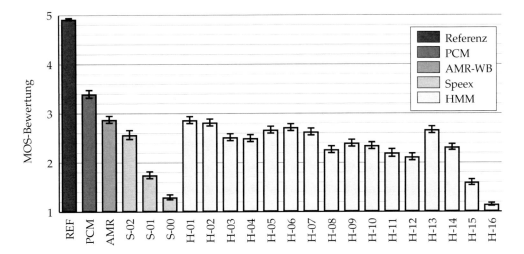

Abb. 4.6 Graphische Darstellung der Ergebnisse des MOS-Hörtests nach Tabelle 4.2, einschließlich der 95 %-Vertrauensintervalle.

Erkenners ist, eine schlechtere Bewertung. Die unterschiedliche Bewertung der Synthese mit den Inventaren H-14 und H-16 zeigt den Qualitätsgewinn, der durch die Stimmenkonvertierung der Syntheseparameter bei der Verwendung der sprecherunabhängigen Inventare entsteht.

In Abbildung 4.7 sind die Abhängigkeiten der Bewertungen der HMM-kodierten Inventare H1-12 von deren Inventargröße graphisch dargestellt. Zum Vergleich sind zusätzlich die Bewertungen der Synthesen mit dem unkomprimierten (PCM), den AMR-WB- und den Speex-kodierten Inventaren abgebildet.

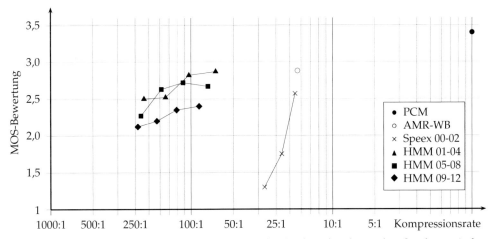

Abb. 4.7 Graphische Darstellung der Abhängigkeit der Qualität der akustischen Synthese mit den HMM-kodierten Diphoninventaren H-01 bis H-12 von deren Inventargröße. Zum Vergleich sind die Beurteilungen der akustischen Synthesen mit den (unkomprimierten) PCM, den AMR-WB- (AMR) und den Speex- (S-00 bis S-02) kodierten Inventaren ebenfalls angegeben.

Kapitel 5

Zusammenfassung und Ausblick

5.1 Zusammenfassung

In dieser Arbeit wurden Möglichkeiten der Skalierbarkeit der akustischen Synthese für konkatenative Sprachsynthesesysteme untersucht, umgesetzt und evaluiert. Das Hauptaugenmerk lag dabei in der Verringerung des Speicherbedarfs der für konkatenative Synthesesysteme notwendigen Inventare.

Zur Skalierung des Speicherbedarfs der akustischen Synthese wurden die Inventare mit verschiedenen Methoden komprimiert. Ausgangspunkt für die Komprimierung waren Diphoninventare verschiedener Sprachen sowie chinesische Silbeninventare jeweils ohne Bausteinvarianten. Die Eignung verschiedener standardisierter Signalform- sowie Sprachkodierer hinsichtlich der Komprimierung von Inventaren wurde untersucht. Bei der Komprimierung mit Sprachkodierern konnten effiziente Algorithmen zur kombinierten Dekodierung und akustischen Synthese gefunden werden. Darüber hinaus wurden in dieser Arbeit speziell auf die Aufgabe angepasste Kodiermethoden entwickelt, implementiert und deren Synthesequalität evaluiert.

Neben der Erzeugung verschiedener Stimmcharakteristiken unter Verwendung eines einzigen Inventars konnte auch die Kombination einer HMM-basierten Spracherkennung und einer Sprachsynthese mit gemeinsamen Datenbanken gezeigt werden. Beides kann zu einer erheblichen Verringerung des Speicherbedarfs führen.

Voraussetzungen für die akustische Synthese mit sehr kleinen Inventaren sind die Parametrisierung des Sprachsignals im Sinne des Quelle-Filter-Modells, die effektive Kodierung dieser Parameter und eine befriedigende Synthese mit diesen Parametern.

In dieser Arbeit wurden die für diesen Zweck gebräuchlichen Methoden zusammengetragen und in Kapitel 2 beschrieben. Das sind konkret die Methoden der Berechnung der Parameter einschließlich deren Transformation untereinander und der Resynthese, die Methoden der akustischen Synthese einschließlich der prosodischen Manipulation, die Methoden der Verkettung der Bausteine mit der Glättung der Parameter sowie die Methoden der Änderung der Stimmcharakteristik.

Diese Methoden sind die Grundlage für die in Kapitel 3 beschriebenen Inventarkomprimierungen mit standardisierten und eigenen Kodierern sowie der akustischen

Synthese mit diesen Inventaren. Hier konnte gezeigt werden, dass sich die Inventare mit Standardkodierern bis auf ca. $1/20$ und mit den eigens entwickelten Kodiermethoden bis auf ca. $1/200$ der Größe der Ursprungsinventare komprimieren lassen.
Die Ergebnisse der Evaluationen aus Kapitel 4 bestätigen den vertretbaren Qualitätsverlust bei der akustischen Synthese durch die Komprimierung der Inventare.

5.2 Ausblick

Hinsichtlich der Erhöhung der Qualität der akustischen Synthese mit den eigenen Kodierungen bedarf es weiterer Untersuchungen zur Verbesserung der Anregung des cepstralen Synthesefilters. Zur Vervollständigung der in dieser Arbeit vorgenommenen Untersuchungen und zur Konsolidierung der Evaluationsergebnisse ist ein Hörtest notwendig, der die verschiedenen Kodiermethoden mit ihren entsprechenden Datenraten gegenüberstellt und jeweils eine ausreichende Anzahl von Beurteilungen liefert.

Eine beträchtliche Einsparung des Speicherbedarfs würde erreicht, wenn es gelingen würde, die Methoden der Stimmenkonvertierung bei der akustischen Synthese mit HMM-kodierten Inventaren auszuweiten auf Sprecher verschiedener Sprachen. Das würde jedoch eine ausreichende Übereinstimmung des den Sprachen zugrunde liegenden Phonemsatzes voraussetzen.

Literaturverzeichnis

[1] 3GPP: Adaptive Multi-Rate - Wideband (AMR-WB) speech codec; Transcoding functions / 3rd Generation Partnership Project. 2012 (ETSI TS 126 190 V11.0.0). – Forschungsbericht

[2] 3GPP: Adaptive Multi-Rate (AMR) speech codec; Transcoding functions / 3rd Generation Partnership Project. 2012 (ETSI TS 126 090 V11.0.0). – Forschungsbericht

[3] ABE, M.; NAKAMURA, S.; SHIKANO, K.; KUWABARA, H.: Voice conversion through vector quantization. In: *Acoustics, Speech, and Signal Processing (ICASSP), IEEE International Conference on* Bd. 1. New York, Apr. 1988, S. 655–658

[4] AHLFORS, L. V.: *Complex Analysis, An Introduction to the Theory of Analytic Functions of One Complex Variable*. 3. McGraw-Hill, Inc., 1979

[5] ALEXANDER, S.; STONICK, V.: Fast adaptive polynomial root tracking using a homotopy continuation method. In: *Acoustics, Speech, and Signal Processing (ICASSP), IEEE International Conference on* Bd. 3. Minneapolis, Apr. 1993, S. 480–483

[6] ALMOSALLAM, I.; ALKHALIFA, A.; ALGHAMDI, M.; ALKANHAL, M.; ALKHAIRY, A.: SASSC: A Standard Arabic Single Speaker Corpus. In: *8th ISCA Workshop on Speech Synthesis*. Barcelona, Aug. 2013, S. 269–273

[7] ATAL, B. S.: Effectiveness of linear prediction characteristics of the speech wave for automatic speaker identification and verification. In: *Journal of the Acoustical Society of America (JASA)* 55 (1974), Nr. 6, S. 1304–1312

[8] BERANEK, L. L. (Hrsg.): *Acoustic Measurements*. Wiley, 1949

[9] BIRHANU, Y. G.; STRECHA, G.; HOFFMANN, R.: Hidden Markov model based Amharic speech synthesizer. In: *Konferenz Elektronische Sprachsignalverarbeitung (ESSV)*. Cottbus, Aug. 2012, S. 262–266

[10] BISTRITZ, Y.; PELLER, S.: Immittance spectral pairs (ISP) for speech encoding. In: *Acoustics, Speech, and Signal Processing (ICASSP), IEEE International Conference on* Bd. 2. Minneapolis, Apr. 1993, S. 9–12

[11] BLACK, A. W.; CAMPBELL, N.: Optimising selection of units from speech data-bases for concatenative synthesis. In: *Proc. of the European Conference on Speech Communication and Technology (Eurospeech).* Madrid, Sept. 1995, S. 581–584

[12] BREEN, A.: Speech synthesis models: a review. In: *Electronics & Communication Engineering Journal* 4 (1992), Febr., Nr. 1, S. 19–31

[13] BURG, J. P.: *Maximum Entropy Spectral Analysis,* Standford University, Department of Geophysics, Diss., 1975

[14] CHARPENTIER, F.; MOULINES, E.: Text-to-speech algorithms based on FFT synthesis. In: *Acoustics, Speech, and Signal Processing (ICASSP), IEEE International Conference on* Bd. 1. New York, Apr. 1988, S. 667–670

[15] CHARPENTIER, F.; STELLA, M.: Diphone synthesis using an overlap-add technique for speech waveforms concatenation. In: *Acoustics, Speech, and Signal Processing (ICASSP), IEEE International Conference on* Bd. 11. Tokyo, Apr. 1986, S. 2015–2018

[16] CHEETHAM, B.: Adaptive LSP filter. In: *Electronics Letters* 23 (1987), Jan., Nr. 2, S. 89–90. – ISSN 0013–5194

[17] CHILDERS, D. G.; YEGNANARAYANA, B.; WU, K.: Voice conversion: Factors responsible for quality. In: *Acoustics, Speech, and Signal Processing (ICASSP), IEEE International Conference on* Bd. 10. Tampa, Apr. 1985, S. 748–751

[18] COX, R. V.; KAMM, C. A.; RABINER, L. R.; SCHROETER, J.; WILPON, J. G.: Speech and language processing for next-millennium communications services. In: *Proceedings of the IEEE* 88 (2000), Aug., S. 1314–1337. – Invited Paper

[19] DAVIS, S.; MERMELSTEIN, P.: Comparison of parametric representations for monosyllabic word recognition in continuously spoken sentences. In: *Acoustics, Speech, and Signal Processing, IEEE Transactions on* 28 (1980), Aug., Nr. 4, S. 357–366. – ISSN 0096–3518

[20] DUCKHORN, F.; STRECHA, G.; WOLFF, M.; HOFFMANN, R.: Ein Sprachdialogsystem mit begrenzten Hardwareressourcen. In: *Konferenz Elektronische Sprachsignalverarbeitung (ESSV).* Dresden, Sept. 2009, S. 88–93

[21] DUCKHORN, F.; STRECHA, G.; WOLFF, M.; HOFFMANN, R.: Entwicklung und Performance eines Sprachdialogsystems mit begrenzten Hardwareressourcen. In: *Konferenz Elektronische Sprachsignalverarbeitung (ESSV).* Berlin, Sept. 2010, S. 174–179

[22] DUTOIT, T.: *High quality text-to-speech synthesis of the French language,* Faculte Polytechnique de Mons, TCTS Lab, Diss., 1993

[23] DUTOIT, T.: *An Introduction to Text-toSpeech Synthesis.* Kluwer Academic Publishers, 1997

[24] EICHNER, M.; HOFFMANN, R.; JOKISCH, O.; STRECHA, G.: *Verfahren zur Stimmenkonvertierung bei der Sprachdekodierung und Sprachsynthese*. Patent DE102006041509A1, März 2007

[25] EICHNER, M.; WOLFF, M.; HOFFMANN, R.: Voice characteristics conversion for TTS using reverse VTLN. In: *Acoustics, Speech, and Signal Processing (ICASSP), IEEE International Conference on* Bd. 1. Montreal, Mai 2004, S. 17–20

[26] FUKADA, T.; TOKUDA, K.; KOBAYASHI, T.; IMAI, S.: An adaptive algorithm for mel-cepstral analysis of speech. In: *Acoustics, Speech, and Signal Processing (ICASSP), IEEE International Conference on* Bd. 1. San Francisco, März 1992. – ISSN 1520–6149, S. 137–140

[27] GRAY, R.; BUZO, A.; GRAY, J. A.; MATSUYAMA, Y.: Distortion measures for speech processing. In: *Acoustics, Speech, and Signal Processing, IEEE Transactions on* 28 (1980), Aug., Nr. 4, S. 367–376. – ISSN 0096–3518

[28] GRIFFIN, D. W.; LIM, J. S.: Multiband excitation vocoder. In: *Acoustics, Speech, and Signal Processing, IEEE Transactions on* 36 (1988), Aug., Nr. 8, S. 1223–1235

[29] HEDELIN, P.; SKOGLUND, J.: Vector quantization based on Gaussian mixture models. In: *IEEE Transactions on Speech and Audio Processing* 8 (2000), Jul., Nr. 4, S. 385–401. – ISSN 1063–6676

[30] HERMANSKY, H.: Perceptual linear predictive (PLP) analysis of speech. In: *Journal of the Acoustical Society of America (JASA)* 87 (1990), Nr. 4, S. 1738–1752

[31] HOFFMANN, R.; JOKISCH, O.; STRECHA, G.; HIRSCHFELD, D.: Advances in Speech Technology for Embedded Systems. In: *Proc. of the Conference on Assistive Technologies for Vision and Hearing Impairment CVHI*. Granada, Jun. 2004

[32] HOFFMANN, R.; JOKISCH, O.; STRECHA, G.; VOLK, T.: *Verfahren zur integrierten Sprachsynthese*. Patent DE102004044649B3, Mai 2006

[33] HOFFMANN, R.; JOKISCH, O.; STRECHA, G.; VOLK, T.; HAIN, U.; FINGSCHEIDT, T.; AALBURG, S.; STAN, S.: Sprachsynthese mit minimiertem Footprint für Embedded-Anwendungen. In: *VDE-Kongress „Innovationen für Menschen"*. Berlin, Okt. 2004, S. 187–192

[34] HOFFMANN, R.: *Signalanalyse und -erkennung*. Springer, 1998

[35] HOFFMANN, R.: Speech Synthesis on the Way to Embedded Systems. In: *Proc. of the 11th International Conference Speech and Computer, SPECOM*. St. Petersburg, Jun. 2006, S. 17–26

[36] HOFFMANN, R.; JOKISCH, O.; HIRSCHFELD, D.; STRECHA, G.; KRUSCHKE, H.; KORDON, U.; KOLOSKA, U.: A multilingual TTS system with less than 1 megabyte footprint for embedded applications. In: *Acoustics, Speech, and Signal Processing (ICASSP), IEEE International Conference on* Bd. 1. Hong Kong, Apr. 2003, S. 532–535

[37] HOFFMANN, R.; JOKISCH, O.; HIRSCHFELD, D.; STRECHA, G.; KRUSCHKE, H.; SCHNELL, M.; KÜSTNER, M.: microDRESS - Ein TTS-System mit geringem Ressourcenbe-

darf. In: *Konferenz Elektronische Sprachsignalverarbeitung (ESSV)*. Dresden, Sept. 2002, S. 143–153

[38] HOFFMANN, R.; JOKISCH, O.; KORDON, U.; STRECHA, G.: Progress in scalable speech synthesis. In: *Proc. of the 14th Czech-German Workshop Speech Processing*. Prague, Sept. 2004, S. 9–11

[39] HOFFMANN, R.; JOKISCH, O.; KRUSCHKE, H.; STRECHA, G.: microDRESS - a speech synthesis system with minimized footprint. In: *Proc. of the 12th Czech-German Workshop Speech Processing*. Prague, Sept. 2002, S. 9–12

[40] HOLMES, J. N.: The influence of glottal waveform on the naturalness of speech from a parallel formant synthesizer. In: *Audio and Electroacoustics, IEEE Transactions on* 21 (1973), Jun., Nr. 3, S. 298–305

[41] HUANG, J.; LEVINSON, S.; DAVIS, D.; SLIMON, S.: Articulatory speech synthesis based upon fluid dynamic principles. In: *Acoustics, Speech, and Signal Processing (ICASSP), IEEE International Conference on* Bd. 1. Orlando, Mai 2002, S. 445–448

[42] HUSSEIN, H.; STRECHA, G.; HOFFMANN, R.: Resynthesis of prosodic Information using the cepstrum vocoder. In: *Proc. of the International Conference Speech Prosody* Bd. 100358. Chicago, März 2010, S. 1–4

[43] HUSSEIN, H.; WOLFF, M.; JOKISCH, O.; DUCKHORN, F.; STRECHA, G.; HOFFMANN, R.: A Hybrid Speech Signal Based Algorithm for Pitch Marking Using Finite State Machines. In: *Proc. of the Conference of the International Speech Communication Association (Interspeech)*. Brisbane, Sept. 2008, S. 135–138

[44] HÄRMÄ, A.: Implementation of recursive filters having delay free loops. In: *Acoustics, Speech, and Signal Processing (ICASSP), IEEE International Conference on* Bd. 3. Seattle, Mai 1998. – ISSN 1520–6149, S. 1261–1264

[45] HÄRMÄ, A.: Implementation of frequency-warped recursive filters. In: *Signal Processing* 80 (2000), Nr. 3, S. 543–548

[46] HÄRMÄ, A.: Linear predictive coding with modified filter structures. In: *IEEE Transactions on Speech and Audio Processing* 9 (2001), Nov., Nr. 8, S. 769–777. – ISSN 1063–6676

[47] HÄRMÄ, A.; KARJALAINEN, M.; SAVIOJA, L.; VÄLIMÄKI, V.; LAINE, U. K.; HUOPANIE-MI, J.: Frequency-Warped Signal Processing for Audio Applications. In: *Journal of the Audio Engineering Society* 48 (2000), Nov., Nr. 11, S. 1011–1031

[48] HÄRMÄ, A.; LAINE, U. K.: A comparison of warped and conventional linear predictive coding. In: *IEEE Transactions on Speech and Audio Processing* 9 (2001), Jul., Nr. 5, S. 579–588. – ISSN 1063–6676

[49] III, J. O. S.; ABEL, J. S.: Bark and ERB bilinear transforms. In: *IEEE Transactions on Speech and Audio Processing* 7 (1999), Nov., Nr. 6, S. 697–708. – ISSN 1063–6676

[50] IMAI, S.: Adaptive mel cepstral analysis based on UELS method. In: *Proc. of the IEEE Adaptive Systems for Signal Processing, Communications, and Control Symposium (AS-SPCC)*. Lake Louise, 2000, S. 304–309

[51] IMAI, S.; KITAMURA, T.; TAKEYA, H.: A direct approximation technique of log magnitude response for digital filters. In: *Acoustics, Speech, and Signal Processing, IEEE Transactions on* 25 (1977), Apr, Nr. 2, S. 127–133. – ISSN 0096–3518

[52] IMAI, S.: Cepstral analysis synthesis on the mel frequency scale. In: *Acoustics, Speech, and Signal Processing (ICASSP), IEEE International Conference on* Bd. 8. Boston, Apr. 1983, S. 93–96

[53] IMAI, S.; FURUICHI, C.: Unbiased Estimator of Log Spectrum and its Application to Speech Signal Processing. In: *Proc. of the Fourth European Signal Processing Conference, EUSIPCO.* Grenoble, Sept. 1988, S. 203–206

[54] ITAHASHI, S.; YOKOYAMA, S.: Automatic formant extraction utilizing mel scale and equal loudness contour. In: *Acoustics, Speech, and Signal Processing (ICASSP), IEEE International Conference on* Bd. 1. Philadelphia, Apr. 1976, S. 310–313

[55] ITAKURA, F.: Line spectrum representation of linear predictor coefficients of speech signals. In: *Journal of the Acoustical Society of America (JASA)* 57 (1975), Nr. S1, S. 35–35

[56] JARVINEN, K.; VAINIO, J.; KAPANEN, P.; HONKANEN, T.; HAAVISTO, P.; SALAMI, R.; LAFLAMME, C.; ADOUL, J.-P.: GSM enhanced full rate speech codec. In: *Acoustics, Speech, and Signal Processing (ICASSP), IEEE International Conference on* Bd. 2. München, Apr. 1997, S. 771–774

[57] JOKISCH, O.; DING, H.; KRUSCHKE, H.; STRECHA, G.: Learning syllable duration and intonation of Mandarin Chinese. In: *Proc. of the International Conference on Spoken Language Processing (ICSLP).* Denver, Sept. 2002, S. 1777–1780

[58] JOKISCH, O.; STRECHA, G.; DING, H.: Multilingual speaker selection for creating a speech synthesis database. In: *Proc. of the 11th International Workshop Advances in Speech Technology, AST.* Maribor, Jul. 2004, S. 61–73

[59] JOKISCH, O.; WITTENBERG, S.; CUEVAS, M.; HUSSEIN, H.; STRECHA, G.; DING, H.; HOFFMANN, R.: Towards an automatic process chain for the speech corpora annotation. In: *Proc. of the International Conference on Speech and Computer (SPECOM).* Moskau, Okt. 2007, S. 869–876

[60] JUANG, B.-H.; CHEN, T.: The past, present, and future of speech processing. In: *IEEE Signal Processing Magazine* 15 (1998), Mai, Nr. 3, S. 24–48

[61] KABAL, P.; RAMACHANDRAN, R.: The computation of line spectral frequencies using Chebyshev polynomials. In: *Acoustics, Speech, and Signal Processing, IEEE Transactions on* 34 (1986), Dez., Nr. 6, S. 1419–1426. – ISSN 0096–3518

[62] KARJALAINEN, M.; HARMA, A.; LAINE, U.: Realizable warped IIR filters and their properties. In: *Acoustics, Speech, and Signal Processing (ICASSP), IEEE International Conference on* Bd. 3. München, Apr. 1997, S. 2205–2208

[63] KASZCZUK, M.; OSOWSKI, L.: *Evaluating Ivona Speech Synthesis System for Blizzard Challenge 2006.* http://www.festvox.org/blizzard/bc2006/ivo_blizzard2006.pdf, Sept. 2006. – Blizzard workshop 2006, Pittsburg

[64] KATAOKA, A.; MORIYA, T.; HAYASHI, S.: Implementation and performance of an 8-kbit/s conjugate structure CELP speech coder. In: *Acoustics, Speech, and Signal Processing (ICASSP), IEEE International Conference on* Bd. ii. Adelaide, Apr. 1994, S. 93–96

[65] KAUFMAN, L.; ROUSSEEUW, P. J.: Partitioning Around Medoids (Program PAM). In: *Finding Groups in Data.* John Wiley & Sons, Inc., 2008. – ISBN 9780470316801, S. 68–125

[66] KIM, H. K.; CHOI, S. H.; LEE, H. S.: On approximating line spectral frequencies to LPC cepstral coefficients. In: *IEEE Transactions on Speech and Audio Processing* 8 (2000), März, Nr. 2, S. 195–199. – ISSN 1063–6676

[67] KITAMURA, T.; IMAI, S.; FURUICHI, C.; KOBAYASHI, T.: Speech Analysis-Synthesis System and Quality of Synthesized Speech Using Mel-Cepstrum. In: *Electronics & Communications in Japan, Part 1: Communications* 69 (1986), Nr. 10, S. 47–54

[68] KLATT, D. H.: Structure of a phonological rule component for a synthesis-by-rule program. In: *Acoustics, Speech, and Signal Processing, IEEE Transactions on* 24 (1976), Okt., Nr. 5, S. 391–298

[69] KOBAYASHI, T.; IMAI, S.: Spectral analysis using generalized cepstrum. In: *Acoustics, Speech, and Signal Processing, IEEE Transactions on* 32 (1984), Okt., Nr. 5, S. 1087–1089. – ISSN 0096–3518

[70] KOISHIDA, K.; HIRABAYASHI, G.; TOKUDA, K.; KOBAYASHI, T.: A wideband CELP speech coder at 16 kbit/s based on mel-generalized cepstral analysis. In: *Acoustics, Speech, and Signal Processing (ICASSP), IEEE International Conference on* Bd. 1. Seattle, Mai 1998. – ISSN 1520–6149, S. 161–164

[71] KOISHIDA, K.; HIRABAYASHI, G.; TOKUDA, K.; KOBAYASHI, T.: A 16 kb/s Wideband CELP-Based Speech Coder Using Mel-Generalized Cepstral Analysis. In: *IEICE Transactions on Information and Systems* E83-D (2000), Nr. 4, S. 876–883

[72] KOISHIDA, K.; TOKUDA, K.; KOBAYASHI, T.; IMAI, S.: CELP coding system based on mel-generalized cepstral analysis. In: *Proc. of the International Conference on Spoken Language Processing (ICSLP)* Bd. 1. Philadelphia, Okt. 1996, S. 318–321

[73] KOISHIDA, K.; TOKUDA, K.; KOBAYASHI, T.; IMAI, S.: CELP Speech Coding Based on Mel-Generalized Cepstral Analyses. In: *Electronics & Communications in Japan, Part 3: Fundamental Electronic Science* 83 (2000), Mai, Nr. 5, S. 32–41

[74] KOISHIDA, K.; TOKUDA, K.; KOBAYASHI, T.; IMAI, S.: CELP coding based on mel-cepstral analysis. In: *Acoustics, Speech, and Signal Processing (ICASSP), IEEE International Conference on* Bd. 1. Detroit, Mai 1995. – ISSN 1520–6149, S. 33–36

[75] KOISHIDA, K.; TOKUDA, K.; KOBAYASHI, T.; IMAI, S.: Efficient encoding of mel-generalized cepstrum for CELP coders. In: *Acoustics, Speech, and Signal Processing (ICASSP), IEEE International Conference on* 2 (1997), Apr., S. 1355–1358

[76] KOISHIDA, K.; TOKUDA, K.; KOBAYASHI, T.; IMAI, S.: Spectral representation of speech based on mel-generalized cepstral coefficients and its properties. In: *IEICE Transactions on Fundamentals of Electronics, Communications and Computer Sciences (Japanese Edition)* J80-A (1997), Nov., Nr. 11, S. 1999–2006

[77] KOISHIDA, K.; TOKUDA, K.; KOBAYASHI, T.; IMAI, S.: Spectral representation of speech based on mel-generalized cepstral coefficients and its properties. In: *Electronics & Communications in Japan, Part 3: Fundamental Electronic Science* 83 (2000), März, Nr. 3, S. 50–59. – ISSN 1042–0967

[78] KONDOZ, A. M.: *Digital Speech, Coding for Low Bit Rate Communications Systems.* John Wiley & Sons Ltd, 1994

[79] KRALJEVSKI, I.; STRECHA, G.; WOLFF, M.; JOKISCH, O.; CHUNGURSKI, S.; HOFFMANN, R.: Cross-Language Acoustic Modeling for Macedonian Speech Technology Applications. In: *ICT Innovations, Advances in Intelligent Systems and Computing* 207 (2012), S. 35–45

[80] KRALJEVSKI, I.; STRECHA, G.; WOLFF, M.; JOKISCH, O.; HOFFMANN, R.: Using Unified Automatic Speech Recognition and Synthesis System for Cross-Language Acoustic Modeling. In: *9th Conference, Digital Speech and Image Processing.* Kovacica, Okt. 2012. – Invited paper

[81] KRALJEWSKI, I.; DUCKHORN, F.; GEBREMEDHIN, Y. B.; WOLFF, M.; HOFFMANN, R.: Analysis-by-Synthesis Approach for Acoustic Model Adaptation. In: *IEEE International Conference on Computer as a Tool (EUROCON).* Zagreb, Jul. 2013, S. 1611–1616

[82] KRUSCHKE, H.; KOLOSKA, U.; STRECHA, G.; EICHNER, M.; HIRSCHFELD, D.; KORDON, U.: Ein Toolkit zu Erstellung von Sprachkorpora. In: *Konferenzband der 27. Jahrestagung der Deutschen Gesellschaft fuer Akustik, DAGA.* Hamburg-Harburg, März 2001

[83] KUBICHEK, R. F.: Mel-cepstral distance measure for objective speech quality assessment. In: *Communications, Computers and Signal Processing, IEEE Pacific Rim Conference on* Bd. 1, 1993, S. 125–128

[84] LAINE, U.; KARJALAINEN, M.; ALTOSAAR, T.: Warped linear prediction (WLP) in speech and audio processing. In: *Acoustics, Speech, and Signal Processing (ICASSP), IEEE International Conference on* Bd. 3. Adelaide, Apr. 1994, S. 349–352

[85] LEE, L.; ROSE, R.: A frequency warping approach to speaker normalization. In: *Acoustics, Speech, and Signal Processing, IEEE Transactions on* 6 (1998), Jan., Nr. 1, S. 49–60

[86] LIM, J.: Spectral root homomorphic deconvolution system. In: *Acoustics, Speech, and Signal Processing, IEEE Transactions on* 27 (1979), Jun., Nr. 3, S. 223–233. – ISSN 0096–3518

[87] LINDE, Y.; BUZO, A.; GRAY, R.: An Algorithm for Vector Quantizer Design. In: *Communications, IEEE Transactions on* 28 (1980), Jan., Nr. 1, S. 84–95. – ISSN 0090–6778

[88] MAMMONE, R.; ZHANG, X.; RAMACHANDRAN, R.: Robust speaker recognition: a feature-based approach. In: *Signal Processing Magazine, IEEE* 13 (1996), Sept., Nr. 5, S. 58–71. – ISSN 1053–5888

[89] MARPLE, J. S.: Fast algorithms for linear prediction and system identification filters with linear phase. In: *Acoustics, Speech, and Signal Processing, IEEE Transactions on* 30 (1982), Dez., Nr. 6, S. 942–953. – ISSN 0096–3518

[90] MASUKO, T.; TOKUDA, K.; KOBAYASHI, T.; IMAI, S.: Speech synthesis using HMMs with dynamic features. In: *Acoustics, Speech, and Signal Processing (ICASSP), IEEE International Conference on* Bd. 3. Atlanta, Apr. 1996, S. 389–392

[91] MATSUMOTO, H.; MOROTO, M.: Evaluation of mel-LPC cepstrum in a large vocabulary continuous speech recognition. In: *Acoustics, Speech, and Signal Processing (ICASSP), IEEE International Conference on* Bd. 1. Salt Lake City, Mai 2001, S. 117–120

[92] MERCHANT, G. A.; PARKS, T. W.: Efficient solution of a Toeplitz-plus-Hankel coefficient matrix system of equations. In: *Acoustics, Speech, and Signal Processing, IEEE Transactions on* 30 (1982), Febr., Nr. 1, S. 40 – 44. – ISSN 0096–3518

[93] MERWE, C. van d.; PREEZ, J. du: Calculation of LPC-based cepstrum coefficients using mel-scale frequency warping. In: *Communications and Signal Processing COMSIG, South African Symposium on.* Johannesburg, Aug. 1991, S. 17–21

[94] MORGAN, D. R.; CRAIG, S. E.: Real-time adaptive linear prediction using the least mean square gradient algorithm. In: *Acoustics, Speech, and Signal Processing, IEEE Transactions on* 24 (1976), Dez., Nr. 6, S. 494–507

[95] MORIYA, T.: Processing of LPC Cepstrum for Speech Coding. In: *Proc. of the IEEE Workshop on Speech Coding for Telecommunications.* Vancouver, Sept. 1995, S. 83–84

[96] MOULINES, E.; EMERARD, F.; LARREUR, D.; MILON, J. L. L. S.; FAUCHEUR, L. L.; MARTY, F.; CHARPENTIER, F.; SORIN, C.: A real-time French text-to-speech system generating high-quality synthetic speech. In: *Acoustics, Speech, and Signal Processing (ICASSP), IEEE International Conference on* Bd. 1. Albuquerque, Apr. 1990, S. 309–312

[97] NAKATANI, N.; YAMAMOTO, K.; MATSUMOTO, H.: Mel-LSP Parameterization for HMM-based Speech Synthesis. In: *Proc. of the International Conference on Speech and Computer (SPECOM).* St. Petersburg, Jun. 2006, S. 261–264

[98] NAKATOH, Y.; NORIMATSU, T.; LOW, A. H.; MATSUMOTO, H.: Low bit rate coding for speech and audio using mel linear predictive coding (MLPC) analysis. In: *Proc. of the International Conference on Spoken Language Processing (ICSLP)* Bd. 6. Sydney, Dez. 1998, S. 2591–2594

[99] OPPENHEIM, A. V.; JOHNSON, D. H.: Discrete representation of signals. In: *Proceedings of the IEEE* 60 (1972), Jun., S. 681–691

[100] OPPENHEIM, A. V.; JOHNSON, D. H.; STEIGLITZ, K.: Computation of spectra with unequal resolution using the fast Fourier transform. In: *Acoustics, Speech, and Signal Processing, IEEE Transactions on* 59 (1971), Febr., Nr. 2, S. 299–301. – ISSN 0018–9219

[101] OPPENHEIMER, A. V.; SCHAFER, R. W.: *Discrete-Time Signal Processing.* Prentice-Hall International, 1989

[102] PILLAI, U.; STONICK, V.: A scalar homotopy method for parallel and robust tracking of line spectral pairs. In: *Acoustics, Speech, and Signal Processing (ICASSP), IEEE International Conference on* Bd. 2. Atlanta, Mai 1996, S. 805–808

[103] PRINCEN, J. P.; BRADLEY, A. B.: Analysis/Synthesis filter bank design based on time domain aliasing cancellation. In: *Acoustics, Speech, and Signal Processing, IEEE Transactions on* 34 (1986), Okt., Nr. 5, S. 1153–1161. – ISSN 0096–3518

[104] RECOMMENDATION ITU-T G.721 (Hrsg.): *32 kbit/s adaptive differential pulse code modulation (ADPCM).* ITU-T G.721: Recommendation ITU-T G.721, 1988

[105] RECOMMENDATION ITU-T G.722.1 (Hrsg.): *Low-complexity coding at 24 and 32 kbit/s for hands-free operation in systems with low frame loss.* ITU-T G.722.1: Recommendation ITU-T G.722.1, 1988

[106] RECOMMENDATION ITU-T G.726 (Hrsg.): *40, 32, 24, 16 kbit/s Adaptive Differential Pulse Code Modulation (ADPCM).* ITU-T G.726: Recommendation ITU-T G.726, 1990

[107] RECOMMENDATION ITU-T P.861 (Hrsg.): *Objective quality measurement of telephone-band (300 - 3400 Hz) speech codecs.* ITU-T P.861: Recommendation ITU-T P.861, 08/1996

[108] RECOMMENDATION ITU-T P.862 (Hrsg.): *Perceptual evaluation of speech quality (PESQ): An objective method for end-to-end speech quality assessment of narrowband telephone networks and speech codecs.* ITU-T P.862: Recommendation ITU-T P.862, 02/2001

[109] ROTH, K.; KAUPPINEN, I.; ESQUEF, P. A. A.; VÄLIMÄKI, V.: Frequency warped Burg's method for AR-modeling. In: *Proc. of the IEEE Workshop on Applications of Signal Processing to Audio and Acoustics.* New Paltz, Okt. 2003, S. 5–8

[110] ROUCOS, S.; WILGUS, A. M.: High quality time-scale modification for speech. In: *Acoustics, Speech, and Signal Processing (ICASSP), IEEE International Conference on* Bd. 10. Tampa, Apr. 1985, S. 493–496

[111] Sambur, M. R.; Rosenberg, A. E.; Rabiner, L. R.; McGonegal, C. A.: On reducing the buzz in LPC synthesis. In: *Acoustics, Speech, and Signal Processing (ICASSP), IEEE International Conference on* Bd. 2. Hartford, Mai 1977, S. 401–404

[112] Schnell, M.; Jokisch, O.; Küstner, M.; Hoffmann, R.: Text-to-speech for low-resource systems. In: *Proc. of the 5th IEEE Workshop on Multimedia Signal Processing, MMSP*. St. Thomas, Dez. 2002, S. 259–262

[113] Shlien, S.: The modulated lapped transform, its time-varying forms, and its applications to audio coding standards. In: *IEEE Transactions on Speech and Audio Processing* 5 (1997), Jul., Nr. 4, S. 359–366. – ISSN 1063–6676

[114] Soong, F. K.; Juang, B.-H.: Line spectrum pair (LSP) and speech data compression. In: *Acoustics, Speech, and Signal Processing (ICASSP), IEEE International Conference on* Bd. 9. San Diego, März 1984, S. 37–40

[115] Sotschek, J.: Sätze für Sprachgütemessungen und ihre phonologische Anpassung an die deutsche Sprache. In: *Konferenzband der 10. Jahrestagung der Deutschen Gesellschaft fuer Akustik, DAGA*. Darmstadt, März 1984, S. 873–876

[116] Starer, D.; Nehorai, A.: Adaptive polynomial factorization by coefficient matching. In: *Signal Processing, IEEE Transactions on* 39 (1991), Febr., Nr. 2, S. 527–530. – ISSN 1053–587X

[117] Starer, D.; Nehorai, A.: High-order polynomial root tracking algorithm. In: *Acoustics, Speech, and Signal Processing (ICASSP), IEEE International Conference on* Bd. 4. San Francisco, März 1992. – ISSN 1520–6149, S. 465–468

[118] Steiglitz, K.: A note on variable recursive digital filters. In: *Acoustics, Speech, and Signal Processing, IEEE Transactions on* 28 (1980), Febr., Nr. 1, S. 111–112. – ISSN 0096–3518

[119] Stevens, S. S.; Volkmann, J.; Newman, E.: A Scale for the Measurement of the Psychological Magnitude Pitch. In: *Journal of the Acoustical Society of America (JASA)* 8 (1937), Jan., S. 185–190

[120] Stonick, V.; Alexander, S.: Globally optimal rational approximation using homotopy continuation methods. In: *Signal Processing, IEEE Transactions on* 40 (1992), Sept., Nr. 9, S. 2358–2361. – ISSN 1053–587X

[121] Strecha, G.: *Multilinguale Etikettierung natürlicher Sprachsignale auf Basis synthetischer Referenzsignale*, Technische Univerität Dresden, Diplomarbeit, 2000

[122] Strecha, G.: Neue Ansätze zur Sprachsynthese mit kodierten Sprachsegmenten. In: *Konferenz Elektronische Sprachsignalverarbeitung (ESSV)*. Cottbus, Sept. 2004, S. 156–162

[123] Strecha, G.: *Cepstral synthesis for low resource TTS systems*. Maribor, Jun. 2005. – 12th International Workshop Advances in Speech Technology, AST, Maribor

[124] Strecha, G.: Akustische Synthese mit HMM-kodierten Inventaren. In: *9. ITG Fachtagung Sprachkommunikation*. Bochum, Okt. 2010. – Paper 54, 4 Seiten

[125] STRECHA, G.; EICHNER, M.: Low Resource TTS Synthesis Based on Cepstral Filter with Phase Randomized Excitation. In: *Proc. of the 11th International Conference Speech and Computer, SPECOM*. St. Petersburg, Jun. 2006, S. 284–287

[126] STRECHA, G.; EICHNER, M.; HOFFMANN, R.: Line Cepstral Quefrencies and Their Use for Acoustic Inventory Coding. In: *Proc. of the Conference of the International Speech Communication Association (Interspeech)*. Antwerpen, Aug. 2007, S. 2873–2876

[127] STRECHA, G.; EICHNER, M.; JOKISCH, O.; HOFFMANN, R.: Codec Integrated Voice Conversion for Embedded Speech Synthesis. In: *Proc. of the Conference of the International Speech Communication Association (Interspeech)*. Lissabon, Sept. 2005, S. 2589–2592

[128] STRECHA, G.; HELBIG, J.: Multilinguale Etikettierung natürlicher Sprachsignale auf Basis synthetischer Referenzsignale. In: *Konferenz Elektronische Sprachsignalverarbeitung (ESSV)*. Cottbus, Sept. 2000, S. 78–85

[129] STRECHA, G.; JOKISCH, O.; HOFFMANN, R.: A Resource-Saving Modification of TD-PSOLA. In: *Proc. of the 10th International Workshop Advances in Speech Technology, AST*. Maribor, Jul. 2003, S. 151–155

[130] STRECHA, G.; KRUSCHKE, H.; JOKISCH, O.; ANDRASSY, B.; HAIN, H.-U.; VOLK, T.: Report Milestone / Technische Universität Dresden, Siemens AG. 2003 (4). – Forschungsbericht

[131] STRECHA, G.; WOLFF, M.: Speech synthesis using HMM based diphone inventory encoding for low-resource devices. In: *Acoustics, Speech, and Signal Processing (ICASSP), IEEE International Conference on*. Prag, Mai 2011, S. 5380–5383

[132] STRECHA, G.; WOLFF, M.; DUCKHORN, F.; WITTENBERG, S.; TSCHÖPE, C.: The HMM Synthesis Algorithm of an Embedded Unified Speech Recognizer and Synthesizer. In: *Proc. of the Conference of the International Speech Communication Association (Interspeech)*. Brighton, Sept. 2009, S. 1763–1766

[133] STRUBE, H. W.: Linear prediction on a warped frequency scale. In: *Journal of the Acoustical Society of America (JASA)* 68 (1980), Okt., S. 1071–1076

[134] STRUBE, H. W.: Determination of the instant of glottal closure from the speech wave. In: *Journal of the Acoustical Society of America (JASA)* 56 (1974), Nr. 5, S. 1625–1629

[135] SÜNDERMANN, D.; NEY, H.; HÖGE, H.: VTLN-based cross-language voice conversion. In: *Proc. of the IEEE Workshop on Automatic Speech Recognition and Understanding, ASRU*. St. Thomas, Dez. 2003, S. 676–681

[136] SÜNDERMANN, D.; STRECHA, G.; BONAFONTE, A.; HÖGE, H.; NEY, H.: Evaluation of VTLN-Based Voice Conversion for Embedded Speech Synthesis. In: *Proc. of the Conference of the International Speech Communication Association (Interspeech)*. Lissabon, Sept. 2005, S. 2593–2596

[137] TAIHUI, J.; YOUWEI, Z.; JUNYING, G.: A new algorithm for adaptive line spectral pair filter and its convergence behaviour. In: *Proc. of the International Conference on Communication Technology* Bd. 1. Peking, Mai 1996, S. 436–440

[138] TOHKURA, Y.: A weighted cepstral distance measure for speech recognition. In: *Acoustics, Speech, and Signal Processing, IEEE Transactions on* 35 (1987), Okt., S. 1414–1422. – ISSN 0096–3518

[139] TOKUDA, K.; KOBAYASHI, T.; IMAI, S.: Cepstral Analysis with Nonuniform Spectral Weighting for Spectral Envelope Extraction. In: *Electronics & Communications in Japan, Part 3: Fundamental Electronic Science* 72 (1989), Nr. 3, S. 20–28

[140] TOKUDA, K.; KOBAYASHI, T.; IMAI, S.: Adaptive cepstral analysis of speech. In: *IEEE Transactions on Speech and Audio Processing* 3 (1995), Nov., Nr. 6, S. 481–489. – ISSN 1063–6676

[141] TOKUDA, K.; MASUKO, T.; HIROI, J.; KOBAYASHI, T.; KITAMURA, T.: A very low bit rate speech coder using HMM-based speech recognition/synthesis techniques. In: *Acoustics, Speech, and Signal Processing (ICASSP), IEEE International Conference on* Bd. 2. Seattle, Mai 1998. – ISSN 1520–6149, S. 609–612

[142] TOKUDA, K.; MATSUMURA, H.; KOBAYASHI, T.; IMAI, S.: Speech coding based on adaptive mel-cepstral analysis. In: *Acoustics, Speech, and Signal Processing (ICASSP), IEEE International Conference on* Bd. 1. Adelaide, Apr. 1994, S. 197–200

[143] TOKUDA, K.; AYASHI, T.; IMAI, S.; YAMAMOTO, R.: Spectral Estimation of Speech Based on Generalized Cepstral Representation. In: *Electronics & Communications in Japan, Part 3: Fundamental Electronic Science* 73 (1990), Nr. 1, S. 72–81

[144] TOKUDA, K.; KOBAYASHI, T.; IMAI, S.: Generalized Cepstral Analysis of Speech – Unified Approach to LPC and Cepstral Method. In: *Proc. of the International Conference on Spoken Language Processing (ICSLP)*. Kobe, Nov. 1990, S. 33–36

[145] TOKUDA, K.; KOBAYASHI, T.; IMAI, S.; CHIBA, T.: Spectral Estimation of Speech by Mel-Generalized Cepstral Analysis. In: *Electronics & Communications in Japan, Part 3: Fundamental Electronic Science* 76 (1993), Nr. 2, S. 30–43

[146] TOKUDA, K.; KOBAYASHI, T.; IMAI, S.; FUKADA, T.: Speech Coding Based on Adaptive Mel-Cepstral Analysis and Its Evaluation. In: *Electronics & Communications in Japan, Part 3: Fundamental Electronic Science* 78 (1995), Nr. 6, S. 50–61

[147] TOKUDA, K.; KOBAYASHI, T.; MASUKO, T.; IMAI, S.: Mel-generalized cepstral analysis - a unified approach to speech spectral estimation. In: *Proc. of the International Conference on Spoken Language Processing (ICSLP)*. Yokohama, Sept. 1994, S. 1043–1046

[148] TOKUDA, K.; KOBAYASHI, T.; SHIOMOTO, S.; IMAI, S.: Adaptive Cepstral Analysis – Adaptive Filtering Based on Cepstral Representation. In: *Electronics & Communications in Japan, Part 3: Fundamental Electronic Science* 74 (1991), Nr. 3, S. 36–45

[149] Tschöpe, C.; Joneit, D.; Duckhorn, F.; Hoffmann, R.; Strecha, G.; Wolff, M.: Sprachsteuerung für Mess- und Prüfgeräte. In: *DGZfP-Jahrestagung 2011 Zerstörungsfreie Materialprüfung, Berichtsband.* Bremen, Jun. 2011

[150] Tschöpe, C.; Wolff, M.; Strecha, G.; Duckhorn, F.; Feher, T.; Hoffmann, R.: Automatisierte Weichheitsprüfung von Papier. In: *ZfP in Forschung, Entwicklung und Anwendung, DACH-Jahrestagung 2012 Zerstörungsfreie Materialprüfung.* Graz, Sept. 2012

[151] Tučkova, J.; Strecha, G.: Automatic Labelling of Natural Speech by Comparison with Synthetic Speech. In: *Proc. of the 4th International Workshop on Electronics, Control, Measurement and Signals, ECMS.* Liberec, Mai 1999, S. 156–159

[152] Umesh, S.; Cohen, L.; Nelson, D.: Fitting the Mel scale. In: *Acoustics, Speech, and Signal Processing (ICASSP), IEEE International Conference on* Bd. 1. Phoenix, März 1999, S. 217–220

[153] Valin, J.-M.: *The Speex Codec Manual.* www.speex.org, Dez. 2007. – Version 1.2 Beta 3

[154] Vary, P.; Heute, U.; Hess, W.: *Digitale Sprachsignalerzeugung.* Stuttgart: B. G. Teubner, 1998

[155] Viswanathan, R.; Makhoul, J.; Russell, W.: Towards perceptually consistent measures of spectral distance. In: *Acoustics, Speech, and Signal Processing (ICASSP), IEEE International Conference on* Bd. 1. Philadelphia, Apr. 1976, S. 485–488

[156] Wahlster, W. (Hrsg.): *Verbmobil: Foundations of Speech-to-Speech Translation.* Berlin: Springer, 2000

[157] Weruaga, L.: All-Pole Estimation in Spectral Domain. In: *Signal Processing, IEEE Transactions on* 55 (2007), Okt., Nr. 10, S. 4821–4830. – ISSN 1053–587X

[158] Westendorf, C.-M.: melfilter v1.1 - ein Signalanalyseprogramm / Technische Universität Dresden, Institut für Akustik und Sprachkommunikation. 1996. – Forschungsbericht

[159] Wong, D. Y.; Markel, J. D.: An excitation function for LPC synthesis which retains the human Glottal phase characteristics. In: *Acoustics, Speech, and Signal Processing (ICASSP), IEEE International Conference on* Bd. 3. Tulsa, Apr. 1978, S. 171–174

[160] Yagle, A.: New analogues of split algorithms for Toeplitz-plus-Hankel matrices. In: *Acoustics, Speech, and Signal Processing (ICASSP), IEEE International Conference on* Bd. 3. Toronto, Apr. 1991. – ISSN 1520–6149, S. 2253–2256

[161] Yamagishi, J.; Ogata, K.; Nakano, Y.; Isogai, J.; Kobayashi, T.: HSMM-Based Model Adaptation Algorithms for Average-Voice-Based Speech Synthesis. In: *Acoustics, Speech, and Signal Processing (ICASSP), IEEE International Conference on* Bd. 1. Toulouse, Mai 2006. – ISSN 1520–6149, S. 77–80

[162] Yu, R.; Ko, C.: A warped linear-prediction-based subband audio coding algo-
       rithm. In: *IEEE Transactions on Speech and Audio Processing* 10 (2002), Jan., Nr. 1,
       S. 1–8. – ISSN 1063–6676

[163] Zen, H.; Toda, T.: An Overview of Nitech HMM-based Speech Synthesis
       System for Blizzard Challenge 2005. In: *Proc. of the Conference of the International
       Speech Communication Association (Interspeech)*. Lissabon, Sept. 2005, S. 93–96

[164] Zen, H.; Toda, T.; Tokuda, K.: *The Nitech-NAIST HMM-based speech synthesis
       system for the Blizzard Challenge 2006.* http://www.festvox.org/blizzard/
       bc2006/nitech_blizzard2006.pdf, Sept. 2006. – Satellite workshop of IN-
       TERSPEECH 2006, Pittsburg

[165] Zwicker, E.; Fastl, H.: *Psychoacoustics.* Berlin Heidelberg New York: Springer,
       1990

[166] Zwicker, E.; Flottorp, G.; Stevens, S. S.: Critical Band Width in Loudness
       Summation. In: *Journal of the Acoustical Society of America (JASA)* 29 (1957), Mai,
       Nr. 5, S. 548–557

[167] Zwicker, E.; Terhardt, E.: Analytical expressions for critical-band rate and
       critical bandwidth as a function of frequency. In: *Journal of the Acoustical Society
       of America (JASA)* 68 (1980), Nov., Nr. 5, S. 1523–1525

Anhang

A Transformationsbeziehungen

0. Zeitsignal
   a) aus LPC (S. 19),
   b) aus M-LPC (S. 22),
   c) aus den LSF (S. 27),
   d) aus den M-LSF (S. 34),
   e) aus dem Cepstrum (S. 40),
   f) aus dem M-Cepstrum (S. 46),
   g) aus den C-LSF (S. 50),
   h) aus den MC-LSF (S. 54),
   i) aus dem G-Cepstrum (S. 60),
   j) aus dem MGC (S. 66),
   k) aus den GC-LSF (S. 68),
   l) aus den MGC-LSF (S. 72),
1. Mel-transformiertes Zeitsignal (M-Signal)
   a) aus dem Zeitsignal (S. 9),
   b) aus LPC (S. 24),
   c) aus M-LPC (S. 24),
   d) aus den LSF (S. 34),
   e) aus den M-LSF (S. 34),
   f) aus dem Cepstrum (S. 46),
   g) aus dem M-Cepstrum (S. 46),
   h) aus den C-LSF (S. 54),
   i) aus den MC-LSF (S. 54),
   j) aus dem G-Cepstrum (S. 66),
   k) aus dem MGC (S. 66),
   l) aus GC-LSF (S. 72),
   m) aus MGC-LSF (S. 72),
2. Spektrum
   a) aus dem Signal,
   b) aus LPC (S. 22),
3. Mel-Spektrum (2.1.3)
   a) aus dem mel-transf. Zeitsignal,
   b) aus Spektrum (S. 13),
   c) aus M-LPC (S. 22),
4. Mel-Filterbank (M-FB)
   a) aus dem Spektrum (S. 14),
   b) aus dem mel-transf. Sprektrum (S. 14),
5. Linear Predictive Coding (LPC, 2.1.4)
   a) aus dem Zeitsignal (Levinson, S. 18),
   b) aus dem Zeitsignal (Burg, S. 19),
   c) aus M-LPC (S. 22),
   d) aus LSF (S. 27),
   e) aus M-LSF (S. 32),
   f) aus dem Cepstrum (S. 40),
   g) aus dem G-Cepstrum (S. 59),
6. Mel-LPC (M-LPC, 2.1.5)
   a) aus dem Zeitsignal (S. 20),
   b) aus dem mel-transf. Zeitsignal (S. 20),
   c) aus LPC (S. 21),
   d) aus dem M-LPC (S. 21),
   e) aus LSF (S. 33),
   f) aus M-LSF (S. 33),
   g) aus dem M-Cepstrum (S. 45),
   h) aus dem MGC (S. 65),
7. Line Spectrum Frequencies (LSF, 2.1.6)
   a) aus LPC (S. 24),
   b) aus M-LSF (S. 33),
8. Mel-LSF (M-LSF, 2.1.7)
   a) aus M-LPC (S. 29),
   b) aus LSF (S. 30),
   c) aus M-LSF (S. 33),
9. Cepstrum (2.1.8)

B Mel- und Bark-Skala Approximation

- Approximation der Verhältnistonhöhe H_V in mel nach [8]:

$$H_V(f) = 2595 \log_{10}\left(1 + \frac{f}{700\,\mathrm{Hz}}\right) \tag{B.1}$$

- Approximation der Mel-Skala:

$$f_{H_V}(f, f_A) = \frac{f_A}{2}\frac{H_V(f)}{H_V(f_A/2)} \tag{B.2}$$

- Approximation der mittleren Tonheit z_m nach [167]:

$$z_m(f) = 13 \arctan\left(\frac{0{,}76 f}{\mathrm{kHz}}\right) + 3{,}5 \arctan\left(\frac{f}{7{,}5\,\mathrm{kHz}}\right)^2 \tag{B.3}$$

- Approximation der Bark-Skala:

$$f_{z_m}(f, f_A) = \frac{f_A}{2}\frac{z_m(f)}{z_m(f_A/2)} \tag{B.4}$$

- Bilineare Approximation der Mel- und Bark-Skala (Gl. (2.1)):

$$f_b(f, f_A, \lambda) = f + \frac{f_A}{\pi} \arctan\frac{\lambda \sin\left(2\pi f/f_A\right)}{1 - \lambda \cos\left(2\pi f/f_A\right)} \tag{B.5}$$

Tab. B.1 Wertetabelle für Abbildung 2.2. Verhältnistonhöhe, Mel-Skala und deren Approximationen durch bilineare Transformation mit Gl. (2.17).

Frequenz[*]	Verhältnis-tonhöhe	Transformierte Frequenz/Hz					
		$f_A = 8\,\text{kHz}; \lambda = 0{,}35$		$f_A = 16\,\text{kHz}; \lambda = 0{,}47$		$f_A = 32\,\text{kHz}; \lambda = 0{,}57$	
f/Hz	$H_V(f)/\text{mel}$	$f_{H_V}(f)$	$f_b(f,\lambda)$	$f_{H_V}(f)$	$f_b(f,\lambda)$	$f_{H_V}(f)$	$f_b(f,\lambda)$
65	100	187	135	282	180	448	237
155	225	420	321	635	429	1009	565
250	344	641	514	969	690	1540	911
345	452	842	703	1272	947	2021	1254
450	559	1043	904	1576	1227	2504	1630
560	662	1235	1107	1866	1513	2965	2020
690	773	1441	1333	2178	1841	3460	2473
830	881	1643	1559	2482	2179	3944	2952
980	987	1839	1781	2779	2523	4416	3451
1155	1098	2047	2016	3094	2900	4916	4014
1355	1214	2262	2254	3419	3296	5432	4629
1580	1331	2480	2490	3749	3702	5956	5284
1835	1450	2703	2723	4085	4112	6491	5977
2130	1574	2934	2956	4435	4529	7046	6715
2480	1706	3179	3195	4805	4955	7634	7503
2900	1846	3440	3444	5199	5388	8260	8337
3400	1992	3713	3707	5612	5815	8916	9191
4020	2151			6059	6250	9626	10075
4780	2319			6533	6685	10379	10955
5700	2494			7025	7118	11162	11801
6850	2680			7550	7579	11996	12626
8400	2891					12938	13474
10500	3125					13985	14343
13300	3376					15110	15244

[*] Die Frequenzen sind nach den Mittenfrequenzen der Frequenzgruppen aus [166] gewählt.

Tab. B.2 Wertetabelle für Abbildung 2.2. Tonheit, Bark-Skala und deren Approximationen durch bilineare Transformation mit Gl. (2.17).

Frequenz[*]	mittlere Tonheit		Transformierte Frequenz/Hz					
	$z_m(f)/\text{Bark}$		$f_A = 8\,\text{kHz}; \lambda = 0{,}42$		$f_A = 16\,\text{kHz}; \lambda = 0{,}57$		$f_A = 32\,\text{kHz}; \lambda = 0{,}7$	
f/Hz		Gl. (B.3)	$f_{z_m}(f)$	$f_b(f,\lambda)$	$f_{z_m}(f)$	$f_b(f,\lambda)$	$f_{z_m}(f)$	$f_b(f)$
50	0,5	0,5	114	122	186	182	328	283
150	1,5	1,5	342	365	555	546	981	848
250	2,5	2,4	567	603	919	904	1623	1408
350	3,5	3,4	785	831	1274	1254	2249	1960
450	4,5	4,3	996	1050	1616	1593	2853	2500
570	5,5	5,3	1236	1295	2006	1983	3542	3131
700	6,5	6,4	1480	1539	2401	2382	4241	3788
840	7,5	7,4	1722	1776	2794	2781	4934	4462
1000	8,5	8,5	1972	2018	3200	3199	5651	5185
1170	9,5	9,5	2210	2243	3585	3599	6331	5898
1370	10,5	10,6	2454	2471	3982	4017	7032	6663
1600	11,5	11,6	2696	2696	4374	4433	7725	7450
1850	12,5	12,6	2919	2903	4736	4820	8364	8203
2150	13,5	13,6	3145	3113	5102	5211	9010	8982
2500	14,5	14,5	3363	3322	5456	5588	9635	9748
2900	15,5	15,4	3570	3526	5792	5941	10228	10473
3400	16,5	16,3	3785	3751	6140	6297	10844	11205
4000	17,5	17,3	4000	4000	6490	6639	11461	11898
4800	18,5	18,3			6882	7000	12154	12604
5800	19,5	19,4			7297	7360	12887	13260
7000	20,5	20,5			7713	7723	13622	13843
8500	21,5	21,6					14348	14385
10500	22,5	22,6					15038	14927
13500	23,5	23,6					15677	15550

[*] Die Frequenzen sind nach den Mittenfrequenzen der Frequenzgruppen aus [167] gewählt.

C Filter für ungerade Ordnungen

LSF für ungerade Ordnungen

Transformation

$$P(z) = A(z) - z^{-(K+1)} A(z^{-1})$$

$$= 1 + (a_1 - a_K)\, z^{-1} + \cdots + \quad 0 \quad + \cdots + (a_K - a_1)\, z^{K} - z^{-(K+1)} \tag{C.1a}$$

$$= 1 + \quad p_1 \quad z^{-1} + \cdots + p_{(K+1)/2} \; - \cdots - \quad p_1 \quad z^{-K} - z^{-(K+1)}$$

$$Q(z) = A(z) + z^{-(K+1)} A(z^{-1})$$

$$= 1 + (a_1 + a_K)\, z^{-1} + \cdots + 2a_{(K+1)/2} + \cdots + (a_K + a_1)\, z^{-K} + z^{-(K+1)} \tag{C.1b}$$

$$= 1 + \quad q_1 \quad z^{-1} + \cdots + q_{(K+1)/2} + \cdots + \quad q_1 \quad z^{-K} + z^{-(K+1)}$$

$$
P'(z) = \frac{P(z)}{1-z^{-2}} = p_0' + p_1' z^{-1} + \cdots + p_1' z^{-(K-2)} + p_0' z^{-(K-1)}
\qquad
\begin{aligned}
p_0' &= 1 \\
p_1' &= p_1 \\
p_k' &= p_k + p_{k-2}' \\
q_k' &= q_k
\end{aligned}
\tag{C.2}
$$

$$Q'(z) = \; Q(z) \; = q_0' + q_1' z^{-1} + \cdots + \quad q_1' z^{-K} + q_0' z^{-(K+1)}$$

Rücktransformation

$$A(z) = \frac{P(z)+Q(z)}{2} = \frac{P'(z)\left(1-z^{-2}\right)+Q'(z)}{2} \tag{C.3}$$

$$
P'(z) = \prod_{\substack{k=1, \\ k\in\mathbb{U}}}^{K-2} \left(1-\underline{r}_k z^{-1}\right)^2 = \prod_{\substack{k=1, \\ k\in\mathbb{U}}}^{K-2} \left(1-2r_k z^{-1}+z^{-2}\right)
\qquad
\begin{aligned}
\mathbb{U} &= \{1,3,\dots\} \\
\mathbb{G} &= \{0,2,\dots\} \\
|\underline{r}_k| &= 1 \\
r_k &= \mathrm{Re}(\underline{r}_k) \\
&= \cos\omega_k.
\end{aligned}
\tag{C.4}
$$

$$
Q'(z) = \prod_{\substack{k=0, \\ k\in\mathbb{G}}}^{K-1} \left(1-\underline{r}_k z^{-1}\right)^2 = \prod_{\substack{k=0, \\ k\in\mathbb{G}}}^{K-1} \left(1-2r_k z^{-1}+z^{-2}\right)
$$

Das Filter ist in Abbildung C.1 dargestellt.

Resynthese

$$X(z) = \frac{\epsilon_0 E(z)}{1+A(z)-1} = \frac{\epsilon_0 E(z)}{1+\dfrac{1}{2}\left(\dfrac{P(z)-1}{z^{-1}}+\dfrac{Q(z)-1}{z^{-1}}\right) z^{-1}} \tag{C.5}$$

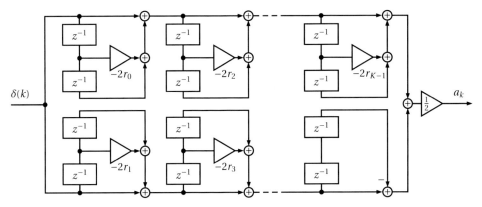

Abb. C.1 FIR-Filter zur Berechnung der LPC-Koeffizienten aus den LSF-Parametern für ungerade Ordnungen K.

$$\frac{P(z)-1}{z^{-1}} = \frac{P'(z)-1}{z^{-1}} - z^{-1}P'(z) = \sum_{\substack{k=1,\\k\in\mathbb{U}}}^{K-2}\left(-2r_k+z^{-1}\right)\prod_{\substack{j=1,\\j\in\mathbb{U}}}^{k-2}R_j(z) - z^{-1}\prod_{\substack{k=1,\\k\in\mathbb{U}}}^{K-2}R_k(z) \tag{C.6a}$$

$$\frac{Q(z)-1}{z^{-1}} = \frac{Q'(z)-1}{z^{-1}} \qquad = \sum_{\substack{k=0,\\k\in\mathbb{G}}}^{K-1}\left(-2r_k+z^{-1}\right)\prod_{\substack{j=0,\\j\in\mathbb{G}}}^{k-2}R_j(z) \tag{C.6b}$$

Das Filter ist in Abbildung C.2 dargestellt.

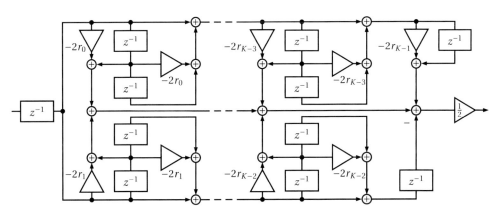

Abb. C.2 Inneres Filter $A(z)-1$ aus Abbildung 2.18 für ungerade Ordnungen K gemäß der Gleichungen (2.51) und (C.5).

Mel-LSF für ungerade Ordnungen

Rücktransformation

$$\tilde{P}(\tilde{z}) = \left(1-\tilde{z}^{-2}\right)\tilde{P}'(\tilde{z}) \qquad = \tilde{\epsilon}_P \prod_{\substack{k=1, \\ k\in\mathbb{U}}}^{K-2} \tilde{R}_k \frac{1-z^{-2}}{\left(1-\lambda z^{-1}\right)^2} \quad \Bigg| \quad \tilde{\epsilon}_P = \left(1-\lambda^2\right)\prod_{\substack{k=1, \\ k\in\mathbb{U}}}^{K-2} \tilde{\epsilon}_k \qquad (\text{C.7a})$$

$$\tilde{Q}(\tilde{z}) = \tilde{Q}'(\tilde{z}) \qquad = \tilde{\epsilon}_Q \prod_{\substack{k=0, \\ k\in\mathbb{G}}}^{K-1} \tilde{R}_k \quad \Bigg| \quad \tilde{\epsilon}_Q = \prod_{\substack{k=0, \\ k\in\mathbb{G}}}^{K-1} \tilde{\epsilon}_k \; . \qquad (\text{C.7b})$$

Das Filter ist in Abbildung C.3 dargestellt.

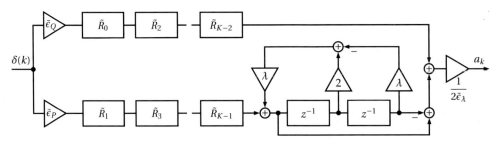

Abb. C.3 Äußere Struktur des Filters zur Berechnung der LPC-Koeffizienten aus den Mel-LSF-Parametern für ungerade Ordnungen K. Die Teilfilter $\tilde{R}_k$ sind in Abbildung 2.23a dargestellt.

Resynthese

$$\frac{\tilde{P}(\tilde{z})-\tilde{\epsilon}_P}{\hat{z}^{-1}} = \frac{\left(1-\lambda^2\right)\tilde{P}'-\tilde{\epsilon}_P}{\hat{z}^{-1}} = \left(\tilde{z}^{-1}-\lambda\right)\tilde{P}'(\tilde{z}) = \tilde{\epsilon}_P \left(\sum_{\substack{k=1, \\ k\in\mathbb{U}}}^{K-2} \tilde{R}'_k \prod_{\substack{j=1, \\ j\in\mathbb{U}}}^{k-2} \tilde{R}_j - \frac{\tilde{z}^{-1}-\lambda}{1-\lambda^2} \prod_{\substack{k=1, \\ k\in\mathbb{U}}}^{K-2} \tilde{R}_k \right) \qquad (\text{C.8a})$$

$$\frac{\tilde{Q}(\tilde{z})-\tilde{\epsilon}_Q}{\hat{z}^{-1}} = \frac{\tilde{Q}'(\tilde{z})-\tilde{\epsilon}_Q}{\hat{z}^{-1}} = \tilde{\epsilon}_Q \left(\sum_{\substack{k=0, \\ k\in\mathbb{G}}}^{K-1} \tilde{R}'_k \prod_{\substack{j=0, \\ j\in\mathbb{G}}}^{k-2} \tilde{R}_j \right) \qquad (\text{C.8b})$$

D Evaluation

Instrumentelle Evaluation

Alle in den folgenden Tabellen angegebenen Werte der cepstralen Abstände sind statistisch signifikant, da der 95 %-Vertrauensbereich unterhalb der Rundungsgrenze liegt.

Tab. D.3 Evaluation der ADPCM-kodierten Inventare.

	Bitrate kBit/s	Cepstraler Abstand zwischen dekodierten Inventaren und Original														
		I01	I02	I03	I04	I05	I06	I07	I08	I09	I10	I11	I12	I13	I14	∅
8 kHz	32	2,32	6,46	6,50	3,23	6,15	5,33	5,52	5,88	7,10	5,75	5,88	5,53	4,68	6,94	**5,57**
16 kHz	64	3,47	6,84	8,29	3,97	6,15	5,88	10,45	8,10	6,30	8,58	8,75	8,66	8,88	6,36	**7,57**
32 kHz	128	–	3,69	4,50	3,38	3,85	3,41	–	3,93	4,01	4,67	4,86	4,99	5,63	2,93	**4,39**

Tab. D.5 Evaluation der AMR-kodierten Inventare.

	Bitrate kBit/s	Cepstraler Abstand zwischen dekodierten Inventaren und Original														
		I01	I02	I03	I04	I05	I06	I07	I08	I09	I10	I11	I12	I13	I14	∅
8 kHz (AMR-NB)	12,20	1,59	4,11	4,08	2,21	3,46	3,42	3,30	4,10	4,26	4,14	4,13	3,46	3,03	4,16	**3,55**
	10,20	1,66	4,25	4,23	2,29	3,59	3,59	3,50	4,27	4,42	4,39	4,37	3,63	3,18	4,29	**3,71**
	7,95	1,89	4,84	4,83	2,63	4,01	4,02	4,23	4,86	4,80	5,19	5,20	4,41	3,81	4,77	**4,28**
	7,40	1,89	4,84	4,86	2,64	4,04	4,06	4,24	4,90	4,86	5,21	5,21	4,41	3,83	4,78	**4,30**
	6,70	1,95	4,94	4,97	2,72	4,13	4,16	4,44	4,99	5,00	5,34	5,34	4,49	3,96	4,91	**4,42**
	5,90	2,02	5,06	5,14	2,84	4,28	4,31	4,63	5,14	5,18	5,56	5,54	4,62	4,13	5,07	**4,58**
	5,15	2,15	5,56	5,62	3,05	4,57	4,65	5,18	5,63	5,52	6,20	6,19	5,29	4,65	5,37	**5,03**
	4,75	2,20	5,74	5,88	3,09	4,72	4,77	5,35	5,84	5,67	6,60	6,58	5,62	4,90	5,51	**5,24**
16 kHz (AMR-WB)	23,85	1,35	4,59	4,06	2,44	2,82	3,64	3,56	3,83	3,89	5,58	5,67	3,60	3,53	3,16	**3,67**
	23,05	1,75	4,55	3,69	2,72	3,39	3,39	4,82	3,75	4,54	4,83	4,89	3,35	3,50	3,71	**3,77**
	19,85	1,79	4,72	3,84	2,84	3,53	3,51	4,92	3,90	4,69	4,97	5,03	3,47	3,63	3,85	**3,91**
	18,25	1,81	4,77	3,89	2,88	3,57	3,55	4,95	3,95	4,75	5,02	5,09	3,52	3,68	3,90	**3,95**
	15,85	1,86	4,96	4,04	3,00	3,73	3,69	5,09	4,11	4,91	5,19	5,25	3,65	3,84	4,06	**4,11**
	14,25	1,89	5,07	4,15	3,08	3,83	3,79	5,18	4,23	5,01	5,31	5,37	3,75	3,95	4,15	**4,21**
	12,65	1,94	5,21	4,27	3,17	3,94	3,89	5,29	4,35	5,13	5,44	5,49	3,86	4,06	4,26	**4,32**
	8,85	2,10	5,80	4,79	3,54	4,41	4,32	5,75	4,91	5,62	6,06	6,11	4,37	4,56	4,72	**4,81**
	6,60	2,20	6,35	5,25	3,74	4,68	4,82	5,99	5,35	5,83	6,79	6,85	4,90	5,04	5,03	**5,23**

Tab. D.7 Evaluation der 16 kHz-G.722.1-kodierten Inventare.

Bitrate kBit/s	Cepstraler Abstand zwischen dekodierten Inventaren und Original														
	I01	I02	I03	I04	I05	I06	I07	I08	I09	I10	I11	I12	I13	I14	∅
32,00	1,03	5,10	4,15	3,17	3,53	3,97	3,29	4,36	4,91	5,90	5,91	3,87	3,76	3,91	**4,06**
31,20	1,05	5,13	4,17	3,19	3,55	4,00	3,34	4,39	4,95	5,93	5,95	3,90	3,79	3,94	**4,09**
30,40	1,07	5,16	4,20	3,21	3,59	4,02	3,39	4,42	4,97	5,96	5,97	3,93	3,82	3,97	**4,12**
29,60	1,08	5,18	4,23	3,23	3,61	4,05	3,43	4,45	5,01	5,99	6,00	3,95	3,84	4,00	**4,15**
28,80	1,10	5,21	4,27	3,25	3,64	4,08	3,48	4,48	5,05	6,02	6,03	3,99	3,87	4,03	**4,18**
28,00	1,12	5,25	4,30	3,28	3,67	4,11	3,53	4,51	5,08	6,04	6,06	4,02	3,90	4,06	**4,21**
27,20	1,14	5,28	4,34	3,31	3,70	4,15	3,57	4,55	5,11	6,08	6,09	4,05	3,94	4,09	**4,25**
26,40	1,16	5,31	4,38	3,33	3,73	4,18	3,62	4,58	5,15	6,10	6,11	4,08	3,97	4,13	**4,28**

kBit/s	I01	I02	I03	I04	I05	I06	I07	I08	I09	I10	I11	I12	I13	I14	∅
25,60	1,18	5,34	4,42	3,36	3,77	4,21	3,67	4,62	5,19	6,14	6,15	4,11	4,01	4,16	**4,31**
24,80	1,20	5,37	4,46	3,39	3,80	4,24	3,72	4,67	5,23	6,17	6,18	4,15	4,05	4,20	**4,35**
24,00	1,23	5,41	4,50	3,42	3,84	4,28	3,77	4,71	5,27	6,21	6,22	4,19	4,09	4,24	**4,39**
23,20	1,25	5,44	4,54	3,45	3,87	4,31	3,83	4,76	5,31	6,24	6,26	4,23	4,13	4,27	**4,43**
22,40	1,27	5,48	4,59	3,48	3,91	4,35	3,89	4,82	5,36	6,27	6,29	4,27	4,18	4,31	**4,47**
21,60	1,31	5,53	4,64	3,50	3,95	4,39	3,95	4,86	5,40	6,31	6,34	4,32	4,23	4,36	**4,52**
20,80	1,33	5,57	4,69	3,54	3,99	4,43	4,02	4,92	5,45	6,36	6,38	4,37	4,29	4,40	**4,57**
20,00	1,36	5,61	4,75	3,57	4,03	4,48	4,10	4,98	5,50	6,40	6,42	4,42	4,35	4,44	**4,62**
19,20	1,39	5,66	4,82	3,60	4,07	4,52	4,19	5,04	5,54	6,45	6,47	4,48	4,42	4,48	**4,67**
18,40	1,42	5,70	4,88	3,63	4,11	4,58	4,26	5,11	5,59	6,50	6,53	4,54	4,49	4,53	**4,73**
17,60	1,45	5,75	4,94	3,66	4,16	4,62	4,36	5,18	5,64	6,56	6,59	4,61	4,56	4,57	**4,79**
16,80	1,48	5,80	5,02	3,69	4,20	4,67	4,45	5,25	5,69	6,62	6,65	4,68	4,63	4,61	**4,85**
16,00	1,52	5,86	5,10	3,72	4,24	4,74	4,55	5,32	5,73	6,68	6,71	4,75	4,70	4,65	**4,91**
15,20	1,55	5,91	5,17	3,75	4,28	4,79	4,65	5,39	5,78	6,74	6,77	4,82	4,77	4,70	**4,97**
14,40	1,58	5,97	5,23	3,79	4,33	4,86	4,75	5,46	5,82	6,81	6,84	4,88	4,84	4,75	**5,03**
13,60	1,61	6,03	5,31	3,82	4,37	4,90	4,85	5,54	5,88	6,88	6,91	4,96	4,91	4,80	**5,09**
12,80	1,65	6,10	5,39	3,86	4,42	4,97	4,95	5,61	5,92	6,96	6,99	5,03	4,98	4,85	**5,16**
12,00	1,68	6,16	5,46	3,90	4,47	5,03	5,02	5,68	5,98	7,04	7,07	5,10	5,05	4,90	**5,22**
11,20	1,72	6,24	5,54	3,95	4,54	5,11	5,10	5,75	6,04	7,13	7,15	5,17	5,11	4,96	**5,28**
10,40	1,76	6,31	5,63	3,98	4,62	5,18	5,17	5,83	6,11	7,21	7,23	5,26	5,19	5,02	**5,36**
9,60	1,79	6,40	5,73	4,03	4,69	5,25	5,26	5,92	6,19	7,30	7,32	5,34	5,27	5,08	**5,43**
8,80	1,83	6,50	5,84	4,07	4,79	5,33	5,36	6,01	6,26	7,41	7,42	5,42	5,34	5,16	**5,51**
8,00	1,86	6,61	5,95	4,13	4,89	5,43	5,48	6,10	6,35	7,54	7,54	5,52	5,44	5,25	**5,61**
7,20	1,91	6,72	6,07	4,19	4,99	5,50	5,62	6,22	6,43	7,64	7,66	5,62	5,56	5,35	**5,72**
6,40	1,97	6,88	6,23	4,27	5,10	5,62	5,77	6,37	6,56	7,79	7,81	5,76	5,70	5,50	**5,86**
5,60	2,04	7,11	6,44	4,40	5,30	5,76	6,00	6,59	6,76	8,03	8,05	5,96	5,91	5,71	**6,06**

Tab. D.9 Evaluation der 32 kHz-G.722.1-kodierten Inventare.

Bitrate kBit/s	Cepstraler Abstand zwischen dekodierten Inventaren und Original														
	I01	I02	I03	I04	I05	I06	I07	I08	I09	I10	I11	I12	I13	I14	∅
48,00	–	5,38	4,72	2,70	3,76	4,06	–	5,67	4,30	5,86	5,77	5,28	4,37	4,32	**4,67**
47,20	–	5,40	4,74	2,71	3,77	4,08	–	5,69	4,32	5,88	5,79	5,30	4,39	4,33	**4,69**
46,40	–	5,41	4,76	2,72	3,79	4,09	–	5,70	4,34	5,89	5,80	5,32	4,42	4,35	**4,71**
45,60	–	5,43	4,78	2,73	3,80	4,11	–	5,72	4,35	5,91	5,82	5,34	4,44	4,36	**4,72**
44,80	–	5,44	4,80	2,74	3,81	4,12	–	5,73	4,37	5,92	5,83	5,36	4,47	4,38	**4,74**
44,00	–	5,46	4,81	2,75	3,83	4,13	–	5,74	4,39	5,94	5,85	5,37	4,49	4,39	**4,76**
43,20	–	5,48	4,84	2,76	3,84	4,16	–	5,76	4,41	5,95	5,87	5,39	4,51	4,41	**4,78**
42,40	–	5,49	4,85	2,78	3,86	4,17	–	5,78	4,43	5,97	5,88	5,40	4,53	4,42	**4,79**
41,60	–	5,51	4,87	2,79	3,88	4,18	–	5,79	4,45	5,99	5,90	5,42	4,55	4,44	**4,81**
40,80	–	5,52	4,89	2,81	3,89	4,20	–	5,80	4,47	6,00	5,92	5,43	4,57	4,45	**4,83**
40,00	–	5,55	4,91	2,82	3,91	4,21	–	5,82	4,49	6,01	5,93	5,45	4,59	4,47	**4,85**
39,20	–	5,56	4,93	2,84	3,93	4,23	–	5,83	4,51	6,04	5,95	5,46	4,61	4,48	**4,86**
38,40	–	5,58	4,94	2,85	3,95	4,24	–	5,85	4,53	6,06	5,97	5,48	4,62	4,50	**4,88**
37,60	–	5,60	4,96	2,87	3,97	4,26	–	5,87	4,54	6,07	5,99	5,49	4,64	4,52	**4,90**
36,80	–	5,62	4,98	2,89	3,98	4,28	–	5,88	4,57	6,10	6,01	5,50	4,66	4,54	**4,92**
36,00	–	5,64	5,00	2,91	4,00	4,29	–	5,90	4,59	6,12	6,03	5,52	4,67	4,55	**4,93**
35,20	–	5,66	5,02	2,93	4,02	4,31	–	5,92	4,62	6,14	6,05	5,54	4,69	4,57	**4,95**
34,40	–	5,69	5,04	2,95	4,04	4,32	–	5,93	4,64	6,16	6,07	5,55	4,71	4,59	**4,97**
33,60	–	5,71	5,06	2,97	4,05	4,34	–	5,95	4,66	6,18	6,10	5,56	4,73	4,60	**4,99**
32,80	–	5,73	5,08	2,99	4,07	4,36	–	5,97	4,68	6,21	6,12	5,58	4,75	4,62	**5,01**
32,00	–	5,76	5,09	3,01	4,10	4,38	–	5,99	4,71	6,24	6,15	5,59	4,76	4,64	**5,03**
31,20	–	5,78	5,11	3,03	4,11	4,39	–	6,01	4,73	6,26	6,17	5,61	4,78	4,65	**5,05**
30,40	–	5,81	5,13	3,06	4,13	4,42	–	6,03	4,75	6,29	6,20	5,62	4,81	4,67	**5,07**
29,60	–	5,83	5,15	3,08	4,15	4,44	–	6,05	4,77	6,32	6,23	5,64	4,83	4,69	**5,09**
28,80	–	5,86	5,17	3,11	4,18	4,46	–	6,07	4,80	6,35	6,26	5,66	4,85	4,71	**5,12**
28,00	–	5,88	5,19	3,13	4,20	4,47	–	6,09	4,82	6,38	6,29	5,68	4,88	4,72	**5,14**
27,20	–	5,91	5,22	3,16	4,23	4,49	–	6,12	4,85	6,42	6,33	5,70	4,90	4,74	**5,16**

kBit/s	I01	I02	I03	I04	I05	I06	I07	I08	I09	I10	I11	I12	I13	I14	∅
26,40	–	5,94	5,23	3,19	4,25	4,51	–	6,14	4,88	6,45	6,36	5,72	4,93	4,76	**5,19**
25,60	–	5,97	5,26	3,22	4,28	4,53	–	6,17	4,90	6,49	6,40	5,75	4,96	4,79	**5,22**
24,80	–	6,00	5,28	3,25	4,31	4,56	–	6,20	4,93	6,53	6,43	5,77	4,99	4,81	**5,25**
24,00	–	6,03	5,31	3,28	4,34	4,58	–	6,23	4,96	6,56	6,47	5,80	5,03	4,83	**5,28**
23,20	–	6,06	5,35	3,30	4,37	4,61	–	6,26	4,99	6,60	6,51	5,83	5,07	4,85	**5,31**
22,40	–	6,09	5,38	3,33	4,40	4,63	–	6,29	5,02	6,64	6,55	5,85	5,11	4,88	**5,34**
21,60	–	6,12	5,41	3,36	4,43	4,67	–	6,33	5,05	6,68	6,59	5,89	5,15	4,91	**5,38**
20,80	–	6,16	5,45	3,39	4,46	4,70	–	6,35	5,09	6,73	6,64	5,92	5,20	4,94	**5,42**
20,00	–	6,20	5,49	3,42	4,50	4,73	–	6,39	5,12	6,77	6,68	5,96	5,25	4,96	**5,46**
19,20	–	6,24	5,53	3,45	4,54	4,76	–	6,44	5,16	6,81	6,73	5,99	5,30	5,00	**5,50**
18,40	–	6,28	5,57	3,49	4,58	4,80	–	6,48	5,19	6,86	6,78	6,04	5,35	5,03	**5,54**
17,60	–	6,32	5,62	3,52	4,62	4,84	–	6,53	5,23	6,92	6,84	6,08	5,41	5,07	**5,59**
16,80	–	6,37	5,68	3,55	4,66	4,88	–	6,57	5,27	6,98	6,89	6,13	5,46	5,10	**5,64**
16,00	–	6,41	5,73	3,59	4,71	4,93	–	6,62	5,32	7,04	6,95	6,18	5,51	5,14	**5,68**
15,20	–	6,46	5,78	3,63	4,76	4,98	–	6,67	5,36	7,10	7,02	6,23	5,57	5,19	**5,74**
14,40	–	6,51	5,85	3,67	4,81	5,03	–	6,71	5,41	7,18	7,09	6,28	5,62	5,23	**5,79**
13,60	–	6,57	5,92	3,72	4,87	5,09	–	6,77	5,46	7,26	7,17	6,34	5,67	5,27	**5,84**
12,80	–	6,63	5,99	3,76	4,92	5,14	–	6,83	5,52	7,34	7,25	6,40	5,74	5,32	**5,91**
12,00	–	6,70	6,07	3,81	5,00	5,21	–	6,89	5,58	7,43	7,35	6,46	5,80	5,38	**5,97**
11,20	–	6,78	6,16	3,86	5,07	5,28	–	6,97	5,65	7,53	7,44	6,53	5,88	5,45	**6,05**
10,40	–	6,87	6,25	3,92	5,16	5,35	–	7,05	5,73	7,63	7,55	6,61	5,96	5,51	**6,13**
9,60	–	6,97	6,37	3,98	5,26	5,44	–	7,14	5,81	7,75	7,67	6,69	6,06	5,60	**6,22**
8,80	–	7,10	6,50	4,05	5,35	5,52	–	7,26	5,92	7,89	7,82	6,79	6,18	5,71	**6,34**
8,00	–	7,31	6,66	4,15	5,51	5,65	–	7,42	6,07	8,10	8,04	6,93	6,33	5,85	**6,50**

Tab. D.11 Evaluation der Speex-kodierten Inventare.

Bitrate kBit/s	Cepstraler Abstand zwischen dekodierten Inventaren und Original (8 kHz)														
	I01	I02	I03	I04	I05	I06	I07	I08	I09	I10	I11	I12	I13	I14	∅
24,60	1,65	4,23	4,51	2,18	4,17	3,84	2,99	4,33	5,27	3,60	3,61	3,47	2,67	5,12	**3,68**
18,20	1,79	4,60	4,91	2,38	4,46	4,14	3,38	4,70	5,59	3,99	4,00	3,83	3,08	5,42	**4,03**
15,00	2,03	5,18	5,46	2,66	4,95	4,63	3,88	5,23	6,20	4,55	4,56	4,28	3,56	6,09	**4,55**
11,00	2,15	5,51	5,81	2,88	5,25	4,92	4,41	5,57	6,55	4,94	4,97	4,60	3,96	6,32	**4,88**
8,00	2,44	6,18	6,44	3,28	5,79	5,51	5,19	6,19	7,18	5,77	5,78	5,17	4,59	6,92	**5,51**
5,95	2,63	6,56	6,91	3,55	6,12	5,89	5,76	6,59	7,64	6,45	6,45	5,63	5,13	7,27	**5,96**
3,95	3,21	8,14	8,22	4,12	7,49	7,11	6,79	7,81	9,11	7,73	7,76	6,83	5,99	8,83	**7,13**
2,15	3,58	8,64	8,85	4,96	8,00	7,72	8,03	8,66	9,77	8,65	8,57	7,28	6,92	9,75	**7,93**
Cepstraler Abstand zwischen dekodierten Inventaren und Original (16 kHz)															
42,20	1,68	3,58	4,02	2,40	3,27	3,02	4,89	4,22	3,81	4,25	4,21	3,77	3,98	3,62	**3,76**
34,20	1,78	3,86	4,29	2,52	3,70	3,26	5,13	4,47	4,22	4,47	4,48	4,02	4,18	3,96	**4,01**
27,80	1,85	4,06	4,47	2,65	3,83	3,42	5,30	4,65	4,38	4,64	4,66	4,16	4,35	4,12	**4,18**
23,80	1,93	4,85	4,86	3,01	4,79	4,02	5,43	5,07	5,58	5,14	5,20	4,53	4,58	5,01	**4,69**
20,60	2,01	5,15	5,12	3,15	5,01	4,25	5,64	5,34	5,86	5,41	5,46	4,72	4,82	5,31	**4,94**
16,80	2,34	5,52	6,06	3,53	4,72	4,63	6,68	6,27	5,42	6,52	6,51	6,04	5,74	5,16	**5,52**
12,80	2,41	5,76	6,27	3,69	4,92	4,84	6,94	6,44	5,64	6,74	6,72	6,11	5,92	5,33	**5,70**
9,80	2,59	6,24	6,72	4,00	5,38	5,24	7,49	6,89	6,19	7,22	7,20	6,45	6,31	5,80	**6,13**
7,75	2,73	6,65	7,10	4,22	5,70	5,57	7,86	7,19	6,62	7,66	7,67	6,78	6,68	6,14	**6,48**
5,75	2,90	7,30	7,68	4,54	6,48	6,18	8,24	7,68	7,50	8,11	8,11	7,02	7,00	7,09	**7,01**
3,95	3,62	8,38	8,82	5,39	7,79	7,34	9,73	8,90	8,66	9,26	9,26	8,08	7,92	8,61	**8,14**
Cepstraler Abstand zwischen dekodierten Inventaren und Original (32 kHz)															
44,00	–	4,43	4,13	2,62	3,35	3,17	–	4,20	3,83	4,87	4,98	4,07	3,84	3,45	**3,91**
36,00	–	4,71	4,32	2,78	3,80	3,37	–	4,43	4,18	5,12	5,24	4,26	4,01	3,70	**4,14**
29,60	–	4,88	4,46	2,86	3,91	3,49	–	4,59	4,32	5,27	5,39	4,39	4,18	3,83	**4,29**
25,60	–	5,81	4,80	3,32	5,04	4,05	–	5,12	5,61	5,74	5,94	4,80	4,55	4,87	**4,95**
22,40	–	6,04	5,03	3,43	5,21	4,23	–	5,35	5,80	5,95	6,15	4,95	4,76	5,09	**5,15**

kBit/s	I01	I02	I03	I04	I05	I06	I07	I08	I09	I10	I11	I12	I13	I14	∅
18,60	–	6,56	6,15	3,65	4,82	4,62	–	6,23	5,55	7,24	7,40	6,27	5,66	5,08	**5,77**
14,60	–	6,78	6,32	3,82	5,01	4,81	–	6,35	5,77	7,50	7,66	6,35	5,87	5,20	**5,95**
11,60	–	7,10	6,63	4,02	5,28	5,08	–	6,63	6,07	7,89	8,05	6,60	6,13	5,43	**6,23**
9,55	–	7,53	7,06	4,24	5,62	5,39	–	6,97	6,49	8,37	8,55	6,98	6,54	5,76	**6,62**
7,55	–	7,89	7,54	4,43	6,23	5,81	–	7,31	7,18	8,63	8,80	7,02	6,72	6,37	**6,97**

Tab. D.13 Evaluation der SQ-kodierten Inventare.

	Bitrate kBit/s	I01	I02	I03	I04	I05	I06	I07	I08	I09	I10	I11	I12	I13	I14	∅
					Cepstraler Abstand zwischen dekodierten Inventaren und Original											
8 kHz Inventare	8,95	1,99	4,16	4,99	2,44	3,87	3,98	3,55	4,47	4,43	4,71	4,59	3,66	3,18	4,07	**3,78**
	7,19	2,02	4,22	5,05	2,48	3,93	4,03	3,63	4,53	4,50	4,76	4,64	3,72	3,25	4,13	**3,84**
	5,44	2,29	4,03	4,13	3,68	3,76	4,00	4,74	4,30	4,62	4,14	4,07	3,69	3,66	4,06	**3,92**
	4,74	2,27	4,30	4,94	3,17	3,98	4,32	4,39	4,88	4,92	4,19	4,20	4,14	3,63	4,20	**4,06**
	3,16	2,21	4,60	5,70	2,70	4,33	4,42	4,04	5,13	5,04	4,94	4,86	4,23	3,72	4,56	**4,26**
	2,71	2,14	4,45	5,28	2,65	4,19	4,24	3,88	4,76	4,77	4,98	4,86	3,98	3,53	4,37	**4,08**
	2,11	2,67	5,18	5,51	4,11	4,72	4,97	5,47	5,59	5,69	5,07	5,04	4,80	4,65	5,15	**4,92**
	1,58	2,55	5,10	5,71	3,58	4,62	4,91	5,07	5,63	5,56	4,98	5,02	4,83	4,42	5,03	**4,79**
	1,32	2,78	6,24	6,66	4,21	5,26	5,40	5,71	6,44	6,09	6,61	6,62	5,53	5,08	5,90	**5,60**
	1,05	3,00	6,98	7,69	4,45	5,83	5,99	6,17	6,88	6,69	7,59	7,64	6,00	5,55	6,67	**6,19**
16 kHz Inventare	17,72	1,94	4,40	4,77	2,90	3,84	3,98	4,16	4,55	4,31	4,68	4,59	3,80	3,61	3,77	**3,90**
	14,22	1,97	4,46	4,85	2,94	3,89	4,07	4,23	4,63	4,38	4,74	4,66	3,88	3,71	3,84	**3,98**
	12,11	2,05	4,62	4,96	3,00	4,05	4,20	4,33	4,78	4,48	5,05	4,94	4,07	3,86	3,94	**4,12**
	9,12	2,16	4,87	5,27	3,17	4,33	4,44	4,58	5,06	4,73	5,25	5,18	4,39	4,19	4,19	**4,39**
	6,08	2,18	4,37	4,56	3,72	3,87	4,08	5,00	4,70	4,44	4,53	4,49	4,04	3,90	3,87	**4,09**
	5,03	2,33	4,61	4,76	3,83	4,08	4,34	5,18	4,94	4,72	4,71	4,71	4,37	4,21	4,05	**4,33**
	3,77	2,45	4,77	4,73	4,53	4,25	4,50	5,77	5,05	4,91	4,88	4,85	4,51	4,55	4,31	**4,58**
	2,98	2,54	5,69	5,80	4,67	4,84	4,96	6,04	5,78	5,40	5,72	5,71	5,20	5,04	4,93	**5,17**
	2,54	2,69	5,64	5,77	4,88	4,94	5,23	6,44	5,90	5,61	5,88	5,83	5,39	5,40	5,19	**5,39**
	2,02	2,77	6,41	6,49	5,01	5,41	5,55	6,70	6,50	6,04	6,46	6,45	5,95	5,83	5,61	**5,85**

Tab. D.15 Evaluation der VQ-kodierten Inventare.

	Bitrate kBit/s	I01	I02	I03	I04	I05	I06	I07	I08	I09	I10	I11	I12	I13	I14	∅
					Cepstraler Abstand zwischen dekodierten Inventaren und Original											
8 kHz	1,75	2,02	4,30	4,33	3,10	3,68	3,73	4,27	4,42	4,62	4,57	4,63	3,65	3,94	4,06	**4,01**
	1,57	2,13	4,56	4,52	3,25	3,89	3,92	4,48	4,60	4,84	4,78	4,83	3,85	4,12	4,22	**4,20**
	1,40	2,25	4,81	4,68	3,41	4,07	4,15	4,70	4,82	5,06	5,03	5,07	4,06	4,31	4,42	**4,40**
	1,22	2,35	5,08	4,93	3,59	4,29	4,39	4,93	5,05	5,31	5,30	5,32	4,30	4,55	4,68	**4,64**
	1,05	2,53	5,38	5,21	3,80	4,61	4,68	5,22	5,33	5,62	5,61	5,62	4,65	4,86	4,96	**4,93**
16 kHz	1,75	2,30	5,43	5,09	3,97	4,37	4,40	5,51	5,27	5,27	5,77	5,83	4,59	5,03	4,55	**4,90**
	1,57	2,40	5,70	5,32	4,16	4,64	4,69	5,73	5,50	5,50	5,99	6,08	4,82	5,23	4,73	**5,11**
	1,40	2,50	5,98	5,59	4,35	4,86	4,96	5,96	5,74	5,72	6,26	6,33	5,06	5,45	4,95	**5,34**
	1,22	2,59	6,26	5,88	4,53	5,10	5,22	6,20	6,04	6,01	6,51	6,57	5,30	5,71	5,20	**5,59**
	1,05	2,75	6,57	6,24	4,80	5,42	5,51	6,48	6,33	6,28	6,79	6,83	5,60	6,00	5,42	**5,87**
32 kHz	1,75	–	6,02	5,68	4,63	5,00	4,72	–	5,90	5,46	6,05	6,14	5,64	5,59	4,81	**5,49**
	1,57	–	6,29	5,91	4,81	5,26	4,98	–	6,14	5,67	6,32	6,40	5,89	5,78	4,97	**5,70**
	1,40	–	6,57	6,20	4,98	5,51	5,21	–	6,41	5,89	6,56	6,65	6,13	6,01	5,15	**5,94**
	1,22	–	6,83	6,44	5,19	5,90	5,48	–	6,63	6,14	6,81	6,89	6,39	6,25	5,39	**6,18**
	1,05	–	7,07	6,76	5,44	6,08	5,77	–	6,97	6,49	7,09	7,15	6,70	6,55	5,65	**6,47**

Tab. D.17 Evaluation der 8 bit-HMM-kodierten Inventare.

Bitrate kBit/s	I01	I02	I03	I04	I05	I06	I07	I08	I09	I10	I11	I12	I13	I14	∅
						Cepstraler Abstand zwischen dekodierten Inventaren und Original									
8 kHz 0,50	3,25	6,82	7,14	4,66	4,95	5,37	7,15	6,76	6,71	7,26	7,30	6,43	–	–	**6,33**
0,40	3,23	6,90	7,22	4,68	5,01	5,50	7,16	6,87	6,78	7,26	7,37	6,54	–	–	**6,40**
0,30	3,32	7,05	7,26	4,75	5,09	5,58	7,25	7,03	6,95	7,40	7,52	6,68	–	–	**6,52**
0,20	3,44	7,23	7,28	4,82	5,22	5,69	7,45	7,20	7,19	7,58	7,76	6,84	–	–	**6,69**
0,10	3,53	7,40	7,30	4,88	5,33	5,77	7,70	7,43	7,61	7,74	7,89	6,98	–	–	**6,86**
16 kHz 0,50	3,11	8,64	8,35	5,44	5,85	6,32	8,68	7,85	7,93	9,10	9,15	7,35	–	–	**7,56**
0,40	3,26	8,65	8,37	5,44	5,90	6,44	8,72	7,96	7,94	9,03	9,17	7,41	–	–	**7,60**
0,30	3,37	8,77	8,42	5,52	5,98	6,49	8,83	8,13	8,09	9,10	9,30	7,55	–	–	**7,71**
0,20	3,57	8,99	8,47	5,60	6,15	6,63	9,02	8,34	8,33	9,27	9,52	7,76	–	–	**7,90**
0,10	3,70	9,13	8,47	5,72	6,31	6,70	9,25	8,54	8,81	9,51	9,74	7,96	–	–	**8,10**
32 kHz 0,50	–	6,61	6,34	4,87	4,86	5,13	–	6,34	5,87	6,88	6,72	6,21	–	–	**6,12**
0,40	–	6,87	6,65	5,06	5,05	5,34	–	6,49	5,95	6,60	6,90	6,40	–	–	**6,27**
0,30	–	7,04	6,82	5,15	5,18	5,53	–	6,72	6,17	6,83	7,09	6,60	–	–	**6,46**
0,20	–	7,28	7,04	5,27	5,41	5,56	–	7,01	6,41	7,07	7,36	6,82	–	–	**6,69**
0,10	–	7,47	7,13	5,45	5,52	5,76	–	7,29	6,86	7,36	7,64	7,11	–	–	**6,94**

Tab. D.19 Mittlere cepstrale Abstände zwischen 200 natürlich gesprochenen Trägerwörtern und deren Synthesen mit den 8 kHz-I10-Inventaren bei verschiedenen Kodiermethoden und Bitraten.

Bitrate Bit/s	ADPCM	AMR-NB 2-stufig	AMR-NB 1-stufig	Speex	SQ	VQ	HMM
32000	4,76±0,04	–	–	–	–	–	–
24600	–	–	–	4,79±0,05	–	–	–
18200	–	–	–	4,81±0,05	–	–	–
15000	–	–	–	4,82±0,05	–	–	–
12200	–	5,84±0,06	5,62±0,05	–	–	–	–
11000	–	–	–	5,04±0,05	–	–	–
10200	–	5,93±0,06	5,83±0,05	–	–	–	–
8948	–	–	–	–	6,11±0,06	–	–
8000	–	–	–	5,33±0,05	–	–	–
7950	–	6,20±0,06	6,02±0,06	–	–	–	–
7400	–	6,22±0,06	6,00±0,06	–	–	–	–
7193	–	–	–	–	6,11±0,06	–	–
6700	–	6,15±0,06	5,98±0,06	–	–	–	–
5950	–	–	–	5,79±0,05	–	–	–
5900	–	6,19±0,06	6,01±0,06	–	–	–	–
5439	–	–	–	–	6,17±0,06	–	–
5150	–	6,50±0,06	6,26±0,06	–	–	–	–
4750	–	6,70±0,06	6,43±0,06	–	–	–	–
4737	–	–	–	–	6,14±0,06	–	–
3950	–	–	–	5,61±0,05	–	–	–
3158	–	–	–	–	6,06±0,05	–	–
2719	–	–	–	–	6,16±0,05	–	–
2150	–	–	–	6,09±0,05	–	–	–
2105	–	–	–	–	6,27±0,06	–	–
1750	–	–	–	–	–	6,14±0,05	–
1579	–	–	–	–	6,25±0,06	–	–
1575	–	–	–	–	–	6,18±0,05	–
1400	–	–	–	–	–	6,42±0,05	–

Bit/s	ADPCM	AMR-NB		Speex	SQ	VQ	HMM
		2-stufig	1-stufig				
1316	–	–	–	–	7,22±0,06	–	–
1225	–	–	–	–	–	6,36±0,05	–
1053	–	–	–	–	7,78±0,06	–	–
1050	–	–	–	–	–	6,37±0,05	–
500	–	–	–	–	–	–	5,57±0,05
400	–	–	–	–	–	–	5,52±0,05
300	–	–	–	–	–	–	5,49±0,05
200	–	–	–	–	–	–	5,59±0,05
100	–	–	–	–	–	–	5,71±0,05

Tab. D.21 Mittlere cepstrale Abstände zwischen 200 natürlich gesprochenen Trägerwörtern und deren Synthesen mit den 16 kHz-I10-Inventaren bei verschiedenen Kodiermethoden und Bitraten.

Bitrate Bit/s	Kodiermethode							
	ADPCM	G.722.1	AMR-WB		Speex	SQ	VQ	HMM
			2-stufig	1-stufig				
64000	5,95±0,05	–	–	–	–	–	–	–
42200	–	–	–	–	5,28±0,05	–	–	–
34200	–	–	–	–	5,33±0,05	–	–	–
32000	–	7,07±0,07	–	–	–	–	–	–
31200	–	7,08±0,07	–	–	–	–	–	–
30400	–	7,09±0,07	–	–	–	–	–	–
29600	–	7,11±0,07	–	–	–	–	–	–
28800	–	7,12±0,07	–	–	–	–	–	–
28000	–	7,12±0,07	–	–	–	–	–	–
27800	–	–	–	–	5,36±0,05	–	–	–
27200	–	7,13±0,07	–	–	–	–	–	–
26400	–	7,14±0,07	–	–	–	–	–	–
25600	–	7,15±0,07	–	–	–	–	–	–
24800	–	7,15±0,07	–	–	–	–	–	–
24000	–	7,17±0,07	–	–	–	–	–	–
23850	–	–	6,92±0,06	6,86±0,06	–	–	–	–
23800	–	–	–	–	5,55±0,05	–	–	–
23200	–	7,19±0,07	–	–	–	–	–	–
23050	–	–	6,29±0,06	6,33±0,06	–	–	–	–
22400	–	7,19±0,07	–	–	–	–	–	–
21600	–	7,22±0,07	–	–	–	–	–	–
20800	–	7,22±0,07	–	–	–	–	–	–
20600	–	–	–	–	5,64±0,05	–	–	–
20000	–	7,24±0,07	–	–	–	–	–	–
19850	–	–	6,32±0,06	6,38±0,06	–	–	–	–
19200	–	7,25±0,07	–	–	–	–	–	–
18400	–	7,27±0,07	–	–	–	–	–	–
18250	–	–	6,33±0,06	6,39±0,06	–	–	–	–
17720	–	–	–	–	–	6,25±0,06	–	–
17600	–	7,28±0,07	–	–	–	–	–	–
16800	–	–	–	–	5,51±0,05	–	–	–
16000	–	7,31±0,07	–	–	–	–	–	–
15850	–	–	6,35±0,06	6,39±0,06	–	–	–	–
15200	–	7,32±0,07	–	–	–	–	–	–
14400	–	7,34±0,07	–	–	–	–	–	–
14250	–	–	6,36±0,06	6,40±0,06	–	–	–	–
14211	–	–	–	–	–	6,25±0,06	–	–
13600	–	7,35±0,07	–	–	–	–	–	–
12800	–	7,36±0,07	–	–	5,67±0,05	–	–	–

Bit/s	ADPCM	G.722.1	AMR-WB		Speex	SQ	VQ	HMM
			2-stufig	1-stufig				
12650	–	–	6,38±0,06	6,39±0,06	–	–	–	–
12106	–	–	–	–	–	6,37±0,06	–	–
12000	–	7,38±0,07	–	–	–	–	–	–
11200	–	7,39±0,07	–	–	–	–	–	–
10400	–	7,41±0,07	–	–	–	–	–	–
9800	–	–	–	–	5,86±0,05	–	–	–
9600	–	7,40±0,07	–	–	–	–	–	–
9123	–	–	–	–	–	6,40±0,06	–	–
8850	–	–	6,53±0,06	6,74±0,06	–	–	–	–
8800	–	7,43±0,07	–	–	–	–	–	–
8000	–	7,44±0,07	–	–	–	–	–	–
7750	–	–	–	–	6,22±0,06	–	–	–
7200	–	7,47±0,07	–	–	–	–	–	–
6600	–	–	6,79±0,06	7,86±0,07	–	–	–	–
6400	–	7,50±0,07	–	–	–	–	–	–
6082	–	–	–	–	–	6,43±0,06	–	–
5750	–	–	–	–	6,18±0,06	–	–	–
5600	–	7,56±0,07	–	–	–	–	–	–
5030	–	–	–	–	–	6,45±0,06	–	–
3950	–	–	–	–	6,55±0,06	–	–	–
3772	–	–	–	–	–	6,49±0,06	–	–
2983	–	–	–	–	–	6,83±0,06	–	–
2544	–	–	–	–	–	6,69±0,06	–	–
2018	–	–	–	–	–	6,98±0,06	–	–
1750	–	–	–	–	–	–	6,31±0,06	–
1575	–	–	–	–	–	–	6,29±0,06	–
1400	–	–	–	–	–	–	6,28±0,06	–
1225	–	–	–	–	–	–	6,41±0,06	–
1050	–	–	–	–	–	–	6,56±0,06	–
500	–	–	–	–	–	–	–	5,73±0,05
400	–	–	–	–	–	–	–	5,73±0,05
300	–	–	–	–	–	–	–	5,76±0,05
200	–	–	–	–	–	–	–	5,75±0,05
100	–	–	–	–	–	–	–	5,88±0,05

Tab. D.23 Mittlere cepstrale Abstände zwischen 200 natürlich gesprochenen Trägerwörtern und deren Synthesen mit den 32 kHz-I10-Inventaren bei verschiedenen Kodiermethoden und Bitraten.

Bitrate	Kodiermethode				
Bit/s	ADPCM	G.722.1	Speex	VQ	HMM
128000	5,33±0,05	–	–	–	–
48000	–	5,69±0,06	–	–	–
47200	–	5,70±0,06	–	–	–
46400	–	5,70±0,06	–	–	–
45600	–	5,72±0,06	–	–	–
44800	–	5,72±0,06	–	–	–
44000	–	5,73±0,06	5,12±0,05	–	–
43200	–	5,74±0,06	–	–	–
42400	–	5,75±0,06	–	–	–
41600	–	5,74±0,06	–	–	–
40800	–	5,74±0,06	–	–	–
40000	–	5,75±0,06	–	–	–
39200	–	5,75±0,06	–	–	–
38400	–	5,76±0,06	–	–	–
37600	–	5,77±0,06	–	–	–

Bit/s	ADPCM	G.722.1	Speex	VQ	HMM
36800	–	5,77±0,06	–	–	–
36000	–	5,77±0,06	5,17±0,05	–	–
35200	–	5,78±0,06	–	–	–
34400	–	5,78±0,06	–	–	–
33600	–	5,79±0,06	–	–	–
32800	–	5,80±0,06	–	–	–
32000	–	5,81±0,06	–	–	–
31200	–	5,81±0,06	–	–	–
30400	–	5,83±0,06	–	–	–
29600	–	5,84±0,06	5,19±0,05	–	–
28800	–	5,84±0,06	–	–	–
28000	–	5,85±0,06	–	–	–
27200	–	5,86±0,06	–	–	–
26400	–	5,87±0,06	–	–	–
25600	–	5,89±0,06	5,30±0,05	–	–
24800	–	5,92±0,06	–	–	–
24000	–	5,92±0,06	–	–	–
23200	–	5,92±0,06	–	–	–
22400	–	5,94±0,06	5,34±0,05	–	–
21600	–	5,96±0,06	–	–	–
20800	–	5,98±0,06	–	–	–
20000	–	5,99±0,06	–	–	–
19200	–	6,00±0,06	–	–	–
18400	–	6,02±0,06	–	–	–
17600	–	6,03±0,06	–	–	–
16800	–	6,05±0,06	5,95±0,06	–	–
16000	–	6,06±0,06	–	–	–
15200	–	6,08±0,06	–	–	–
14600	–	–	6,03±0,06	–	–
14400	–	6,10±0,06	–	–	–
13600	–	6,11±0,06	–	–	–
12800	–	6,14±0,06	–	–	–
12000	–	6,15±0,06	–	–	–
11600	–	–	6,14±0,06	–	–
11200	–	6,17±0,06	–	–	–
10400	–	6,18±0,06	–	–	–
9600	–	6,20±0,06	–	–	–
9550	–	–	6,40±0,06	–	–
8800	–	6,24±0,06	–	–	–
8000	–	6,29±0,06	–	–	–
7550	–	–	6,45±0,06	–	–
1750	–	–	–	5,36±0,05	–
1575	–	–	–	5,20±0,05	–
1400	–	–	–	5,24±0,05	–
1225	–	–	–	5,46±0,05	–
1050	–	–	–	5,51±0,05	–
500	–	–	–	–	5,97±0,06
400	–	–	–	–	5,92±0,06
300	–	–	–	–	5,92±0,06
200	–	–	–	–	5,91±0,06
100	–	–	–	–	6,04±0,06

Sachverzeichnis

Studientexte zur Sprachkommunikation

ISSN 0940-6832

Herausgegeben von Rüdiger Hoffmann

Band 76: Stephan Hübler: Rhythmische Musikanalyse und -erkennung. ISBN: 978-3-944331-94-2. 39,80 EUR

Band 75: Dirk Höpfner: Phonsegmentierte, nichtlineare Zeitskalierung von Sprache. ISBN: 978-3-944331-93-5. 39,80 EUR

Band 74: Felix Claus: Beiträge zur automatischen Erkennung von Kindersprache. ISBN: 978-3-944331-60-7. 39,80 EUR

Band 73: Frank Duckhorn: Suchraumoptimierung mit gewichteten endlichen Automaten in der akustischen Mustererkennung. ISBN: 978-3-944331-64-5. 39,80 EUR

Band 72: Sebastian Päßler: Analyse des menschlichen Ernährungsverhaltens mit Hilfe von Kaugeräuschen. ISBN: 978-3-944331-54-6. 39,80 EUR

Band 71: Rüdiger Hoffmann (Hg.): **ESSV 2014.** Tagungsband der 25. Konferenz Dresden, 26. – 28. März 2014. ISBN: 978-3-944331-51-5. 39,80 EUR

Band 70: **Martin Krause: Entwurf eines vollimplantierbaren Sensor-Aktor-Wandlerbausteins für die apparative Hörrehabilitation.** ISBN: 978-3-944331-31-7. 39,80 EUR

Band 69: **Hussein Hussein: Prosodic Analysis and Synthesis – Application in Computer-Assisted Language Learning.** ISBN: 978-3-944331-37-9. 39,80 EUR

Band 68: Dieter Mehnert, Ulrich Kordon und Matthias Wolff (Hg.): **Systemtheorie Signalverarbeitung Sprachtechnologie.** Rüdiger Hoffmann zum 65. Geburtstag. ISBN: 978-3-944331-19-5. 39,80 EUR

Band 67: **Hongwei Ding: An Acoustic-phonetic Analysis of Chinese in Comparison with German in Text-to-Speech Systems and Foreign Language Speech Learning.** ISBN: 978-3-944331-23-2. 39,80 EUR

Band 66: **Yitagessu B. Gebremedhin: Speech Recognition-Synthesis System for Amharic.** ISBN: 978-3-944331-14-0. 39,80 EUR

Ältere Bände siehe www.tudpress.de

Erhältlich in Ihrer (Online-) Buchhandlung oder direkt über

www.tudpress.de

TUDpress
Verlag der Wissenschaften GmbH
Bergstr. 70 | D-01069 Dresden

Tel.: +49 (351) 47 96 97 20
Fax: +49 (351) 47 96 08 19
mail@tudpress.de